计算机开源丛书·开源创新在中国系列

开源软件供应链

Open Source Software Supply Chain

武延军 梁冠宇 吴敬征 屈晟 赵琛 编著

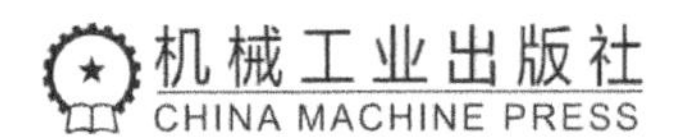

开源软件供应链是指开源软件在开发和运行过程中涉及的所有开源软件的上游社区、源码包、二进制包、第三方组件分发市场、应用软件分发市场，以及开发者和维护者、社区、基金会等，按照依赖、组合等形成的供应关系网络。相较于传统软件供应链，开源软件供应链随着供应层级不断加深，其规模不断扩大，导致针对上游的攻击将更难被发现、影响范围更广。本书从开源软件供应链的定义开始，逐步讲解开源供应链模型、开源供应链评估体系、关键节点识别与维护等开源软件供应链的关键内容。

本书可以作为开源软件供应链领域的研究人员或者工程技术人员的参考用书，也可以作为开源爱好者的入门书籍。

图书在版编目（CIP）数据

开源软件供应链 / 武延军等编著. -- 北京 : 机械工业出版社，2025. 2. --（计算机开源丛书）. -- ISBN 978-7-111-77255-2

Ⅰ. TP311.52

中国国家版本馆 CIP 数据核字第 2025J09K29 号

机械工业出版社（北京市百万庄大街 22 号　邮政编码 100037）

策划编辑：韩　飞　　责任编辑：韩　飞　梁　伟

责任校对：李　霞　张雨霏　景　飞　　责任印制：单爱军

北京虎彩文化传播有限公司印刷

2025 年 4 月第 1 版第 1 次印刷

148mm × 210mm · 8.125 印张 · 227 千字

标准书号：ISBN 978-7-111-77255-2

定价：69.00 元

电话服务　　网络服务

客服电话：010-88361066　　机　工　官　网：www.cmpbook.com

010-88379833　　机　工　官　博：weibo.com/cmp1952

010-68326294　　金　书　网：www.golden-book.com

机工教育服务网：www.cmpedu.com

计算机开源丛书编委会

前　言

近年来，因开源软件引发的安全事件和合规事件频繁发生，引起了学术界和工业界的广泛关注，并形成了一个新兴领域——开源软件供应链。开源软件供应链涉及多个学科，包括管理学、社会学、软件工程、数据科学等。目前，该领域仍处于快速发展的阶段。虽然已有许多研究和实践成果，但还缺乏体系化梳理的工作，这导致对该领域的理解和参与门槛较高。本书聚焦于开源软件供应链的前沿成果，提出了一套完整的开源软件供应链治理框架，并以框架中的核心模块为索引，归纳和整理已有研究成果以及面临的挑战，同时辅以实践方法和具体案例，帮助读者更好地理解开源软件供应链。

本书主要特色

1. 体系化梳理开源软件供应链相关知识。根据对开源软件供应链的背景、定义和特征等方面的总结，以及对已有相关领域的研究成果的梳理，本书提出了一个完整的开源软件供应链治理框架。本书以该框架核心模块为索引，系统地梳理了开源软件供应链已有的研究成果和挑战，能帮助读者更好地了解什么是开源软件供应链、为什么需要关注开源软件供应链以及如何治理。

2. 理论结合实践。结合开源软件供应链治理框架和各个核心模块的研究成果，本书提出了一种建设开源软件供应链基础设施的思路。从功能性、非功能性及目标用户三个方面，深入挖掘和分析了建设开源软件供应链基础设施的需求。在此基础上，形成了一套能够适配多个场景、具有可用性、可扩展性和可维护性的开源软件供应链的基础设施总体设计方案。通过 openEuler 开源社区、PyPI 开源制品仓库和“开源软件供应链点亮计划”三个具体的实践案例，帮助读者更好地理解如何将相关研究成果落地应用，并了解这些成果在实践应用中的效果。

3. 内容循序渐进，逐级递进。在充分考虑不同读者的基础和阅读目的后，本书采用循序渐进的方式组织内容。对于相关领域积累较少的读者，前几章提供了开源软件供应链的概述及相关领域研究成果的总结，以帮助他们更好地理解开源软件供应链，并为进一步深入该领域做好铺垫；对于已经有经验的读者，后续章节的内容可以帮助他们了解相关领域的研究和发展现状，并快速理解和掌握实践方法。

本书读者对象

本书可以作为开源软件供应链领域研究人员或工程技术人员的参考用书，也可以作为开源软件爱好者的入门书籍。

对于研究人员而言，本书提出了一种治理框架，旨在帮助他们更好地理解开源软件供应链领域的研究问题，即框架中各个核心模块需要应对的挑战。通过阅读相关章节，研究人员能够了解相关问题的研究现状，明确自己的研究兴趣，并发掘潜在的研究问题。这将使他们更容易投身于开源软件供应链领域的研究工作。

对于工程技术人员而言，通过本书能够了解开源软件供应链存在的问题，并学习如何有效地进行治理。开源软件供应链基础设施的设计可以作为工程技术人员实施开源软件供应链治理的指导，并为具体实施提供思路。开源软件供应链的可视化呈现技术可以帮助工程人员在实践中实现更好地交互效果。此外，丰富的实践案例也可以为工程技术人员提供实践指导和效果验证参考。

对于大多数希望参与和贡献开源软件但缺乏经验的在校学生来说，通过阅读本书，他们可以了解开源软件供应链的形成和运行机制，以及面临的风险和挑战。进而也能够了解到开源生态系统是如何运转的，为参与开源打下基础。开源软件供应链安全已经成为全球热点问题，相关研究问题和工程技术同样备受关注，本书也可以帮助在校学生了解这一有潜力的发展方向。

编写分工

全书共9章，武延军、梁冠宇编写了第1、第4～7章，赵琛、屈晟编写了第2、3章，吴敬征编写了第8、9章。

致谢

本书得益于中国科学院A类先导专项（编号XDA03200000）、国家重点研发计划（编号2024YFB3108000）等相关研究成果。

感谢王怀民院士等领域专家组织“计算机开源丛书·开源创新在中国系列”，使我们有机会将最近若干年开源软件供应链相关的研究工作进展、工程实践、应用效果汇集成册，呈现给读者。感谢王院士等专家在提纲研讨、写作过程中的细心指导。感谢在本书撰写过程中，国内外学者同行的大力支持，包括中国科学院软件研究所的同事提供的大量素材。最后感谢中国计算机学会的推荐。

目　录

第1章 什么是开源软件供应链

近年来，开源软件引发的安全问题，已经成为学术界和工业界关注的焦点之一，这也促进形成了一个新的领域——开源软件供应链。然而，目前关于什么是开源软件供应链以及为什么需要关注它等问题，还没有达成共识。本章将首先通过梳理开源软件供应链形成的背景来解释为何需要关注它；其次总结定义、特征、风险和法律政策来说明什么是开源软件供应链；最后介绍本书的组织框架，以便读者选择合适的阅读顺序。

1.1 关注开源软件供应链的原因

计算机软件已经深入人们生产生活的各个方面，无论是小型的智能穿戴设备还是大型的工业重型机械，都离不开计算机软件的支持。人们对软件功能的要求越来越高，这导致软件的复杂度不断增加。同时，人们也希望自己的需求能够快速得到满足，这又促使敏捷快速成为当今软件构建过程中的主要目标之一。软件复用能够提升软件开发效率，降低维护难度，因此软件模块化也被越来越多的开发者认可并付诸实践。在开源软件领域，人们可以自由地访问、修改和分发源代码，以满足他们的特定需求。这不仅使开发者能够节省时间和精力，而且还能促进协作和共享知识。通过使用开源软件，开发者可以避免从头开始编写整个程序，而是利用已经存在的软件模块来构建自己的项目。这种模块化方法提供了更快速、更高效的解决方案，并降低了出错风险。

此外，在使用开源软件时，由于其通常广泛受到社区的支持和审查，因此故障修复和安全更新也更及时。另一个值得注意的好处是软件复用还有助于减少维护工作量。一旦有人修复了某个模块中的错误或漏洞，并将该修复提交给社区后，其他用户就能够从中受益，并不需要每个人都重新进行同样的修复工作。这种共享责任和资源有效地减轻了单个用户或组织承担维护任务的负担。当然，在航空航天、工业控制等安全攸关领域利用开源软件时仍然需要谨慎并进行适当评估。总之，在现代软件行业中采用软件复用策略是至关重要的。对于寻求高效率、灵活性和成本优势的组织来说，开源软件供应是一个理想选择，并且它正在变得越来越流行。Synopsys[㊀]公司的《2024 开源安全和风险分析》报告就指出，在 2023 年所检测的 1067 款软件产品中，96% 都包含开源组件，且开源代码约占总代码量的 77%。Sonatype[㊁]公司在报告《2024 年软件供应链状况》中，按编程语言分组比较了 2023 年至 2024 年的软件产品对开源组件的依赖数量。结果显示，在所有语言生态系统中，对开源组件的依赖都有大幅增加。其中，Java、PyPI、NPM 分别增长 36%、87% 和 70%。GitHub 2020 年度报告[㊂]中对至少依赖一款开源组件的项目进行统计，发现这类项目在对应的语言生态下占比极高，其中以 JavaScript（94.0%）、Ruby（90.2%）、.NET（89.8%）、Python（80.6%）最为明显；而在其 2019 年的报告中也提到，GitHub 平台上托管的项目平均有 180 个开源组件有依赖，依赖最多的项目甚至有 1000 多个开源组件[㊃]。

一般情况下，“供应链”是一种由多个组织参与组成的网络，组织在其中以上下游关系互联，它们在不同生产活动或过程中，以产品或服务的形式开展协作为最终用户产品贡献价值。而在现今软件产品的生产过程中，单一人员已经很难独立完成生产需求，通常由多人协作完成。此外，由于大量引用了第三方模块，软件的生产过程不仅存在显式协作关系，还存在间接形成的隐式协作关

㊀ Synopsys：一家美国电子设计自动化公司，涉及芯片知识产权和计算机安全等多个领域。

㊁ Sonatype：一家美国公司，提供软件供应链平台服务，致力于改善应用安全。

㊂ https://octoverse.github.com/2020/。

㊃ https://octoverse.github.com/2019/。

系。这些协作关系使软件产品的生产过程同样呈现出了类似于“供应链”的特征，因此被称为软件供应链。参与到供应链中的角色需要相互配合和沟通，以确保产品能够按时高质量地完成。由于协同过程中涉及多个组织或人员之间的信息交流和协调，因此良好的沟通和协作技巧对于整个供应链的顺利运行至关重要。合理规划、管理和分配任务也是保证项目顺利进行的关键。基于此，供应链管理可以理解为对一款产品从生产到销售完整生命周期的管理。以冷链产品为例，其生命周期包括采摘、仓储、运输、分销等步骤，供应链管理需要每个环节都将温度控制在一定范围内，且环环相扣，不能中断[㊀]。类似地，一款软件的生命周期包括编码、测试、构建、打包、分发等多个步骤。而软件供应链管理则涉及软件产品本身，以及所有直接依赖和间接依赖的软件模块的生命周期，任何环节出现问题都会导致软件产品存在安全风险。随着开源软件的广泛采用，一种新一代以开源软件为主的软件供应链已经形成，简称开源软件供应链。

开源软件的特点之一是采用群智开发模式，通常由世界各地的社区、公司、组织甚至个人发起和维护，管理方式相对松散，因此质量和可控性难以保障。Sonatype 公司的统计报告显示[㊁]，2021 年利用上游开源生态的漏洞，对软件供应链发起的攻击占比上升 650%；而 2020 年这一统计数据[㊂]为 430%。相较于传统软件供应链，开源软件供应链随着供应层级不断加深，其规模也不断扩大。这导致针对上游的攻击更加难以发现，并且影响范围也更广泛。以 JavaScript 编写的软件产品为例，除去直接依赖，其开源组件间接依赖数量的中位数高达 683 个。一款成熟的开源操作系统的发行版，更是需要维护上万个节点的供应链规模。由此可见，开源软件供应链面临着许多风险，包括攻击更隐蔽、传播性更强、影响范围更广等。

根据 Tanenbaum 等人在 *Operating Systems Design and Implementation* 中的定义，操作系统是管理计算机硬件资源和软件资源的系统程序集合，其中

㊀ https://en.wikipedia.org/wiki/Cold_chain。

㊁ Sonatype，“2021 State of the Software Supply Chain”。

㊂ Sonatype，“2020 State of the Software Supply Chain”。

包括内核（如 Linux、FreeBSD 等）及其他系统工具。可以看出，操作系统是一种典型的复杂软件，其包含的系统程序间存在着复杂的供应关系，未经优化的开源软件供应链很可能对整个系统造成不良影响。然而，已有工具仅能提供有限的开源软件供应链管理功能。以 Linux 发行版为例，它们是指 Linux 内核衍生出的操作系统发行版（如 openEuler、Ubuntu、CentOS、Android 等）。这些发行版将众多实现不同功能的开源软件，以软件包的形式与 Linux 内核有机地整合在一起，形成一条复杂的开源软件供应链。常见的 Linux 发行版，仅一个版本的供应链通常都会包含上万节点（如 Ubuntu 18.04 涉及 29 207 个软件包、Debian Unstable 涉及 32 453 个软件包等），即便是通过剪裁构建而成的较为精简的系统，也包含近百个软件包[1]。在没有工具帮助的情况下，成功安装软件包需要遵从其依赖关系，按照正确的顺序执行安装。这要求安装者具备必要的专业知识，并且进行琐碎的准备工作。软件包管理工具被视为 Linux 发行版的必备组件，依据功能将开源软件拆分或合并为不同的软件包，同时维护它们之间的依赖关系。在一定程度上，这能够帮助软件产品生产商厘清依赖组件间的供应关系。除此之外，Linux 社区发起了 Linux From Scratch（LFS）项目，旨在指导用户如何从零开始构建操作系统。LFS 项目衍生出 Automated Linux From Scratch（ALFS）项目，为用户提供自动化构建工具。还有 Yocto 等更为高级的 Linux 发行版定制化构建项目，能够帮助 Linux 发行版产品制造商屏蔽底层硬件架构的差异性。传统供应链的关键步骤[2]如下：①原始材料溯源；②生产商将原始材料加工成基础组件；③集成商将基础组件组装成完整产品；④交付产品给最终用户。经过对照可以发现，已有的工具仅仅关注开源操作系统及其软件供应链的构建环节，对应于传统供应链关键步骤中的第 3 步，其他步骤均不涉及。除了功能上的不足之外，信息缺失也是难以实现开源软件供应链风险有效管理的重要原因之一。软件包管理工具通常仅包含构建环节所需的基本信息，并不足以支撑风险管控。

[1] 数据来自 DistroWatch，https://distrowatch.com/。

[2] https://www.blumeglobal.com/learning/supply-chain-explained/。

针对传统软件供应链风险管控问题，已有的研究成果通常会对软件产品的生产过程进行分析，并构建风险模型，进而实现风险管控。然而，在处理开源软件供应链时，这些方法存在全局信息处理不足、风险识别和应对能力不足、管理效率不足等问题。和传统软件供应链相比，开源软件供应链在运行过程中，会产生侧重不同且规模更大的信息，主要包括以下几点。①开源软件的版本管理信息。由于开源软件是通过不断提交代码来进行更新和改进的，因此必须确保能够正确地追踪和管理不同版本的代码。②开源社区的活动信息。了解开发者和用户在开源社区中的讨论和反馈可以帮助预测可能出现的问题，并及时采取措施进行修复或改进。③安全漏洞报告与修复信息。及时了解有关已经发现的安全漏洞，以及相应的修复方案对于保护系统安全至关重要。④第三方依赖管理信息。许多开源项目都依赖于其他项目或库，需要确保这些依赖能够正确地维护、更新和替换，以避免潜在的问题。⑤开放度量指标信息：通过收集、分析并监控一些度量指标（如代码覆盖率、缺陷率等），可以更好地评估软件质量，并帮助决策者制定风险治理策略。

以上信息是实现风险管控的依据，通过有效地收集和组织，提取有价值的数据，并转化为机器能够理解的知识，构建开源软件供应链知识图谱，并在此基础上，研究自动化程度更高的风险管控方法是一条可行路线。已有的研究中，Bajracharya 等人提出的 Sourcerer 和 Ossher 等人提出的 SourcererDB 主要面向 Java 语言开发的项目进行知识提取和模型构建，为进一步分析相关项目打下基础；Ma 等人提出的 World of Code 实现对软件版本控制信息的知识化表示，并以此为基础为进一步分析开源生态提供支撑；Li 等人提出的 Software Knowledge Graph 则主要对软件缺陷信息实现了知识化表示，并通过面向知识图谱的检索快速查询软件项目的缺陷信息。

总体来看，在开源软件供应链风险的自动化管控方面有很多成果，但仍然存在以下不足。①信息收集与整合问题。由于开源软件供应链涉及开源软件、组织和个人等众多元素，导致信息分散且不完整，进而造成信息的正确性和全面性不足。此外，由于更新成本高，导致在信息的时效性方面也存在不足。②供应关系的建模和分析问题。在开源软件供应链中，多个组织和个人之间存在复杂的供应关系，需要对这些关系进行建模和分析，以便有效地识别潜在的风险。已有建模方法在准确描述开源软件供应链特征方面存在不足。③风险评估与识别问题。在开源软件供应链中存在各种潜在的风险，包括代码漏洞、恶意代码、知识产权纠纷等，如何准确地评估并及时发现这些风险是一个关键问题。④风险管控策略选择问题。针对不同类型的风险，需要制定合适的管控策略，并根据实际情况做出相应调整。⑤监测与反馈机制设计问题。为了确保开源软件供应链风险管控策略的有效性，在实施过程中需要建立监测与反馈机制，并及时进行修正和改进。因此，要实现开源软件供应链风险的有效管控仍然面临许多技术挑战，但只有充分认识到这些挑战并努力解决它们，才能够提高开源软件供应链安全性并推动其可持续发展。

开源软件供应链在技术上面临的挑战主要有以下几点。

（1）开源软件供应链的本质特征不明确 相较于传统软件供应链，开源软件供应链在规模、生产方式、参与主体等方面存在明显差异。然而，由于现阶段缺少相关研究，开源软件供应链的本质特征不够明确，进而导致针对风险管控难以展开系统性的分析和研究。要明确开源软件供应链的本质特征，在厘清系统的运行原理、明确系统各个环节中有哪些角色参与，以及这些角色之间如何交互的等方面尚存在挑战。此外，如何准确而简明地表述这些信息，同样存在挑战。本书 1.2 节将重点介绍相关内容。

（2）获取开源软件供应链全局状态信息 要检验某一角色行为是否符合规则约束，需要根据当前系统的状态进行判定。然而，开源软件供应链是一个复杂的系统，涉及多个角色参与，并且每次角色之间的交互都会改变系统的状态。这就使一款软件产品，从编码到交付一轮生命周期的状态转换过程中，就包含了众多不同的状态。考虑到开源软件供应链的生产迭代速度快且规模大，可以预见到，在完整的开源软件供应链系统运行过程中，产生的信息规模必然会呈指数级增长。因此，如何组织和维护开源软件供应链全局的状态信息存在大量技术挑战。这些挑战主要体现在以下三个方面。①监测对象众多。针对一个复杂软件供应链系统，需要监测的对象有很多，如代码库、制品、许可协议等。②数据信息规模巨大。由于开源软件涉及许多地区、组织和人员参与，在此基础上形成了海量数据和信息流，处理这一密集而复杂的数据是非常具有挑战性的。③保证检索效率。为了高效获取所需信息并快速做出决策，必须确保信息检索效率，并采用先进技术进行分析和建模。

（3）识别和管控开源软件供应链的潜在风险 开源软件供应链由于自身特征，引入了多种不同类型的风险，而一些风险类型是开源软件供应链特有的，现有的研究成果难以识别和发现。通过厘清开源软件供应链的运行原理，同时获取系统的全局状态信息，为识别和发现潜在的风险提供了必要的前提条件。但是具体如何通过状态的变化，识别和管控潜在的风险仍然存在挑战。在系统运转过程中，如何实时地检验某一角色的某一行为是否会引入安全隐患。由于开源软件供应链的开放性，任何角色都有可能执行自己权限范围以外的操作。因此，如何利用系统全局状态信息验证和溯源参与角色的行为时需要非常谨慎，并确保其不存在越权行为。另外，在识别风险后，如何有效处理和监控开源软件供应链的风险，同样存在挑战。

（4）改善开源软件供应链风险管控效率 开源软件供应链风险管控需要较大资源开销，主要有以下原因。①复杂的软件产品会直接或者间接依赖大量的开源软件，导致需要管控的对象数量庞大；②由于软件产品的自动化生产能力有限，在处理风险时，很多问题只能通过人工解决。更为严峻的是，与其他产品不同，开发软件产品的过程本身所需要的知识和技能门槛较高。开发者不仅需要具备软件开发能力，还需要掌握一定程度相关领域的知识，这进一步提高了参与生产或风险处理的门槛。因此，在获取系统全局状态信息的基础上，如何评估开源软件供应链中风险等级以及处理的优先级，并以此提高风险管理效率，也面临着技术挑战。

（5）供应链软件的评估和筛选 之前 2 项挑战主要关注供应链上游生产者的视角，面向开源软件供应链进行风险管控，而第五项挑战则是从供应链下游的消费者视角出发。当消费者有意构筑自己的供应链时，需要从大量的开源软件中甄选符合自己需求的软件。由于开源软件的开发过程已经形成了独特的模式，导致其质量良莠不齐。因此，并非任意的开源软件都能符合供应链标准成为合格的供应链软件。目前已有的筛选方法更多地依赖人工操作，在效率、准确性等方面都存在着较大的局限性。因此，如何基于海量的信息实现高效的供应链软件评估和筛选同样存在技术挑战。

1.2 开源软件供应链的基础知识

1.2.1 开源软件供应链的定义

在研究开源软件供应链之前，首先需要明确软件供应链的定义。学术界和工业界对于软件供应链提出了许多不同的定义。在目前所知的文献中，最早于 1995 年由学者 Jacqueline Holdsworth 提出，用于描述软件开发过程中的合作关系。随后，国内外学者从不同角度对软件供应链进行定义。2001 年，Lynne F.Baxter 和 John E.L.Simmons 在文章“The Software Supply Chain for Manufactured Products: Reassessing Partnership Sourcing”中提出，软件供应链只涉及供应商和客户，是供应商和客户之间购买软件时存在的二元关系。就职于卡内基·梅隆大学软件工程研究所（Software Engineering Institute，SEI）的 Alberts 等人，在文章“Systemic Approach for Assessing Software Supply-Chain Risk”中指出，软件供应链是由开发或修改软件产品的利益相关者组成的网络。在 2020 年发表的文章“Software Supply Chain Security: A Survey”中，He 等人定义软件供应链是一个通过一级或多级软件设计和开发阶段来编写软件，并通过软件交付渠道将该软件从供应商传送到最终用户的系统。Du 等人在文章“Towards An Analysis of Software Supply Chain Risk Management”中，定义软件供应链是开发软件和组装软件的过程，其中包括从源代码到最终软件交付给用户的整个开发、发布、部署和维护过程。上述对软件供应链的定义仅停留在传统的软件开发和交付的过程上，并未考虑到当前开源协作模式的不断发展导致软件构成和开发过程发生巨变的情况。当今的软件开发更加关注高效和协作，会优先使用已有的第三方组件实现大部分基本功能，并由多个参与方共同扩展和改进软件系统。然而，在这种开发模式下，软件系统的构成也越发复杂，即应用软件将依赖大量的第三方组件，同时第三方组件又依赖更多的其他第三方组件，形成依赖嵌套。以自动化展示报表工具ReportLearning为例，该应用软件依赖poi、jxls等组件，而poi组件又依赖commons-collection4和commons-codec组件，它们之间的依赖关系如图1-1所示。Gao等学者在文章《开源软件供应链研究综述》中，将开源软件供应链定义为开源制品之间在各自开发、构建、发布和运维过程中通过各种形式的代码复用形成的供应关系网络。他们总结了五种开源代码复用的方式，包括安装依赖、API调用、fork、文件拷贝及代码克隆。这些关系很好地反映了开源软件供应链中代码之间的供应和流转，但忽略了开源世界中的其他参与角色，如贡献者。同样以ReportLearning为例，图1-1中的组件和应用软件均由多个开发人员共同贡献代码协作完成。这些开发人员或以个人身份，或者从属于某个组织，他们之间复杂的社会关系同样会对开源软件供应链的运转造成影响。因此，需要对开源软件供应链进行新的定义。

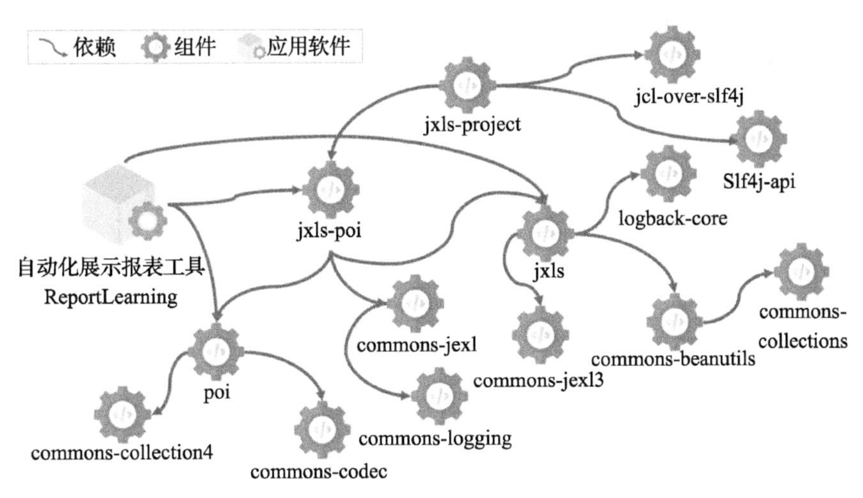

图1-1　复杂的组件和应用软件依赖关系图

本书定义开源软件供应链是指，在开发和运行软件的过程中，涉及的所有开源软件的上游社区、源码包、二进制包、第三方组件分发市场和应用软件分发市场，以及开发者、维护者、社区和基金会等，按照依赖、组合等关系形成的供应网络。

1.2.2 开源软件供应链的特征

供应链领域的核心任务是，通过研究供应链的特征，找到有效的管理方法，保障供应链系统正常运转，并降低风险造成的影响，开源软件供应链也不例外。然而，目前对于开源软件供应链特征的研究较少，已有研究主要集中在传统软件供应链。而开源软件供应链与传统软件供应链在组成和工作原理方面存在一定的差异性，无法很好地适用现有的研究成果。在已有的开源软件供应链相关研究中，研究点相对分散，缺少整体的、系统性的分析，导致开源软件供应链特征不明确，这进一步导致领域问题不清晰、研究方向不明确等一系列问题。

开源软件供应链是传统供应链、软件工程和开源软件结合的产物，拥有自己特有的性质，而这些特征也在一定程度上决定了其面临的风险。从Christopher 对传统供应链的定义可知，供应链是一款产品从原始物料经过多次加工和集成后，最终交付客户使用的过程。如图 1-2 所示，在这个过程中，至少有以下几种角色参与。

- 源头供应商：根据上一级供应商的需求，负责采集或提取原始物料。
- 多级中间供应商：根据上一级供应商的需求，负责对原材料或基础工件进行加工，以便形成更符合终端用户需求的工件。
- 集成商：根据零售商反馈的需求，将工件组装为最终的产品。
- 零售商：和终端用户直接接触，一方面负责产品销售，另一方面负责获取终端用户的需求反馈。
- 终端用户：使用产品，提出需求。
- 各级仓储：负责暂时保存原材料、工件和最终产品。

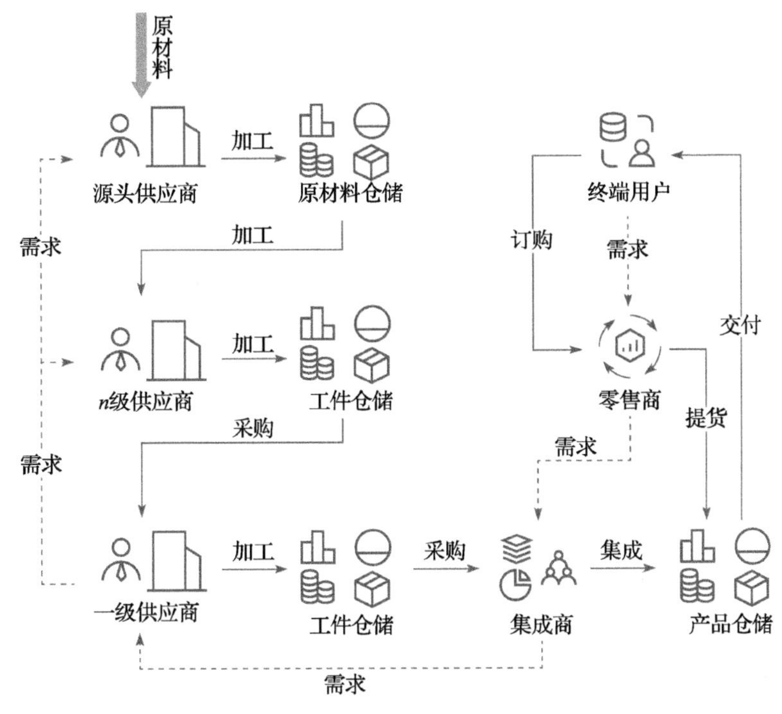

图 1-2　传统供应链实例

除了图 1-2 中所列出的角色，供应链中一般还包括生产者。（负责实施具体的生产活动，包括人类、机器设备等）物流商（负责原始物料、工件以及最终产品的运输）等角色。这些角色之间的交互，构成了一个复杂的系统。其复杂性主要包括两个方面：材料流转方向和需求传递方向。材料流转方向指，从原材料逐级加工到最终形成完整产品并交付给终端客户；而需求传递则是沿图中虚线方向逐级反馈。无论是材料还是需求，都需要经过多个层级的传递、扩展和汇总，并涉及多个环节和参与角色，任何环节出现偏差，都会导致整个系统受到影响。

软件供应链是指在软件工程领域中，以供应链相关技术和概念为基础的一种延展模式。尽管流程与传统的供应链类似，但仍存在着一些与该领域特有的差别。从传统供应链的定义容易推导出，软件供应链即最终产品是软件的供应链。使用供应链的语境，就是多个组织间通过协作，将原材料（源代码）转变为完整软件产品的过程。而在软件工程的语境下，软件供应链是传统的软件生命周期管理基础上的进一步延展。软件生命周期主要包括编码、构建、测试、打包、发布、部署和监控等阶段，相应地，管理涵盖源码管理、构建管理、质量管理、打包管理、发布管理、配置管理和运行状态管理等方面。软件供应链则更强调软件的模块化特征，即认为软件生命周期管理应该递归地扩展至软件产品所依赖的第三方模块，以及模块依赖的模块。综上所述，软件供应链的基本组成结构如图 1-3 所示。

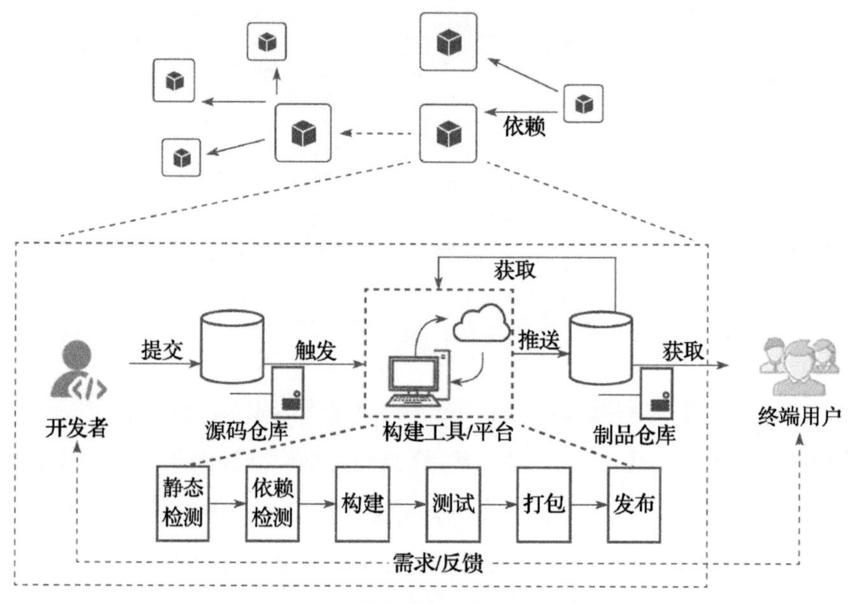

图 1-3　软件供应链的基本组成结构

对应传统供应链，软件供应链中的角色和职责划分总结如下。

- 开发者：主要负责编码，编码是软件供应链中主要的生产活动者，因此该角色对应传统供应链中的生产者，从属于软件供应商。
- 源码仓库：用于保存和管理源码、文档等物料的地方，如 Git、SVN 等，所有权归属于某个软件供应商，对应传统供应链中的物料仓库。
- 构建工具 / 平台：负责对软件源码进行必要的静态检测和依赖检测，

并根据需求执行构建、测试、打包和发布 4 个步骤。在当前的软件生命周期管理实践中，通常使用持续集成工具将以上 6 个步骤串联起来作为一个整体，形成生产基础设施，对应传统供应链中的生产设备。

- 制品仓库：软件制品通常指不可变的、主要由代码组成或生产的数据块，例如文件、源码包、容器镜像、固件镜像等。对应到传统供应链中，这些制品既可以是中间供应商提供的工件，也可以是零售商销售的产品。开发工具虽然用于生产，但是本质上也应该被视为完整的软件产品，并包含在软件制品中。相应地，制品仓库就是用于存放和管理软件制品的工具，例如包管理工具、镜像仓库等，通常由软件供应商自行搭建和维护。
- 软件供应商：通常由开发者、源码仓库、构建工具/平台及制品仓库 4 个角色组合而成，对应传统供应链中供应商的角色，若软件构建时不依赖任何第三方模块，则为源头供应商，若最终发布的是完整的软件产品，则对应集成商的角色。
- 零售商：负责软件产品销售，当软件以光盘等介质进行分发时比较常见，和传统供应链零售商类似。
- 终端用户：使用产品，提出需求，反馈问题，和传统供应链类似。
- 物流：负责物料和制品的传输，与传统供应链类似。

虽然与传统供应链在流程和角色方面基本对应，但是软件供应链仍然有很多自有的特征主要包括以下几点。

（1）生产自动化程度较低 现阶段，软件仍然主要是人类智力活动的产物，软件的主要创造者是人，虽然有不少研究者尝试通过人工智能的方法生产软件代码，但是距离完全替代人类还有较大距离，因此较难通过引进或仿造、改造生产设备实现自动化流水线般的生产效率增速。

（2）产品复制成本低 软件产品一旦开发完成，再分发只需简单地复制，边际成本几乎为零。

（3）产品迭代速度快 一方面软件产品的更新周期要比其他产品短很

多；另一方面，软件产品需要尽早发现自身存在的安全漏洞并及时修复，以将可能的危害降到最低，这导致软件产品的维护成本较高。

（4）物流传输主要通过网络 早期的软件产品主要依靠光盘等介质进行分发，这种方式需要依赖传统的物流手段进行传输；但随着网络基础设施的不断完善，现在大部分软件产品以数字形式进行分发，并且主要借助于网络传输，因此物流成本大大降低。

开源软件供应链的主要特征继承于传统软件供应链，但由于开源软件支持大规模分布式协作开发和允许自由分享、传播和修改的特点，使得其参与角色在职责或组成方面有所不同，主要体现在以下几个方面。

- 开发者大多以兴趣为导向参与软件生产活动，不再与软件供应商存在雇佣关系。
- 源码仓库、构建工具/平台和制品仓库更多地使用开放的公共服务，而不是软件供应商内部的自建服务。
- 软件供应商的组成变得更加复杂，不仅包括一般的软件服务公司，还涵盖了个人开发者、开源社区、大学等不同角色。
- 集成商的角色变得更为重要，他们需要帮助供应链下游整合和屏蔽上游的差异，并优化供应链的组成。
- 零售商的角色仅存在于基于开源软件构建的商业产品供应链中，对于一般的开源产品而言，几乎不存在销售需求，相反，对宣传和推广的需求更加迫切。
- 终端用户在生产过程中的参与度提高了，他们的反馈变得更加重要，是推进软件更新的重要途径。
- 开源软件供应链几乎完全依靠网络进行物流传输。

这些差异也为开源软件供应链引入新的特性，主要包括以下几点。

（1）柔性㊀有所提升 一方面，这是因为开源软件的规模逐年扩大。截

㊀ 供应链的柔性、弹性、鲁棒性、脆性等概念，在3.1.1节中进行详述。

至2024年[1]，较为主流的Java、NPM、PyPI和NuGet生态分别能够提供666 314、4 952 498、603 884和550 385款开源软件供开发者下载。大量的开源软件丰富了下游开发者的选择，能够快速满足各种需求。另一方面，开源软件的生产方式模糊了角色的界限。终端用户不再仅仅是简单地使用软件产品，他们成为了生产过程中的一部分，不仅参与测试验证的工作，甚至可以直接参与到生产活动当中。这种现象能有效缩短从需求到实现再到反馈的周期，加速需求的实现，提升供应链对需求的响应能力。

（2）弹性在有些方面有所提升，有些方面有所下降 改善之处在于开源软件在一定程度上减少了软件产品被某个软件供应商锁定的风险。当供应链某个环节中断时，只需要更换其他功能类似的软件，即可以较低的成本恢复正常运作。然而，开源软件供应商通常不受合同约束，不承诺任何故障修复时间，导致供应中断而又无法找到替代时，软件难以在确定的时间内恢复供应链正常运作。

（3）鲁棒性有所下降 开放的生产方式使得开源软件供应商类型更为复杂，他们可能是个人或者开源组织，也可能是学校、公司等，导致生产质量难以把控，进而降低了供应链的鲁棒性。

（4）脆弱性加剧 开源软件的生产方式降低了参与生产的门槛，促进了知识的传递和共享，但同时也降低了恶意攻击的成本。主要原因是这种生产方式会导致依赖链条明显变长，而供应链中某一节点对全局状态的可见性和可控性有限，使得攻击者更容易对开源软件供应链展开攻击。另外，使用开源软件必须符合其开源许可证的要求，这是开源软件的天然属性，供应链可见性的限制也会导致软件产品面临许可证风险。

综合以上分析，开源软件供应链不仅继承了传统供应链的复杂性，同时也具备生产自动化程度较低、产品复制成本低、迭代速度快及网络物流等软件供应链的特征。此外，开源软件开放的生产方式，使得开源软件供应链，相对传统软件供应链，在柔性、弹性、鲁棒性和脆弱性方面存在差异。

[1] Sonatype，“2024 State of the Software Supply Chain”。

1.2.3 开源软件供应链面临的风险

开源软件供应链的特征，一方面是系统成功运行的基础，另一方面，也是引入风险的根本因素。开源软件供应链面临的风险可从关键环节视角与风险种类两个方向归结为 6 个方面。

从关键环节视角出发，开源软件供应链面临的风险有 3 个方面。

1. 组件和应用软件开发环节的安全风险

组件和应用软件开发环节中，多个开发人员共同协作将代码上传到源码管理器。随后，项目代码经过编译、构建和测试，并将组件发布到第三方组件分发市场。在应用软件及组件开发集成过程中，会从第三方组件分发市场安装所依赖的组件，以提高开发效率。考虑到组件开发和应用软件开发共同面临着恶意代码提交、恶意的第三方组件依赖等安全风险问题，下面对这两个环节进行总结，并分析它们所面临的安全风险。

首先，针对开发环境进行检查时发现，攻击者可以通过污染开发人员开发、编译、构建、测试时所使用的开发集成环境，导致开发完成的组件和应用软件具有缺陷或后门，或是窃取开发人员的隐私数据。这种攻击手段主要利用污染、操控、攻陷开发集成工具和环境等各种攻击手法。在组件和应用软件开发过程中，如果被攻击者能够在源代码级别植入恶意代码，由于源码审查的难度较高，这一问题将很难被发现。且这些恶意代码一旦披上正规软件厂商的合法外衣，则更容易绕过安全软件产品的检测，在用户机器长时间隐藏而不被察觉。典型开发集成环境污染事件，如 2019 年 Unix 管理工具 Webmin 的构建服务器中被攻击者发现存在可通过隐秘方式修改密码、提升权限的漏洞，该漏洞允许攻击者在缺少输入验证的情况下执行恶意代码[1]；在构建平台 SolarWinds 攻陷事件中，攻击者攻陷构建平台并添加在每次编译中执行恶意行为逻辑的代码[2]。在 2017 年远程终端管理工具 Xshell 后门事件中，由

[1] https://www.webmin.com/exploit.html。

[2] https://www.crowdstrike.com/blog/sunspot-malwar e-technical-analysis/。

于开发人员的计算机被攻陷，导致开发人员开发的代码存在后门，进一步影响了最终交付到终端用户手里的应用软件，即 Xshell 软件也带有恶意后门，这一版本的应用软件在国内被大量分发使用[一]。在 2015 年 9 月 14 日曝出的针对 Xcode 非官方恶意版本污染事件（XcodeGhost）中，攻击者通过修改 Xcode 配置文件，导致编译链接时程序强制加载恶意库文件，最终导致经污染过的 Xcode 版本编译出的应用程序都会被植入恶意逻辑，包括向攻击者回传敏感信息，并有被远程控制的风险[二]。

其次，由于开源软件采用新的协作模式，源码管理可能存在新的缺陷。攻击者可以向源码管理工具提交具有缺陷或后门的源代码，通过在软件开发中注入漏洞，最终窃取用户隐私。这些隐私信息包括开发管理过程中的敏感资源及流程相关的信息，例如，设置的密钥、生产日志、漏洞追踪、参数配置和临时文件等。该攻击面主要采用的攻击向量是绕过源码管理工具的验证管控、窃取开发人员的信任凭证等。因此，开发人员需要非常谨慎地处理源代码及其提交方式。他们应该仔细审查每个提交，并与其他协作者验证其真实性和合法性。同时，请确保在任何情况下都要遵循最佳安全实践来保护组织的数据安全。针对漏洞注入，利用源码管理器验证管控的缺陷，攻击者曾攻击源码管理器 Git，通过伪造 Git 创建者的签名向源代码中注入可执行任意代码的后门[三]。此外，Event-stream 事件中攻击者获取了 Event-stream 仓库的发布权限并发布含有窃取加密货币功能的恶意逻辑[四]。攻击者获得源码管理器的控制权限并发布恶意软件的案例也发生在 Arch Linux 社区[五]。Gonzalez 等人在文章“Anomalicious: Automated Detection of Anomalous and Potentially

---

㊀ https://securelist.com/shadowpad-in-corporate-networks/81432/。

㊁ https://en.wikipedia.org/w/index.php?title=XcodeGhost&oldid=1022461786。

㊂ https://thegoodhacker.com/posts/php-git-server-hacked-and-backdoor-inserted-in-php-source-code/。

㊃ https://www.zdnet.com/article/hacker-back doors-popular-javascript-library-to-steal-bitcoin-funds/。

㊄ https://www.bleepingcomputer.com/news/security/malw are-found-in-arch-linux-aur-package-repository/。

Malicious Commits on GitHub”中提到了针对 GitHub 的恶意提交攻击，即攻击者向 GitHub 的开源项目中进行恶意的提交，通过这种方式向项目中注入恶意的代码。攻击者曾通过攻击 SVN 和 Git 的源代码仓库 CodeSpaces，最终控制后端、轻易地删除了仓库中的源代码[㊀]。针对隐私泄露，攻击者利用持续集成工具 Bash Uploader 的缺陷来导出存储在用户开发环境中的信息，包括一些密钥、凭据[㊁]。这类攻击事件破坏了开源软件供应链中组件和应用软件的完整性和开发人员数据的机密性。

最后，针对开发依赖，开源软件供应链面临着恶意第三方组件依赖和代码复用的安全问题。攻击者通过第三方组件分发市场的缺陷，制作伪装、虚假的第三方组件或篡改已有的第三方组件，欺骗开发人员下载使用。具体来说，攻击者可以通过如窃取分发市场的信任凭证、借助分发市场管理上的漏洞绕过验证等攻击向量来上传伪装、虚假的第三方组件。典型攻击事件如引入恶意第三方库，攻击者通过向 PyPI 包管理器上传与常用包名称相似的恶意包，如与常用的数值分析包 NumPy 仅有一个字符之差的 Mumpy，诱骗和误导开发人员下载并安装。除了面向开发语言的包管理器之外，面向操作系统、容器镜像中心、物联网设备语音技能等的第三方组件分发市场也存在着伪装、虚假第三方组件的风险，如容器镜像中心 DockerHub 托管的系统与软件镜像中，也曾被曝出 17 个后门镜像，其中包括比较流行的应用程序容器，如 MySQL 和 Tomcat 镜像[㊂]。攻击者可以通过第三方组件分发市场中不存在的依赖组件或注册更高版本的同名依赖组件，从而能够欺骗开发人员下载使用，如苹果（Apple）、微软（Microsoft）等多家知名公司曾受到这一攻击[㊃]。上述事件主要是由于第三方组件的来源不可信或第三方组件分发市场的验证

㊀ https://www.gamasutra.com/view/news/219462/Cloud_source_host_Code_Spaces_hacked_developers_lose_code.php。

㊁ https://about.codecov.io/apr-2021-post-mortem/。

㊂ https://www.bleepingcomputer.com/news/security/17-backdoored-docker-images-removed-from-docker-hub/。

㊃ https://medium.com/@alex.birsan/dependency-confusion-4a5d60fec610。

审核机制不够完善，导致开源软件供应链中组件的完整性被破坏。此外，第三方组件依赖及代码复用可能导致上游的漏洞被引入到下游的组件及应用软件中，例如，从 Stack Overflow 抄写代码，引入不安全的代码内容。针对第三方组件依赖，2014 年首次披露的心脏出血（Heart Bleed）攻击[㊀]是加密程序组件 OpenSSL 暴露的一个漏洞，当年在最热门的启用 TLS 的网站中有 80 万个网站依赖该组件，且有 1.5% 的网站易受心脏出血漏洞的攻击。针对代码复用，2018 年在 WinRAR 中发现的漏洞可导致受害者计算机完全被攻击者控制，该漏洞存在于 unacev2.dll 模块中，相关代码被其他 220 余款软件复用，包括 BandZip、好压等，上述软件均受到该漏洞的影响[㊁]。2017 年发表的文章“ Tack Overflow Considered Harmful? The Impact of Copy and Paste on Android Application Security”中，Fischer 等人对安卓应用程序中的代码复用展开研究，进一步揭示了代码复用问题的普遍性及严重性。他们发现了 130 万个应用程序中有 15.4% 的程序具有重用的代码，且重用的代码中有 97.9% 的代码片段存在安全问题。并且，代码复用问题还携带着经常被忽视的法律风险。如果未按照开源许可证约定使用开源组件，则可能引发潜在的法律纠纷。最常见的许可证违约行为发生在 GPL（GNU 通用公共许可证）的使用中，一旦商用产品使用了受到该许可证约束的组件，就必须开放该产品的源代码。在过往的法律纠纷中，侵权行为通常表现为商用产品依赖开源组件却不遵循开源协议并私自以闭源形式出售，以及开发人员违反规定进行代码复用。FSF 曾状告思科公司以 Linksys 品牌出售的各种产品违反了 FSF 拥有版权的程序许可条款，包括 GCC、GNU Binutils 和 GNUC 库[㊂]。另一案例发生在近期，起因是在谷歌（Google）公司供职的 Joshua Bloch 直接从 Oracle OpenJDK 复制了 9 行代码到谷歌的 Android 项目中，而 Android 项目没有按 GPL 兼容的方式授权，此行为侵犯了 Oracle 公司的著作权，为此 Oracle 公司向谷歌索赔 90

㊀ https://heartbleed.com/。

㊁ https://research.checkpoint.com/2019/extracting-code-e xecution-from-winrar/。

㊂ https://www.computerworld.com/article/2529871/cisco-sued-for-copyright-infringement-over-linksys-router.html。

亿美元[1]。

2. 应用软件分发环节安全风险

应用软件分发环节主要面临分发管理的风险。针对这些风险，攻击者可以利用分发市场的缺陷制作并上传伪装、虚假的应用软件，或篡改已有的应用软件欺骗终端用户进行下载和使用。该攻击方式的主要攻击向量包括绕过分发市场的验证管控、包名误用攻击、恶意接管分发市场的管理权限等。一个典型的案例是 WireX Android BotNet 污染 Google Play 应用市场事件[2]。该事件中，恶意软件通过伪装成普通的安卓应用在 Google Play 应用市场分发，通过感染大量的安卓设备发动了较大规模的 DDoS 攻击。这类事件导致应用软件来源不可信，破坏了应用软件的完整性。

3. 应用软件使用环节安全风险

应用软件使用环节主要面临两大安全风险，分别是下载更新机制和运行环境的风险。

首先，针对下载更新机制，用户在下载和更新软件的过程中面临着通道被劫持的风险。当前的网络通道和下载更新过程并不能完全保证安全性，仍然存在 DNS 劫持、中间人攻击、钓鱼攻击等攻击向量，这可能导致用户错误地连接到攻击者的恶意分发站点上，并被欺骗下载更新到恶意软件。典型的攻击事件如 2017 年 6 月 27 日晚被发现的 NotPetya 勒索病毒，其主要通过劫持软件更新的方式传播，攻击者劫持了乌克兰专用会计软件 Me-Doc 的升级程序，用户通过升级程序更新，就会感染病毒[3]。这类攻击让用户对可信的更新升级网站产生了巨大的怀疑和不信任，对更新升级过程的安全性和完整性感到担忧。若此类攻击事件成功，还会带来巨大的经济财产损失。另一个典型攻击事件是 2017 年 7 月报告的 bjftzt.cdn.powercdn.com 域名劫持攻击，用户尝试升级若干知名软件客户端时，运营商将 HTTP 请求重定向至恶意软件

[1] https://news.bloombergtax.com/ip-law/oracle-victory-stirs-uncertainties-in-software-copyright。

[2] https://blog.cloudflare.com/the-wirex-botnet/。

[3] https://en.wikipedia.org/w/index.php?title=Petya_(malware)&oldid=1030666409。

并执行[1]。恶意软件会在表面上正常安装知名软件客户端的同时，在后台偷偷下载安装推广其他软件。全国多个省份的软件升级被劫持达到了空前规模，360安全卫士对此类攻击的单日拦截量突破40万次。攻击者也可以直接攻陷更新网站，利用新的恶意软件去覆盖软件更新程序而不是伪装成更新程序，它会覆盖其他应用程序的更新功能，可能会给用户带来长期风险[2]。上述事件主要是由于应用软件更新过程的完整性被破坏，从而导致应用软件的完整性受到了严重破坏。

其次，针对运行环境，应用软件可能存在来自软件供应链上游的漏洞缺陷，攻击者可以利用这些软件的缺陷和后门进行攻击。他们可能窃取软件和运行环境中的敏感数据，或对运行环境中的其他数据进行篡改，还可能进行拒绝服务攻击或提权攻击等不同方式的攻击。Xiao等人在文章"Abusing Hidden Properties to Attack the Node.Js Ecosystem"中，通过分析Node.js程序中对象共享和通信过程，设计了一种向Node.js服务器程序发送具有隐藏属性的数据，从而窃取机密数据、绕过安全检查和发起拒绝服务的攻击。攻击者也可利用依赖中源码的漏洞，例如，借助"脏牛"漏洞[3]（CVE-2016-5195）修改su或者passwd程序获得不正当的root权限。这类事件破坏了应用软件的可用性，数据的保密性，运行环境的完整性。

除了主要环节的视角外，开源软件供应链所面临的风险按风险种类还可以分为安全风险、合规风险和维护风险。

4. 安全风险

供应链可见性是指从供应链中某一节点出发，沿着供应链方向所能够观测到的依赖关系层次。在当前的软件开发中，模块化和复用的思想得到了广泛认可，并且开源软件已经成为最佳实践之一。在加速软件开发同时，也使

[1] https://titanwolf.org/Network/Articles/Article?AID=88595e24-dfc3-48d3-8d22-247fbdd63b89#gsc.tab=0。

[2] https://www.computerworld.com/article/2755831/new-malware-overwrites-software-updaters.html。

[3] https://en.wikipedia.org/wiki/Dirty_COW。

得软件的依赖层次不断加深。而一般的开发者或用户，在开源软件供应链中的可见性十分有限，他们通常只能确保自身被安全访问，却无法顾及自己无法观测到的上游依赖。攻击者正是利用这一点，将攻击目标转移到供应链上游节点。这种方式不仅难度更低、隐蔽性更强，同时也会通过安装依赖、API调用、文件拷贝等方式快速传播，影响更大范围的下游软件及用户。这类针对软件供应链的攻击，统称供应链攻击。

供应链攻击是开源软件供应链安全风险的主要来源，正如前文所述，从软件供应链到开源软件供应链，源码和制品管理、生产工具等更多采用开源开放工具，而人员来源也更加混杂，这些因素都导致供应链攻击的方式更加多样化。根据具体实施方式的不同，CNCF社区安全工作小组将其总结为以下七类。①攻击者在开发设备、SDK、编译工具链等开源开发工具中植入后门，致使开发者无意间提供带有恶意程序的软件产品；②攻击者利用包管理器和开发者的疏忽，为带有恶意程序的软件取一个和正常软件极其相似的名称，当出现拼写失误等疏忽时即能成功植入；③开源软件的生产、组装和分发经常使用公共基础设施，攻击者利用其开放性进行侵入，并破坏开源软件的完整性或可用性；④利用开源软件源代码可以开放获取的特点，攻击者或者通过盗取开发者权限，或者直接植入恶意程序；⑤攻击者通过盗取合法的签名密钥，伪装成合法的软件供应商，在合法程序中植入恶意程序；⑥攻击者拥有维护者权限，该权限通常在开源社区中拥有较高的可信度，这使得攻击者更容易实施攻击；⑦通过构建攻击链，将若干个漏洞串联在一起后实施攻击。

根据Sonatype 2021年的统计数据显示，在2021年，针对开源上游发起的供应链攻击事件的数量增长650%。这相较于2020年430%的增长速度而言，明显加快了。与此同时，有29%的流行开源软件包含已知的安全漏洞，却仅有25%的开发团队会主动通过更新自己产品依赖的开源组件来修复安全漏洞。Alfadel等学者在文章“Empirical Analysis of Security Vulnerabilities in Python Packages”中指出，在Python生态的上游软件包中，其漏洞一般需要

3 年的时间才会被披露，且一半的漏洞是在漏洞披露后才被修复的。Prana 等学者在文章“Out of Sight, Out of Mind? How Vulnerable Dependencies Affect Open Source Projects”中也指出，在 Java、Python 和 Ruby 生态的下游项目中，漏洞通常会持续 3 ～ 5 个月才会被修复，存在时间较长。

由此可见，开源软件供应链面临巨大的安全风险。需要通过风险管理方法有效保障软件的安全性、完整性和真实性。具体而言，保障安全性是指有效管理软件设计和开发时引入的威胁；保障完整性是指管理软件作为组件被引用或引用其他组件时引入的威胁；保障真实性则要求上游软件供应商向下游供应商或者终端用户提供验证软件真伪的方法。

5. 合规风险

开源许可证是开源软件的必要元素之一，它声明了使用者可以在何种程度上使用、改造及再分发开源代码。有一些许可证非常宽松，如 MIT 许可证。当源代码被修改后，可以选择闭源而无须注明版权。而在软件宣传的时候，还可以利用原始项目的名称加以推广背书。有一些许可证则非常严格，如 GPL。当源代码被修改后，新的代码也必须开源，同时也必须使用 GPL 许可证。此外，某些许可证之间甚至表现出明显的互斥性。

和安全风险类似，基于开源软件开发产品的软件供应商，受到其供应链可见性的限制，难以完整掌握其产品供应链中所包含的开源许可证。Baltes 等学者在文章“Usage and Attribution of Stack Overflow Code Snippets in GitHub Projects”中，研究了开发者在使用 Stack Overflow（SO）上的代码时，是否遵守了 CC BY-SA 系列许可证的要求，即注明出处和许可证兼容。他们估计 GitHub 上最多只有 1/4 的项目对使用 SO 上的 Java 代码片段注明了出处，且大多数注明 SO 代码片段出处的方式并不符合 CC BY-SA 系列许可证的要求。此外，在开源合规性检查中，对技术和法律相关的专业知识均有较高要求，致使很多软件产品存在开源合规风险隐患。如专注开发路由器的 Linksys 公司在 2003 年的时候发布了 WRT54G 路由器，这个路由器的固件是基于 Linux 内核开发的，而 Linux 内核使用了 GPL 许可证，意味着路由器固件代码也必须开源。同年思科公司（Cisco）收购了 Linksys，迫于 Linux 基金会起诉的压力，不得不将 WRT54G 软件开源，直接催生了开源路由器操作系统 OpenWRT。这对于开源社区来说自然是一件好事，因为增加了一款开源的企业级路由器操作系统。然而，对于商业软件供应商来说，这可能意味着他们辛苦构建的技术壁垒被打破。因此，商业软件供应商必须重视许可证的合规使用，稍有不慎，可能会造成巨大的损失。

6. 维护风险

和传统的软件供应商不同，开源软件的供应商对其软件的维护通常是自发的和义务的。开源软件供应商可能是个人、开源组织、商业公司、大学等任意一种类型。由于受到能力限制，其提供的软件质量和维护能力参差不齐。他们极有可能因为没有遵从最佳实践，而引入潜在的安全和合规风险。例如，当复用度极高的开源软件 OpenSSL 被曝出存在高危漏洞时，仅有两位兼职维护人员。类似的情况也发生在 Log4j 开源项目上。此外，由于缺乏正向激励，开源软件供应商尤其是一些个人类型的供应商，缺乏维护的意愿。而一些商业公司恶意转化知识成果的行为，则进一步加剧了这一矛盾。举个例子，JavaScript 生态中流行的两款开源软件——faker.js 与 colors.js，遭到作者恶意破坏后完全终止维护。由于这两款软件在 NPM 上每周的下载量分别接近 250 万和 2240 万，这一行为造成大量下游软件无法正常运行。

Gao 等学者在文章《开源软件供应链研究综述》中总结了多种面向开源供应链安全的研究，其中 API 变更和依赖管理所关注的都可以归类为维护风险。具体地，软件产品在其生命周期维护的过程中，供应链中任何软件包 API 发生变更都会对下游项目造成影响。该方向已有的研究主要从上游 API 变更的引入情况、API 变更的影响范围和 API 变更的应对实践三方面展开，分别可以对应到风险的识别、评估和处理这几个供应链管理步骤。在这些研究中，Ma 等学者在文章“Impact Analysis of Cross-project Bugs on Software Ecosystems”中量化评估了上游 API 的缺陷对下游项目的影响。结果显示，31 个有缺陷的上游 API 在 22 个 Python 项目的 121 个版本中有 25 490 个模块正被调用，但是只有1132（4.4%）个模块可能触发缺陷。这也体现出，在精准识别和评估维护风险方面存在挑战。相比之下，依赖管理则从一个更宏观的视角看待这类风险，API变更可以理解为管理通过API调用建立的依赖。目前已有的研究主要涉及依赖冲突、依赖更新、依赖迁移等几个方面。依赖冲突主要关注冲突的检测和修复，前者主要侧重于评估供应链上某一节点是否满足其上游节点设定的约束条件；后者则主要通过调整当前节点及其相关的属性，以满足约束。依赖更新是修复上游缺陷的重要方式之一，然而开源软件供应链巨大的规模，给软件维护者及时发现上游缺陷、追踪缺陷状态，以及通过更新来修复缺陷带来挑战。依赖迁移侧重于研究评估供应链中节点的可替代性。在开源软件供应链中，被弃用的库不被维护、目标库的特性和可用性更好、为了与项目更好地集成和简化依赖等原因都可能导致依赖迁移的发生。He等学者在文章“A Large-scale Empirical Study on Java Library Migrations: Prevalence, Trends, and Rationales”中共总结了14个不同的原因。由此可见，研究依赖迁移对于提升供应链的可维护性至关重要。

基于以上内容可以看出，维护风险对开源软件供应链的持续运行能力有较大影响，应当予以重视。

1.2.4 开源软件供应链的法律政策

1. 国家层面的法律政策

目前，多个国家已经制定了针对开源软件供应链的法律政策。在2015年，美国国家标准技术研究院（National Institute of Standards and Technology，NIST）专门制定SP800-161《联邦信息系统和组织供应链风险管理/方法实践清单》，用于指导美国联邦政府机构管理ICT供应链的安全风险，旨在指导联邦部门和机构识别、评估和减轻ICT供应链风险。2018年，NIST发布报告“Security Considerations for Code Signing”，该报告指出：①各种各样的软件产品（也称为代码），包括固件，操作系统，移动应用程序和应用程序容器映像，必须以安全和自动化的方式分发和更新，以防止伪造和篡改；②数字签名代码既可以提供数据完整性以证明未修改代码，也可以提供源身份验证来标识谁对代码进行签名；③代码签名解决方案应用于代码签名用例（固件签名、驱动签名、应用软件签名）时存在安全问题。

2021 年 4 月，美国网络安全与基础设施安全局（Cybersecurity & Infrastructure Security Agency，CISA）和 NIST 联合发布了《防御软件供应链攻击》报告。该报告提供了软件供应链风险的概况描述，并为厂商和用户提供使用 C-SCRM 和 SSDF 两个框架来识别、评估和缓解此类风险的建议。英国国家网络安全中心（UK National Cyber Security Center，NCSC）于 2018 年 11 月发布《供应链安全指南》，提出归属于 4 个方面的 12 条安全细则。同年 12 月发布《安全开发与部署指南》，列举 8 项安全原则。2021 年 2 月，再次发布针对自动化构建管道恶意攻击的警告[㊀]。中国 12 部门于 2020 年 4 月 27 日联合发布《网络安全审查办法》，并于同年 6 月 1 日正式实施。中国还制定了 ICT 供应链安全的相关标准，如 GB/T 24420—2009《供应链风险管理指南》、GB/T 31168—2014《云计算服务安全能力要求》、GB/T 32921—2016《信息技术产品供应方行为安全准则》、GB/T 22080—2016《信息技术 安全技术 信息安全管理体系要求》、GB/T 22239—2019《信息系统安全等级保护基本要求》、GB/T 29245—2012《政府部门信息安全管理基本要求》、GB/T 36637—2018《信息安全技术 ICT 供应链安全风险管理指南》等。目前，国际供应链安全标准已渐成体系，而国内供应链安全要求大多分散在多个标准中，GB/T 36637—2018 作为我国第一个 ICT 供应链安全国家标准，弥补了 ICT 供应链安全风险管理的空白，标志着我国供应链安全标准正在起步[㊁]。

2. 社会层面的行业规范

针对开源软件供应链层出不穷的安全问题，相关社会组织也提出了相应

㊀ https://www.ncsc.gov.uk/blog-post/defending-software-build-pipelines-from-malicious-attack。

㊁ http://www.gjbmj.g ov.cn/n1/2020/0115/c411145-31550085.html。

的措施来减少开源软件供应链的潜在风险。OpenChain 是由 Linux 基金会联合知名企业共同建立的项目，旨在提供开源软件供应链规范。目前，OpenChain 2.1，即由 Linux 基金会、Joint Development 基金会和 OpenChain 项目共同制定的 ISO/IEC 5230:2020 标准已经被核准成为国际标准。该标准能够进一步解决开源软件供应链中的信任问题，在提升开源合规方面作出了重要的贡献。众多国际知名企业都加入了由 OpenChain 领导的开源软件供应链社区，如丰田、谷歌及思科等企业[⊖]。除此之外，MITRE 组织在 2021 年 1 月发布技术报告"Deliver Uncompromised: Securing Critical Software Supply Chains"，提出加强软件供应链完整性的框架。该框架提出了三项规范软件供应链的措施，首先，软件行业必须采用基于软件物料清单（Software Bill of Materials，SBOM）的供应链元数据方法，该方法可以跟踪软件产品中每个组件的组成和出处，为每个组件及其谱系提供元数据完整性，使用该元数据可以系统地描述和管理风险。其次，密码学相关的代码签名及其验证基础设施需要足够成熟，以反映出现今软件供应链的复杂性和多样性，并为未来量子电子签名预期新标准的快速部署做准备。最后，涉及构建和分发软件及软件更新的系统方面，必须满足更高级别的标准。

3. 企业层面的具体实践

除了来自国家和社会组织层面的开源软件供应链规范，部分企业也出台了各自相应的管制措施。早在 2011 年，微软公司率先发布了《网络供应链风险管理：实现透明和信任的全球共享》报告，该报告提出了一个旨在有效管理供应链风险的框架。该框架具有以下 4 个特点：协作、透明、灵活和互惠。该报告认为政府应重新审视开源软件供应链的潜在风险，并和企业一同合作来解决这些问题。2016 年，华为公司发布了《全球网络安全挑战——解决供应链风险，正当其时》白皮书。该白皮书点明了当前供应链的风险，并呼吁政府、企业界和学术界联合起来应对。华为公司将供应链安全管理纳入其端到端全球网络安全保障体系，并将实践经验总结到了该白皮书中。除此之外，

⊖ https://www.o penchainproject.org/featured/2020/12/15/openchain-2-1-is-iso5230。

该白皮书还总结了多个可以减少供应链风险的措施，如可以利用 NIST 等框架有效管理供应链风险。2020 年 10 月，红帽公司（Red Hat）提出了可信软件供应链规范，旨在提供软件安全性、合规性、隐私性和透明性四个方面的保障[⊖]。该规范要求开发人员在使用静态代码分析和安全扫描工具验证代码之前，代码不允许投入生产环境。同时，该规范还要求开发人员从受信任的代码仓库中提取可用组件。2021 年 6 月，谷歌公司提出了软件构件的供应链级别（Supply chain Levels for Software Artifacts，SLSA），一个用于确保整个软件供应链完整性的端到端框架。SLSA 旨在防御常见的供应链攻击，如向源代码库提交恶意代码以及诱导开发者使用恶意组件。

1.3 本书的组织框架

研究开源软件供应链的核心目标，是实现供应链有效管控，降低风险对系统的影响。因此，以开源软件供应链的定义、特征及面临的风险为基础，结合已有的工作，本书提出一种通用的开源软件供应链风险管控框架，如图 1-4 所示。

该框架包含以下 4 个主要的模块。

1. 开源软件供应链模型构建模块

该模块需要面向输入的软件产品构建相应的开源软件供应链模型，并根据模型收集供应链系统运行过程中产生的状态信息。本书第 4 章将详细介绍模型构建所采用的方法。

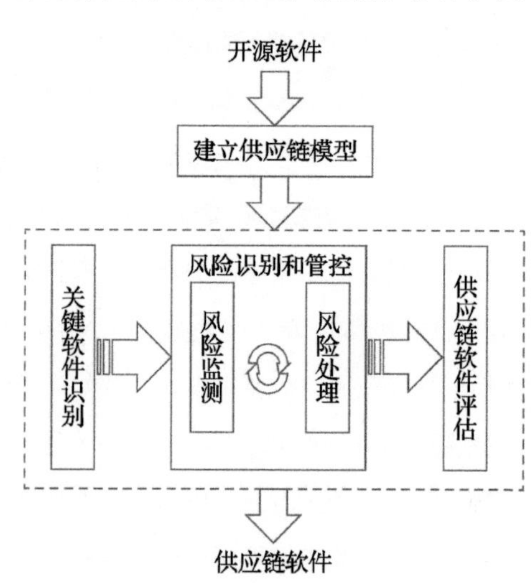

图 1-4　开源软件供应链风险管控框架

⊖ https://www.redhat.com/en/resources/ve-trusted-software-supply-chain-brief。

2. 开源软件供应链风险识别和管控模块

该模块接收模型信息作为输入，识别软件产品及其开源软件供应链中可能存在的风险，同时阐明风险判定的依据。本书第 5 章将详细介绍面向开源软件供应链的风险评估体系。

3. 开源软件供应链关键软件识别模块

该模块基于输入的模型信息，评估并识别开源组件在软件产品的供应链中的关键程度，并以此作为风险处理优先级的排序依据，从而实现风险管控效率的优化。本书第 6 章将具体介绍开源软件供应链中关键软件的识别和评估方法。

4. 供应链软件评估模块

该模块主要用于评估和筛选符合供应链“标准”的开源软件，若评估未通过，则开源软件需要继续在风险识别和管控模块进行风险监测和风险处理的内部循环，直至通过该模块的评估，供下游消费者放心使用。本书第 7 章将对供应链软件评估和筛选进行系统介绍。

为了让读者能够更好地理解上述内容，首先，本书在第 2 章对开源软件供应链的国际形势进行概述。其次，在第 3 章中对软件供应链相关的基础知识进行总结和介绍。最后，从实践的角度出发，本书的第 8 章会介绍开源软件供应链基础设施的建设方法，并在第 9 章对开源软件供应链的可视化呈现方法及典型应用案例进行介绍。从而实现理论与实践的有机结合。

1.4 本章小结

本章重点探讨了开源软件供应链的概念。从开源软件供应链产生的背景出发，结合学术界和工业界对开源软件供应链已有的认识，总结本书对于开源软件供应链的定义。并在此基础上，对开源软件供应链所具备的特征、面临的风险，以及相关的法规政策标准进行总结。最后对本书的组织框架进行介绍，方便读者更好地阅读和理解本书内容。

第 2 章　开源软件供应链的国际形势

开源软件供应链是一个全球性的复杂系统，受到了国际各方的关注。本章将从开发组织、企业和国家政府 3 个方面对开源软件供应链的国际形势进行总结。

2.1 具有影响力的开放组织

2.1.1 OpenSSF

OpenSSF[1]（Open Source Security Foundation）成立于 2020 年，是一个致力于保障开源生态安全的基金会，在全球范围内拥有较高的影响力。该基金会希望通过协调已有开源社区及其相关上游开展合作，同时对关键的开源软件组织或个人提供支持，以提升整个开源生态系统的安全性。而开源软件供应链的协调和支持保障，是实现开源生态系统安全性的重要前提之一。

OpenSSF 秉持“公益、开放透明、开源维护者优先、多元与包容、敏捷分发、信誉、保持中立性和同理心”的价值观，希望在未来开源生态中的参与者可以放心地使用和分享通过主动安全审核的、高质量的开源软件。OpenSSF 的具体目标是为开源生态提供工具、服务、培训、基础设施和资源，以实现以下几个方面的愿景。

[1] https://openssf.org。

- 提供安全工具和解决方案，帮助开源软件社区识别和解决潜在的安全漏洞。
- 开发并分享最佳实践指南，帮助开源项目更好地管理和组织代码，并确保其安全性。
- 为开源项目提供漏洞管理系统，并协助修复已知漏洞。
- 提供针对开发者和贡献者的培训课程，以加强他们在软件供应链安全方面的意识。
- 建立可信赖的软件仓库和镜像服务器，有效地分发校验过的、经过审计的软件包。
- 支持与其他组织合作，共同推动解决开源项目中存在的问题。通过这些举措，OpenSSF 致力于改善开源软件生态系统中关于安全性问题的认知，并促进更广泛范围内对这些问题进行重视。
- 自动化通知开发者相关的、需要处理的安全事件，包括阻止、消除或迁移安全风险等，以降低开发者实现安全开发的难度。
- 方便相关开发者、审核者等在开发和分享的同时，自动化地应用安全策略，降低实现持续安全保障的门槛。
- 构建完善的开源软件供应链，使得开发者或研究者在识别安全风险后，能够更快地通知到相关潜在受影响的开源参与者。

OpenSSF 的组织架构设置如图 2-1 所示。组织架构的顶层是理事会（Governing Board，GB），主要负责市场推广（Marketing）、公共策略制定（Public Policy）、预算及财务管理（Budget & Finance）、基金会治理（Governance）和技术战略管理等方面的工作。其中，技术战略管理主要由技术咨询委员会（Technical Advisory Council，TAC）负责，旨在指导、规范和实现 OpenSSF 的技术愿景。具体的技术方向由相关工作组（Working Group，WG）负责管理和维护，包括定义该方向的目标、治理过程等。此外，各个工作组内部可以进一步对工作方向进行细分，形成特别兴趣小组（Special Interest Group，SIG）。当前，OpenSSF 共设立了以下 8 个工作组。

- 最终用户工作组（End Users WG）：主要负责在实现基金会技术愿景的过程中，倾听和收集来自终端用户（特指使用 OpenSSF 提供的工具、服务或基础设施的用户）的反馈。

- 最佳实践工作组（Best Practices WG）：致力于通过提供最佳实践案例和培训，以唤起开源软件开发者对安全代码开发的意识。
- 安全工具工作组（Security Tooling WG）：致力于从识别、评估、改进、开发及部署5个方面输入，为开源软件开发者打造一套用于安全开发的工具套件。
- 供应链完整性工作组（Supply Chain Integrity WG）：希望通过对开源代码溯源，帮助开源软件的维护者、开发者和终端用户更好地理解他们所维护、开发和使用的代码，有助于做出更好的决策。
- 漏洞披露工作组（Vulnerability Disclosures WG）：旨在通过成熟的漏洞披露机制，帮助和改善整个开源软件生态的安全态势。
- 关键项目防护工作组（Securing Critical Projects WG）：致力于通过识别关键的开源软件项目，实现更有效的资源分配。
- 安全威胁识别工作组（Identifying Security Threats WG）：致力于通过采集和分析精心设计的指标及开源软件元数据，帮助提升使用者对开源软件项目安全性的信心。
- 软件仓库防护工作组（Securing Software Repositories WG）：旨在成为信息交流中心，通过促进生态系统之间的交流（包括技术措施、基础设施方法和政策），更好地促成创新想法的产生。同时，帮助维护者更好地了解不同生态系统的政策变化，并快速识别基础设施、共享工具和服务等方面的升级需求，以保障跨生态系统的开源供应链能够顺畅运转。

一般情况，OpenSSF支持和孵化的项目都由各个工作组负责具体的运营和治理工作，但也有一些特别倡议（Special Initiatives）项目由TAC直接负责。当前由TAC直接负责的项目包括以下几个。

- Alpha-Omega：旨在与开放源码软件项目的维护者合作，系统地发掘开放源码中尚未发现的漏洞并将其修复，以提高全球软件供应链的安全性。该项目分为Alpha和Omega两个子项目，前者基于Securing Critical Projects工作组的成果发现关键项目，并与其维护者合作，支持和帮助识别并修复安全缺陷；后者主要关注长尾开源软件（需要被持续关注的开源软件），旨在实现自动化安全分析、评分和风险处理。

- GNU Toolchain Infrastructure（GTI）：GNU 工具链（Toolchain）是 GNU/Linux 生态系统的重要信任基础，对其基础设施、服务和安全要求的需求随着时间的推移而增长，因此 GNU 与 OpenSSF 合作发起了该项目，旨在利用 OpenSSF 及 Linux 基金会的基础服务，资助并改善 GNU/Linux 生态中重要工具链项目的安全态势。
- Sigstore：提供一套可靠的签名和验证机制，以及开放的基础设施，用以保障开源软件供应链的完整性。

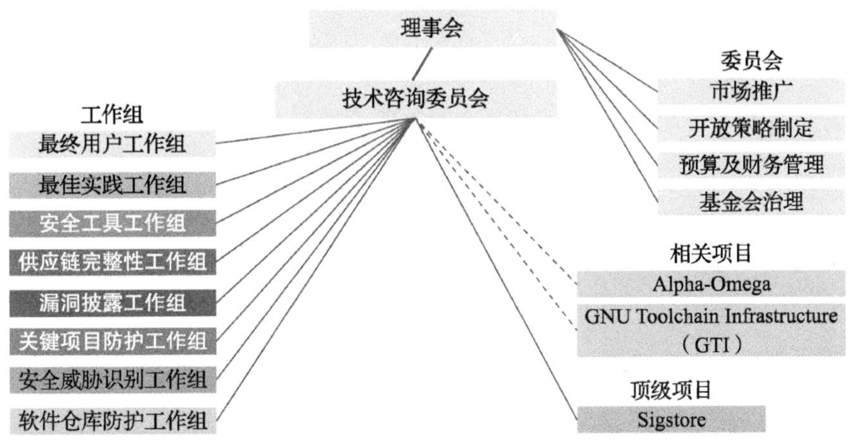

图 2-1　OpenSSF 的组织架构设置[⊖]

从上文的介绍可以看出，OpenSSF 的组织架构庞大且涉及面广泛。然而，各工作组之间的组织运作机制如图 2-2 所示，OpenSSF 的工作主要集中在开源软件的生命周期上，涉及开发者（Developer）和消费者（Consumer）两种角色，并以开源软件的源码（Source）、构建过程（Build）以及制品包（Package）为主要的关注对象。不同的制品包之间存在依赖关系（Dependencies），这使得源码的组成和构建过程更加复杂。基于此，OpenSSF 的核心工作可以总结为：

⊖ https://openssf.org/wp-content/uploads/sites/132/2023/03/OpenSSF-Town-Hall-Slides-2023-03-16.pdf。

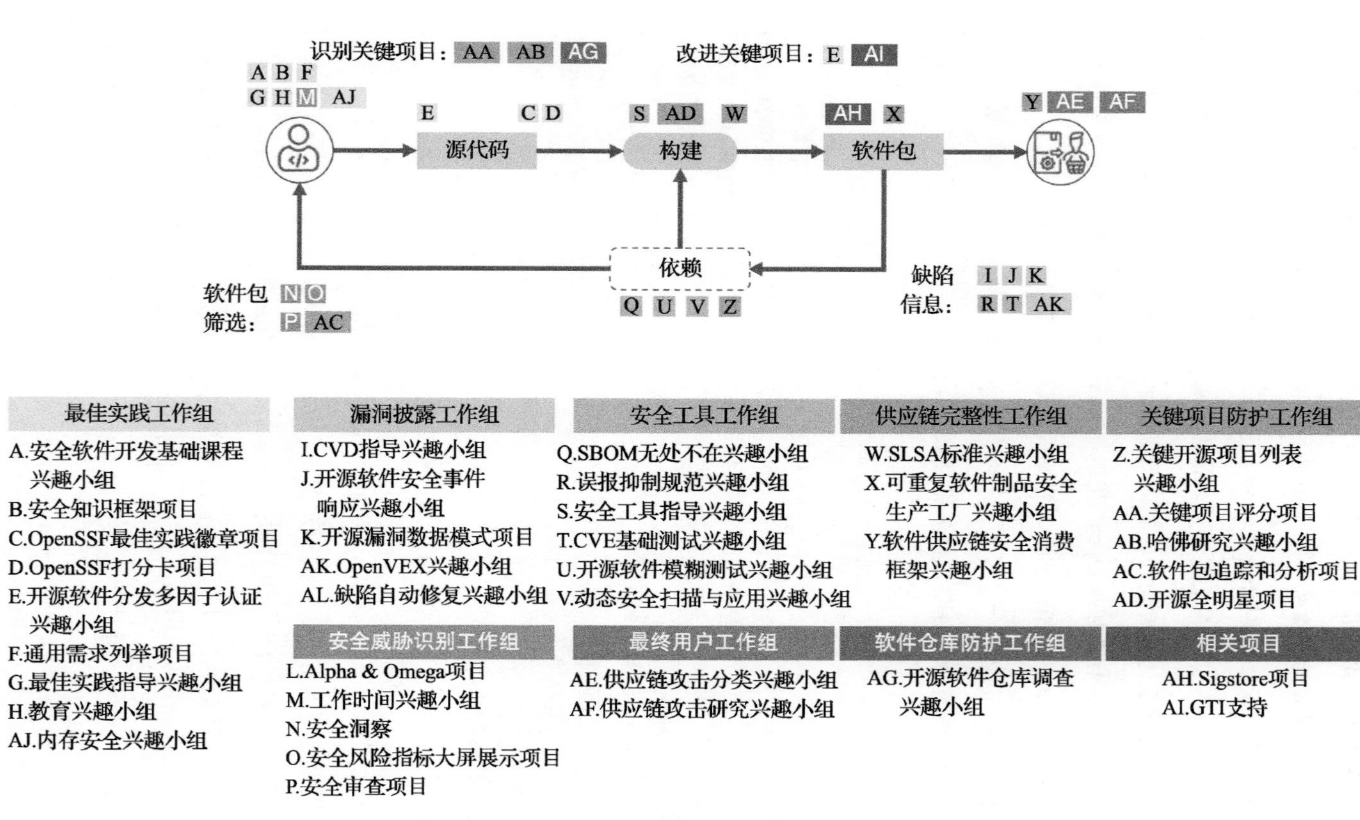

图 2-2 OpenSSF 的组织运作机制

- 定位关键开源软件；
- 改进关键开源软件的安全态势；
- 确保开发者及其生产的源码符合最佳规范；
- 风险识别、构建过程及分发过程的完整性保障；
- 风险信息披露及风险处理；
- 开源软件消费时的评估与选型。

因此，OpenSSF 的核心工作与本书的组织架构不谋而合。

2.1.2 OWASP

OWASP（Open Worldwide Application Security Project）是一个致力于改善软件安全性的非营利基金会。自成立以来，该基金会已在全球范围内设立超过 250 个地方分会，拥有上万名成员，维护多个由社区主导的项目，并面向开发者提供业界领先的培训。作为世界规模最大的关注软件安全的非营利组织，OWASP 秉持着开放、创新、国际化和公平的价值观，其核心目标是帮助开发者能够实现更好更安全的软件。具体来说，他们希望：①支持建立有影响力的项目；②在全球范围内培养高质量的社区；③提供教育资源。

保障开源软件供应链安全是实现软件安全的重要任务之一，OWASP 支持并维护了多个面向软件安全的开源项目，其中就包括当前应用最广泛的 SBOM 开放标准之一——CycloneDX（另一个常见的工具套件是 SPDX，本书将在 4.4 节中介绍有关 SBOM 技术）。Dependency-Track 也是 OWASP 维护的、面向开源供应链安全的重要项目。该项目是一个智能的软件成分分析平台，主要面向组织型用户，方便他们识别并降低供应链风险。具体地，Dependency-Track 以 SBOM 为输入，支持自定义策略执行，实现对目标软件的成分分析和风险评估。同时，该项目提供了丰富的 API，支持集成到持续集成和持续部署（Continuous Integration/Continuous Deployment，CI/CD）环境，方便组织实现 DevSecOps[1]。此外，OWASP 还维护了开放的软件组件验证标准（Software Component Verification Standard，SCVS），用于评估软件供应链的成熟度和风险。该标准通过提取一系列具有共性的活动准则和最佳实践，旨在降低供应链中的风险。

2.1.3 SPDX

SPDX（Software Package Data Exchange）是由 Linux 基金会维护和支持的项目，该项目由同名的社区 SPDX 负责治理。SPDX 的核心目标是提供了一种开放标准，用于软件物料信息传递和交换，包括软件的溯源、许可证、安全等各类相关信息。SPDX 希望能够通过该标准为组织间共享数据时提供统一的标准，从而减少冗余的工作，并改善开源软件供应链中软件的合规、安全和可靠性。当前，SPDX 开放标准已经获得国际标准化组织认可，编号为 ISO/IEC 5962:2021。

SPDX 设计的指导原则如下。①简化：旨在为软件供应领域提供一个简单明了的标准，使各方能够快速理解和使用。②标准化：力求营造一个全球通用的标准，以促进合规性和互操作性。③可扩展性：允许用户自定义和扩展信息，以满足不同需求和场景的变化。④透明度：鼓励开发者公开分享软件资源信息，帮助用户更好地了解所使用的开源组件。⑤明确性：尽量避免二义性和模棱两可的表达，确保信息传达清晰准确，同时，SPDX 不对其中包含的许可证信息做法律解释。⑥一致性：保持与其他相关行业标准的一致性，以便与其他工具和流程无缝集成使用。⑦自动化支持：为实现自动分析、生成及处理 SPDX 文件提供基础设施支持。为了方便和规范开发者实践 SPDX 指导，社区提供了丰富的工具套组。除了面向各类编程语言的 SPDX 生成和解析工具外，还有一些文档质量评估工具。如 ntia-conformance-checker[2]，

[1] https://www.redhat.com/en/topics/devops/what-is-devsecops。

[2] https://github.com/spdx/ntia-conformance-checker。

就是一款以美国国家电信和信息管理局（National Telecommunications and Information Administration，NTIA）于2021年发布的“The Minimum Elements For a Software Bill of Materials”（《SBOM最小元素》）为基准的检测工具，用于评估给定的SPDX格式文档是否满足要求。

2.1.4 OpenChain

OpenChain同样是由Linux基金会负责维护和支持的一个项目，由同名组织负责维护和运营。他们的核心目标是帮助全球范围内的软件供应链体系能够更快、更有效、更高效地运转。为了实现这一目标，OpenChain提出并维护着国际标准ISO/IEC 5230:2020，该标准主要用于保障供应链中软件符合开源合规的要求。为了减少开源领域流程管理中可能出现的冲突，同时提高各方面的效率，OpenChain还组织建立了一个全球范围内的知识社区，用于信息交流和共享。此外，OpenChain还通过接入合作伙伴的方式，帮助那些希望落实开源软件供应链相关标准的企业和组织降低实施门槛。具体地，合作伙伴类型包括律师事务所（Law Firms）、服务提供商（Service Providers）、技术供应商（Vendors）及第三方认证机构（Third-Party Certifiers）。其中，不乏来自中国的企业或组织。在11家第三方认证机构中，有3家来自中国，分别是中国科学院软件研究所、中国信息通信研究院及中国电子技术标准化研究院。

2.1.5 Openwall

Openwall是一个专注于增强Linux安全的开源组织。他们维护并支持多个用于安全增强的软件，其中包括Openwall GNU/*/Linux（Owl），一款面向服务器场景的安全增强型的Linux发行版。此外，Openwall提供的补丁和安全扩展也广泛应用于其他主流的Linux发行版中。Openwall以OVE ID的形式披露已发现的安全缺陷，类似于CVE ID。与CVE不同的是，OVE ID的披露速度会更快，因为其省略了验证的环节。通常情况下，Openwall 会在发现缺陷后给予内部成员两周左右的时间来修复相关缺陷，并在修复完成后对外公布。目前还没有来自中国的企业可以加入该组织，以至于国产的 Linux 发行版相较于其他发行版，存在长达两周左右的缺陷开放期，这导致国产基础软件的开源软件供应链面临着严重的安全风险。

2.1.6 中国计算机学会开源发展委员会

中国计算机学会开源发展委员会（CCF ODC）是中国计算机学会（CCF）下属的一个专业委员会，成立于 2020 年。CCF ODC 秉承创新、开放、协作、共享的理念和价值观，聚焦打造自身开源的新型开源创新服务平台，培育孵化原始创新的开源项目，培养开源创新实践人才。CCF ODC 由王怀民院士领军，成员包括来自高校、研究机构、企业以及开源社区的众多专家学者，形成多元化的团队，以便于为开源发展提供广阔的视角和专业的支持。依托 CCF 连接科教资源、产业资源和社会资源等，CCF ODC 期望能够形成“产、学、研、用”联动的开源创新模式，探索由学术共同体主导的开源发展新路径，为全球开源创新实践者提供高水平服务，助力开源生态建设。自成立以来，通过举办国内外知名的开源技术会议、发布相关白皮书和研究报告，CCF ODC 在促进开源技术的普及和应用方面发挥了重要作用，不仅促进了技术的交流与合作，也提高了我国在全球开源领域的影响力。总体来说，CCF ODC 在推动我国开源技术发展、促进技术交流、培养人才和发展开源文化方面发挥了积极的作用，持续为建设稳定可靠的开源软件供应链做出贡献。

2.1.7 开放原子基金会开源安全委员会

开放原子基金会开源安全委员会（简称“安委会”）是由开放原子基金会设立的一个专业委员会，旨在推动开源软件的安全性和可信性的增强。安委会汇聚了来自华为、蚂蚁集团、中国科学院软件研究所、工业和信息化部电子第五研究所等多家企业和科研单位的行业专家、开发者和安全从业者，以应对开源软件日益增长的安全挑战。安委会的主要职责和目标包括：制定和推广开源软件的安全标准和最佳实践，帮助开发者和企业在软件开发过程中加强安全意识；提供开源项目的安全评估与审核服务，帮助开发者识别潜在的安全风险，并提供改进建议；推动开发开源安全工具与资源，帮助开发者在使用开源软件时更有效地进行安全管理；组织安全培训与活动，提高开发者和企业对开源安全的认识，提供相关的技能培训和知识分享；倡导与其他组织、社区和企业的合作，形成开源软件安全领域的生态系统，共享信息和资源，推动整体安全水平的提升。自成立以来，安委会在提高开源软件安全性方面发挥了重要作用。通过发布开源漏洞共享平台及安全奖励计划，安委会帮助开发者和用户更好地应对安全挑战，提升整个开源生态系统的安全性和信任度。此外，安委会还成立了安全工具、数字签名、开源安全标准等多个工作组，在加强开源软件的安全性、提升开源项目的可信度、推动开源生态的健康发展和广泛应用等方面做出贡献。

2.2 关注开源软件供应链安全的企业

2.2.1 Sonatype

Sonatype 是一家专注于软件供应链管理的公司，最早于 2001 年起源于一个同名的开源项目，该项目由知名开源项目 Apache Maven 的一名核心贡献者发起。他们认为，随着软件工程的不断发展，90% 的现代应用程序为了追求更快的开发速度，选择使用开源组件。然而，当开源组件得不到有效维护时，它们就会成为让组织面临安全和许可风险的负担。Sonatype 在 2022 年发布的报告中指出，当年的研究数据显示，针对开放仓库中开源组件的攻击同比增长了 633%。相当自 2019 年以来的 3 年间，软件供应链攻击事件的年平均增长率达到了742%。在这样的环境下，企业需要一种保护自己的方法，既不会减缓创新的速度，又能防止这些攻击。因此，需要关注开源软件供应链的管理。

自成立以来，Sonatype一直关注开源组件在开发过程中的流转情况，并挖掘潜在的供应链风险。在这个过程中，他们创造出多款具有影响力的产品，包括中央仓库（Central Repository），全球范围内最大的开源Java组件仓库；Nexus系列，一套专为管理开源软件供应链管理而设计的解决方案；Sonatype Lifcycle，能够自动化实现安全软件开发生命周期管理的服务；Sonatype Repository Firewall，用于设置开源软件进入仓库的门禁，防止带有恶意代码的开源软件进入。此外，Sonatype每年都会发布一份关于全球开源软件供应链洞见的研究报告，以分享过去一年的相关信息和研究成果。截至2022年，Sonatype已有超过2000个组织用户和1500万开发者用户，在开源软件供应链管理方面具有较高的影响力。

2.2.2 Synopsys

Synopsys（新思科技）是一家综合科技公司，业务涉及电子设计自动化（Electronic Design Automation，EDA）工具、芯片设计与验证、芯片知识产权以及计算机安全。其中，软件应用安全是计算机安全相关的重要分支。Black Duck是Synopsys下属专门负责软件成分分析（Software Composition Analysis，SCA）的团队，主要目标是帮助用户管理其应用软件对应供应链（包含开源或第三方商用代码）中潜在的安全、质量和合规风险。为了实现这个目标，Black Duck构建了一个庞大的知识库，其中包含超6300万个软件组件的信息。同时，他们还开发了工业级源码检测工具，实现面向应用程序的依赖分析、代码指纹分析、二进制分析及代码片段分析。根据当年的软件审计工作成果，Synopsys每年都会发布一期年度报告，总结过去一年在软件供应链管理方面发现的问题和见解。作为目前最成熟且最具影响力的商业检测工具之一，截至 2022 年，全球范围内已有超过 4000 家组织或企业选择 Black Duck 提供的服务。

2.2.3 科技巨头

近两年来，开源软件供应链安全问题引起了全球广泛关注，其中不乏科技巨头公司。以谷歌公司和微软公司为例，前者将多年公司内部的开源治理经验总结为开放标准 SLSA，并以开源的方式贡献到社区。目前，该标准已成为最受欢迎的开源软件供应链完整性校验开放标准。此外，谷歌公司还发起了 GUAC（Graph for Understanding Artifact Composition）开源项目，旨在探索以图的方式解决软件成分分析问题。该项目于 2022 年 10 月发布，并且在短短的半年多时间内就吸引了众多开发者参与，引起了开源软件供应链领域的广泛讨论。微软公司同样总结了内部多年的开源治理经验，并以 S2C2F 开放标准的形式开源。与 SLSA 主要站在生产者的角度不同，S2C2F 主要站在消费者的角度，对软件及其供应链的成熟度、安全性等进行评估。当前，S2C2F 已经被 OpenSSF 接纳，并作为供应链完整性工作组指定的默认评估标准。此外，像 IBM、eBay、华为等科技巨头公司，都积极关注全球开源软件供应链的发展，并积极参与到 OpenSSF 等社区作出贡献。

2.3 各国对开源软件供应链安全的态度

2.3.1 国外

近几年，美国政府对开源软件供应链安全问题十分重视，SBOM 作为管理供应链风险的重要技术之一，亦成为相关工作的重点。2021 年，美国白宫颁布关于提升国家信息安全的行政命令（EO14028）[1]，在 Sec 4.(e)(vii) 小

[1] https://www.whitehouse.gov/briefing-room/presidential-actions/2021/05/12/executive-order-on-improving-the-nations-cybersecurity/。

节中明确要求软件供应商必须向卖家公开提供SBOM，并分别在Sec 4.（f）和Sec 10.（j）小节中，要求NTIA发布对SBOM的最小元素指导，以及对SBOM进行定义。2021年7月，NTIA响应EO14028，发布《SBOM最小元素》，其中描述和定义了SBOM需要包含的最小元素，并对扩展元素提出建议。此外，NTIA还提出漏洞利用交互标准（Vulnerability-Exploitability Exchange, VEX）[一]，作为SBOM可落地的重要补充。该标准为产品供应商提供了关于其产品中存在漏洞及其可利用性的上下文见解和说明。承接NTIA的工作，CISA成立了SBOM相关工作组。该工作组通过促进社区参与、发展和进步的方式来推进SBOM工作，并重点关注扩展、推广SBOM相关的技术，以及其可维护性评测。同时，工作组也关注该技术领域中涌现的工具、新技术及新的实践案例。此外，NIST在2022年发布了两份标准，即“NIST SP 800-161r1 Cybersecurity Supply Chain Risk Management Practices for Systems and Organizations”[二]和“NIST Special Publication 800-218 Secure Software Development Framework（SSDF）Version 1.1: Recommendations for Mitigating the Risk of Software Vulnerabilities”[三]。其中，前者明确指出SBOM是构建管理和监控组件风险及实现企业间信息交互的成果实践，并在CM-8、RA-5和SR-4中提出关于SBOM的在供应链风险管理实践中的应用指导。后者定义了一种软件安全开发的框架，由组织准备（Prepare the Organization，PO），软件保护（Protect the Software，PS），可靠软件生产（Produce Well-Secured Software，PW），漏洞响应（Respond to Vulnerabilities，RV）四部分组成，其中PS.3.2和PW.4.1中均推荐使用SBOM作为框架实现的技术之一。

2023年2月，美国白宫发布了《国家网络信息安全策略》。该策略的核心目的是明确美国应该如何分配网络信息空间相关的角色、责任和资源，并对开源软件供应链管理具备指导意义。具体地，将从两个方面进行改善：一

[一] https://ntia.gov/files/ntia/publications/vex_one-page_summary.pdf。
[二] https://doi.org/10.6028/NIST.SP.800-161r1。
[三] https://doi.org/10.6028/NIST.SP.800-218。

方面重新分配安全防御的责任，从个人、小型企业、当地政府转移到能力最佳、位置最佳的组织身上；另一方面调整激励措施以支持长期投资，调和对当前形势的高度紧张和对未来弹性的预期。

基于以上策略，美国政府希望打造的数字生态具备以下特征。

- 防御性的，能够以更低成本、更高效地实现防御。
- 弹性的，容错性强，错误和异常的危害是小范围且短暂的。
- 价值观一致，以价值观塑造数字生态，用数字生态来强化价值观。

策略的具体实施方法可以总结为如下。

- 保护关键基础设施：扩展网络信息安全的最低要求，以确保国家公共安全，并减轻合规负担；在关键基础设施和关键服务方面，提高公私合作达成的速度并扩大规模；优化联邦网络，并更新紧急事件响应机制。
- 阻断和消除威胁行为者：利用国家的力量，使得恶意行为者无法对国家和公共安全构成威胁，并战略性地使用国家工具来反制对手；还需要建立可扩展的机制，允许非政府力量参与反制行动；同时，结合联邦法案，与国际合作伙伴共同应对威胁。
- 整顿市场的力量来推动安全和弹性：促进隐私和个人数据安全；转移软件产品和服务的责任归属以促进安全开发实践；确保联邦授权程序以促进在新基础设施的投资时具备安全性和弹性。
- 投资弹性未来：确保美国安全创新在未来的世界领先水平，减少未来数字生态下的系统级技术漏洞；优先推进下一代技术研究，包括量子加密、数字身份解决方案、清洁能源基础设施等；开发多样且鲁棒的国家网络劳动力。
- 建立国际伙伴关系以追求共同的目标：在目标建立的数字生态中，负责任的国家行为将被期望和鼓励，而不负责任的行为将被孤立并将付出高昂的代价，包括利用国家伙伴关系，通过联合准备、响应和成本增强来应对威胁，并提升合作伙伴的防御能力（包括战时和和平时期）。同时，和同盟及伙伴共同建立安全、可靠、可信的，覆盖信息通信技术及维护技术产品和服务的全球供应链。

最新发布的安全策略显示，美国政府已经将保障开源软件供应链安全提升至国家信息安全的层面。同样，欧洲国家对供应链安全及 SBOM 技术也给予高度重视。英国的国家网络安全中心（NCSC）于 2018 年 1 月发布了《供应链安全指南》。该指南中提出 12 项安全原则，并分为理解风险、建立防控、检查、持续改进 4 个阶段。虽然在该指导中并未明确提出 SBOM，但是不难看出，SBOM 相关技术将贯穿供应链安全的 4 个阶段。具体来说，SBOM 有助于消费者了解其获得产品的供应链组成并了解潜在的风险，进而基于 SBOM 建立防控措施。相应地，防控措施的落实与问题改进也需要围绕 SBOM 展开。2018 年 11 月，NCSC 面向开发者发布了《安全开发和部署指南》。该指南旨在帮助开发者理解现代软件安全开发和部署的最佳实践，以降低供应链整体的风险。指南从开发规范、安全构建、可靠托管等方面提出八项原则。这些安全实践的成果最终都需要通过 SBOM 向用户展现，一方面用于供应商证明自己产品的安全可靠，另一方面帮助消费者了解自己产品供应链组成，有效防范潜在的供应链风险。欧盟于 2022 年 9 月提议网络弹性法案（Cyber Resilience Act，CRA），旨在规范数字产品的网络安全需求，保障软硬件产品的安全。该法案中明确提出要“增强数字产品安全的透明性”，SBOM 则是实现安全透明性的必要条件。此外，瑞典战略研究基金会（Swedish Foundation for Strategic research，SFS）也在 2023 年孵化了 CHAINS（Consistent Hardening and Analysis of Software Supply Chains）项目[⊖]，旨在研究可复现、可引导、可验证的软件构建和 SBOM 技术，实现软件供应链加固。2023 年 5 月，由德国联邦经济事务和气候行动部资助的主权技术基金（Sovereign Tech Fund，STF）向 OpenJS 基金会投资 875 000 欧元（902 000 美元），这是 OpenJS 迄今为止收到过的最大一笔政府投资。

从近几年的一系列政策和行动可以看出，国际上的主要大国都对保障开

⊖ https://chains.proj.kth.se/。

源软件供应链安全给予极大的关注。这也进一步说明，开源软件供应链是一个全球范围内的复杂系统，保障其安全不仅涉及技术层面，还有国际合作、人才培养、经济支持等多方面的因素，任重而道远。

2.3.2 国内

针对软件供应链安全问题，中国12部门于2020年4月27日联合发布《网络安全审查办法》，该办法于同年6月1日正式实施。此外，中国还制定了信息通信技术（Information and Communication Technology，ICT）供应链安全相关的标准，包括GB/T 24420—2009《供应链风险管理指南》、GB/T 31168—2014《云计算服务安全能力要求》、GB/T 32921—2016《信息技术产品供应方行为安全准则》、GB/T 22080—2016《信息技术 安全技术 信息安全管理体系要求》、GB/T 22239—2019《信息安全技术 网络安全等级保护基本要求》、GB/T 29245—2012《信息安全技术 政府部门信息安全管理基本要求》、GB/T 36637—2018《信息安全技术 ICT供应链安全风险管理指南》。其中，GB/T 36637—2018《信息安全技术 ICT供应链安全风险管理指南》国家标准的发布，弥补了我国在ICT供应链安全领域标准缺失的问题，为提高重要信息系统和关键信息基础设施的ICT供应链安全管理水平提供了有力支撑和技术基础[一]。近几年，在新标准制定方面，国内不断推进软件安全开发、软件供应链安全工具能力评估、开源软件安全使用、软件代码安全测试、SBOM数据格式、软件安全标识等方向实践指南的研究和编制，并明确详细技术要求和流程规范等，正式对开源软件进行规划与监管[二]。

㊀ 摘自国家保密科技测评中心2020年发布的《信息安全技术 ICT供应链安全风险管理指南》标准解读，http://www.gjbmj.gov.cn/n1/2020/0115/c411145-31550085.html。

㊁ 摘自中国日报中文网2023发布的《数字经济的开源隐忧：中国数据如何“存得下、守得住”？》，https://tech.chinadaily.com.cn/a/202303/20/WS641812b2a3102ada8b2345f7.html。

2.4 本章小结

本章从开放组织、企业及国家政府 3 个方面，对开源软件供应链的国际形势进行介绍。总体来看，开源软件供应链安全已经引起了从政府到企业、从开放组织到商业组织、从国际到国内的多方高度关注，是当今学界及业界都希望能够有效解决的热点问题。

第3章 开源软件供应链的研究基础

开源软件供应链是一个综合性较高的交叉领域，涉及管理学、社会学、软件工程、数据科学和人工智能等多个领域。为了使读者更好地理解开源软件供应链，本章从传统供应链管理、软件供应链管理和软件供应链建模3个方向对相关领域的研究成果进行梳理。

3.1 供应链的相关研究

3.1.1 供应链定义及管理研究概述

供应链的概念最早面向企业管理领域提出，可追溯到20世纪60年代的物料需求计划（Marterial Requirement Planning，MRP）。由于当时的企业产能较低，供需矛盾主要聚焦在资源上，MRP的提出主要是为了解决原材料库存与产品零部件投产量之间的计划问题，以最少投入和关键路径作为其基本出发点。随着企业间的竞争愈发激烈，企业对自身资源管理范围向更加广阔和精细化的方向发展，MRP中单纯面向物料的管理已无法满足需求，于是企业进一步将物料与资金、人力、设备等资源关联起来，进行更加全面的计划和控制，使得MRP进化为MRPII，即制造资源计划（Manufacturing Resource Planning）。随着20世纪90年代信息化技术的引入，又提出了新的企业管理计划——企业资源计划（Enterprise Resources Planning，ERP），并成为大型企业管理的标配。供应链管理作为 ERP 的核心，主要用以帮助企业明确业务流程，有效解决传统企业管理中常见的机构人员重叠、资源利用率低等问题。

目前，根据目标需求、应用环境等的不同，有很多关于供应链的不同定义。其中，英国供应链管理专家 Martin Christopher 在 1998 年给出的定义具有较高的公共认可度，他在 *Logistics and Supply Chain Management* 一书中将供应链定义为：供应链是一种由多个组织参与组成的网络，在这个网络中，组织以上下游的关系相互关联，它们在不同的生产活动或过程中，以产品或者服务的形式为最终客户产品贡献价值。

结合供应链的定义，可以更抽象地将供应链看作是一种生产资料的整合方式，它会尽可能全面地收集链上各方的数据，以便进行全局的分析和统筹，而对供应链数据的维护，以及对供应计划的优化等操作，可以统称为供应链管理。Lisa Ellram 对供应链管理的定义得到了较为广泛的认同——“供应链管理是供应商和消费者之间集成了控制和计划的材料及产品流”。管理供应链系统需要考虑许多因素，其中性能管理和风险管理是核心任务。David Simchi-Levi 准确地描述了供应链性能管理——通过一系列方法有效地整合供应商、制造商、仓储、商铺等资源，使企业能够准确控制商品生产和分发的数量，同时确保必要的资源在正确的时间出现在正确的地点，使得供应链系统在满足服务需求的同时，能够最小化整体的花销。通过评估整体花销和最终产出的关系，即可量化地描述一个供应链系统的性能管理。

风险管理是供应链管理的另一个重要分支。Trkman Peter 等人在文章“ Value-oriented Supply Chain Risk Management: You Get What You Expect”中指出，供应链风险管理主要是为了应对工业界的发展趋势，这些趋势包括外包增加、供应量基数降低、控制时间更精确及产品生命周期缩短等，它们都极大地增加了企业供应链系统的风险。基于此，Ho William 等学者在文章“ Supply Chain Risk Management: A Literature Review”中提出，为使得供应链系统的风险可控，供应链风险管理需要定制一系列策略实现对风险的识别、评估、处理和监控。其中，风险识别作为首要任务，是开展其他任务的基础。目前，各项研究中已经提出很多风险识别相关的策略，并且一部分已经在实际应用中得到验证。风险评估通常基于数据或者专家经验做出判断，供应链系统中的风险通常不是孤立出现的，因此需要综合考虑多个风险间的关联关系，并根据策略模型评定它们的风险级别，即处理的优先级。具体的风险处理方式依赖于供应链所处的环境，根据 Fan Yiyi 等学者在文章“A Review of Supply Chain Risk Management: Definition, Theory, and Research Agenda”中的总结，大致可以分为接受、避免、转嫁、分担和缓解。由于供应链风险具有动态变化的特点，因此需要时刻监控以发现风险的发展动向，并以此作为调整处理策略的依据。由此可见，风险的监控不仅高度依赖于识别、评估和处理这三项任务的结果，同时还需要具备实时性。

经过多年的研究和积累，研究者们将供应链系统常见的性质总结如下。

柔性（flexibility）：柔性是系统处理不确定性变化的一种能力，优化供应链柔性，有助于快速协调企业战略以应对需求不断变化的市场，以及供应链上存在的风险，以尽可能低的成本和尽可能高的服务水平快速响应。

弹性（resilience）：弹性指一个供应链系统中断后，恢复到原始状态或者迁移到一个新的、更令人满意状态的能力，在供应链由于突发事件等不确定环境影响产生损失或中断时，优化供应链弹性，有助于促使系统恢复到业务期望水平，达到连续运营的要求。

鲁棒性（robustness）：鲁棒性即稳健性，是系统在受到内部运作和外部突发应急事件等不确定性干扰下，仍能保持供应链收益和持续性运行功能的能力，优化供应链鲁棒性，有助于保障系统在受到外部因素影响而导致部分功能失效时，仍然能够满足连续运营的需求。

脆弱性（brittleness）：脆弱性是指供应链系统受到内部或外部影响时容易崩溃的性质，即由供应链内部和外部风险导致的供应链系统部分或全部功

能损失引起系统运行故障，通过脆弱性分析，发现系统可能存在的脆性因子，并进行有效评估和管理，降低系统的故障率。

3.1.2 供应链网络研究概述

日益激烈的商业竞争及全球化，导致供应链越来越复杂。因此，对供应链进行建模分析对于规划、运营和决策制定等环节至关重要。Viswanadham 等学者在文章“Performance Analysis and Design of Supply Chains: A Petri Net Approach”中将供应链的结构，从简单到复杂，总结为 4 种类型：①串行结构，即管道形式的供应链；②发散结构，即单一源头分销给多个不同的下游厂商形成的供应链；③收敛结构，即不断对不同上游组件进行集成组装，最终形成单一产品的供应链；④网络结构，即多源头多分销场景下形成的供应链。基于此，Izadian Sina 在文章“Supply Chain Operation Modelling and Automation Using Untimed and Timed State Tree Structures”中，将供应链的建模方法归为三类：①基于运筹学技术的数学模型；②基于离散事件和 Petri 网及其变种建模；③基于复杂系统控制理论对供应链系统运行行为进行建模。

Amit Surana 等人在文章“Supply-Chain Networks: A Complex Adaptive Systems Perspective”中，首次将供应链建模为复杂网络系统，属于上述第三类建模方法，是供应链建模的重要研究方向之一。Perera 等学者在文章“Network Science Approach to Modelling the Topology and Robustness of Supply Chain Networks: A Review and Perspective”中总结了复杂网络系统的三个关键特征：① Emergence 特指由一个系统中多个单独个体的活动和行为产生的属性，这类属性无法仅通过其中单一个体的行为解释，是“自下而上”产生的属性；② Interdependence 指一个系统中的组件存在不同程度的相互依赖；③ Self-organization 指一个系统在组织运行时，不依赖中心控制，而是通过局部反馈机制放大或抑制某种行为。与上述特征对应，供应链网络中不同角色的实体如供应商、生产商等都参与其中，整个系统的行为由这些实体之间的交互产生。同时，整个供应链网络表现为一个自组织系统，参与其中的实体种类繁多，以分布式的方式完成局部决策。这些个体都努力追求自身的利益最大化，而非全局利益，在彼此交互中维持系统运行，这完全超出了由一个组织进行全局控制的能力范围。因此，供应链网络完全具备复杂网络系统的关键特征。

为供应链网络构建网络模型，可以更好地复用复杂网络系统领域已有的研究成果。网络模型通常聚焦于研究拓扑属性如何影响系统属性。如 Choi 等学者在文章“Supply Networks and Complex Adaptive Systems: Control Versus Emergence”和 Brintrup 等学者在文章“Topological Robustness of the Global Automotive Industry”中的工作。他们通过构建网络模型量化供应链网络拓扑的鲁棒性，评估和预测因自然灾害、战争等因素带来的供应链风险。在早期的研究中，供应链网络拓扑通常基于代理模型（Agent-Based Models，ABMs）构建，此类模型通过显式的指定规则，让 agent 在给定环境中模拟运行，并根据运行结果生成网络拓扑。这类自底向上构建的模型，比较适合规模相对较小的系统，然而当今供应链系统中连接的实体呈指数增长，因此更青睐使用自顶向下的网络建模方法。和 ABMs 通过模拟 agent 的行为构建网络拓扑不同，自顶向下的构建方法从全局的网络关系图开始，通过筛选完成构建。Perera 等学者在文章“Network Science Approach to Modelling the Topology and Robustness of Supply Chain Networks: A Review and Perspective”中将已知模型分为两类：一类是生成模型（Generative Models），此类模型通过预定义全局和局部属性，设计节点筛选条件，最终生成一个网络拓扑快照，这些快照可能是静态的，也可能会不断演化；另一类是演化模型（Evolving Models），此类模型通过捕捉供应链网络中潜在的按照时序演化的微观机制构建网络拓扑。无论哪种模型，当网络拓扑随时间演化时，它们研究的重点都集中在如何选择新的节点，以及这些节点如何与网络拓扑中已有的节点建立联系。Zhao 等学者在文章“Achieving High Robustness in Supply Distribution Networks by

Rewiring”中，将这一过程称作“attachment”。相应地，通过精心设计的“attachment rules”，可以更好地指导供应链网络演化，以满足设计需求。

网络中心性通常用于度量复杂网络中节点的关键程度。具体而言，中心性计算需要设计一个实数方程，该方程会为每个节点计算得出分值，分数越高表示节点越关键。Kim Yusoon 等学者在文章“Structural Investigation of Supply Networks: A Social Network Analysis Approach”中提出一种基于社交网络的供应链分析方法，利用中心性分析方法定位供应链网络拓扑模型中的重要节点。同时，他们赋予这些节点相应的角色，进一步提升了分析结果的可解释性，具体包括以下角色。

协调员（coordinator）：即供应链网络中点度中心性高的节点，通过节点的连接数量来度量。在供应链网络中，该指标能够度量一家企业对其他企业的运营决策或战略行为产生影响的程度。具有较高影响程度的企业能够协调网络成员的分歧，使他们的意见与网络利益最大化保持一致。

导航员（navigator）：是指供应链网络中接近中心性高的节点，通过该节点与图中所有其他节点之间最短路径的平均长度度量。在供应链网络中，该指标能够度量企业在获取供应链网络中的信息方面不受他人控制的程度。在供应链网络中，评分较高的企业能够更自主地探索、访问和收集各种信息。

代理人（broker）：即供应链网络中中介中心性（Betweenness Centrality, BC）高的节点，通过一个节点充当其他两个节点之间最短路径的桥梁的次数度量。该指标能够度量企业对于供应网络中其他企业之间互动的干预或控制程度，评分较高的企业能够调节网络成员之间的交易并将其转化为自己的优势。

理解这些角色的含义，有助于在评估供应链网络的鲁棒性时，聚焦重要节点，并提升分析效率和结果的准确性。然而，由于传统供应链和开源软件供应链存在差异，已有的风险管控方法在识别开源软件供应链潜在的风险时存在明显不足，难以应对开源软件供应链风险管控面临的挑战。

3.2 软件供应链的相关研究

3.2.1 传统软件供应链研究概述

软件供应链是软件工程领域中较新的概念，它既是对现代软件构建模式的归纳和总结，也是把握和控制软件质量的一种方法。

软件供应链较为早期的研究，主要关注供应链安全。来自卡内基·梅隆大学软件工程学院的 Ellison 等人 2010 年发表了两篇关于软件供应链的技术报告。其中，报告“Software Supply Chain Risk Management from Products to Systems of Systems”详细阐述了在软件系统开发和维护的过程中，软件供应链存在的客观性。同时，将传统商业供应链风险管理的概念迁移到了软件领域。他们在报告中提出了一种软件供应链风险管理分析模型，其中主要包括攻击分析、供应商分析和收购方分析三个模块。报告“Evaluating and Mitigating Software Supply Chain Security Risks”则深入研究和分析了软件开发过程中，可能存在的软件供应链攻击手段，并通过攻击方法分析提出了一种安全风险评估模型，旨在识别并降低软件供应链的安全风险。该方法有助于供应商减少自身缺陷，并帮助使用方加强供应商筛选，但其重点在于考量软件自身的安全性，无法识别供应链可能存在的其他风险，因此不具备普适性。

Simpson 等人在 2010 发表了文章“Software Integrity Controls: An Assurance-Based Approach to Minimizing Risks in the Software Supply Chain”。该项研究提出了一种软件供应链风险模型，旨在保障软件的安全性、完整性和真实性。同时，研究还分析了软件供应链风险管理在完整性和真实性方面所面临的挑战。该模型的评估维度主要涉及：监管链、最小权限访问、职责分离、防篡改和证据、持久保护、合规管理，以及代码测试和验证 7 个方面。同时，从供应商筛选、软件开发和软件分发 3 个阶段提出保障软件完整性和真实性的控制策略。然而，该方法对于开源软件供应商筛选的策略较为简单，管理策略无法很好地应对开源合规风险和维护风险。

Sabbagh 等学者在 2015 年发表的文章" A Socio-technical Framework for Threat Modeling a Software Supply Chain"中提出，软件供应链的安全风险不仅源自技术问题，同时也会因为组织间的协作等社交行为引发风险。基于此，他们提出一种"社交 – 技术"(Socio-Technical) 风险识别框架。理论上，在框架范围内通过设计系统状态和相应的风险管理策略，能够处理多种类型的风险。然而，在扩展的风险类型防控方面，该研究并未给出实际验证。同时，由于该方法依赖人工较多，在管理较为复杂的软件供应链时，可能存在性能瓶颈。

总体而言，针对传统软件供应链面临的风险，已经形成了一些有效的研究成果。然而，开源软件供应链在规模、生产方式等方面存在明显差异，导致这些方法应用在开源软件供应链风险识别和管控时，存在性能、全面性等方面的不足，无法满足风险管控的需求。

3.2.2 开源软件供应链研究概述

开源软件的广泛应用，使软件供应链安全变得更加复杂，潜在风险也更大。因此，在 2021 年的报告中，Sonatype 将利用开源软件供应链风险发起的攻击称为新一代供应链攻击。2017 年，来自卡内基 · 梅隆大学的学者 Mark 在一篇名为" Risks in the Software Supply Chain"的文章中，通过考察软件开发的生命周期，并结合软件开发模式的变革，将研究焦点从传统软件供应链转移到了开源软件供应链。研究结果显示，正是因为大量开源软件的引入，软件供应链的风险指数明显上升。该工作明确了开源软件供应链才应该是软件供应链分析的重点，但是并未提出具体的研究和管理方法。Xiang 等人在 2019 年发表的文章" An Analysis of Performance Evolution of Linux's Core Operations"中指出，Linux 内核存在"有些核心操作随着版本迭代反而出现性能下降"的现象。他们通过进一步研究发现，原因之一是内核缺少对其软件供应链进行必要的优化和甄选，从而导致引入了过多不必要的功能。该工作侧面印证软件供应链研究不仅有利于降低安全风险，同时在提升软件产品性能的方面也能够发挥作用。

政府、企业、开源基金会等组织同样关注开源软件供应链风险。CNCF[一]维护并追踪了自2003年以来已知的供应链攻击案例，并对安全风险类型进行归类，帮助云原生领域的开发者了解和防范已知的开源供应链攻击。Linux基金会于2020年发布了名为《开源软件供应链安全》的技术报告，对已知风险和面对挑战进行总结，很好地传播和普及了开源软件供应链安全相关概念，提升开源参与者的防范意识。谷歌公司自2013年起总结内部软件供应链管理相关的经验，以开源的方式发布软件供应链风险管理框架SLSA[二]，该框架定位于控制和阻止恶意篡改，提升软件构建的完整性，保证软件及其构建基础设施的安全，并提供从源码、构建过程、构建依赖3个方面，制定了4个不同等级的检测标准，为开源软件供应链的评估提供了参考依据。Linux基金会管理的开源项目In-toto，同样定位于提供一个用于保护软件供应链完整性的框架，该项目相关研究同时得到了US National Science Foundation（NSF）、Defense Advanced Research Projects Agency（DARPA）、Air Force Research Laboratory（AFRL）等政府机构的资助，最新稳定版本于2017年发布[三]，框架定义了软件物料清单模型、构建过程以及验证步骤，以实现软件供应链完整性保障。然而In-toto项目当前版本存在灵活性和兼容性不足的问题，最新动向将以SLSA为指导重新设计框架，兼容SPDX、CycloneDX等其他软件物料清单模型。其中，SPDX同样是Linux基金会管理的项目，定义了一套分层软件供应链信息组织标准，包括文档创建信息层、软件包信息层、文件信息层、代码片段信息层、开源许可证信息层、依赖关系层、注释层等；CycloneDX项目由OWASP社区支持，从元数据、组件、服务、依赖关系、

[一] CNCF：Cloud Native Computing Foundation，云原生计算基金会。

[二] SLSA：当前最新版本为1.0，https://slsa.dev/spec/v1.0/。

[三] In-toto：https://github.com/in-toto/docs/blob/v0.9/in-toto-spec.md。

复合组件和漏洞等方面描述一款软件产品的供应链信息。软件物料清单是有效管理开源软件供应链的重要技术，本书将在 4.4 节展开介绍。

“开源软件的产生和发展是一种社会现象，也是一种经济现象”，该观点出自 Krogh Georg 等人在 2012 年发表的文章“Carrots and Rainbows: Motivation and Social Practice in Open Source Software Development”。由于涉及大规模的开源协作，开源软件供应链管理不仅是单纯的技术问题，社交因素同样也会引入供应链风险。Zhou 等人在文章“Software Digital Sociology”中，从社会学角度阐述了开源软件供应链的概念，对构建、应用和管理开源软件供应链所面临的挑战进行了阐述和分析。然而，该工作并未提出具体的实现方案，仅起到抛砖引玉的作用。Christian 等学者在文章“Putting It All Together: Using Socio-technical Networks to Predict Failures”中，利用软件组件间的依赖关系和软件的开发历史，将软件组件和开发者连接成为软件组件网络，并利用社交网络分析方法实现预测模型，发现容易出现异常的软件组件，从而达到预测软件产品质量的目的。该方法和本书 5.2 节介绍的基于开源软件供应链知识图谱的供应链风险管理方法存在一定程度的相似之处，但是该方法构建的网络仅关注依赖信息和贡献信息，网络模型相对简单，忽略了如地理位置、开源许可证等其他可能造成供应链风险的因素，从而在一定程度上减弱了该方法的实用效果。Linux 基金会则尝试通过开源的方式解决开源软件供应链面临的风险，其支持的 OpenSSF，致力于通过开源合作的方式，汇集各领域的最佳实践经验，通过教育传播和自动化工具配合的方式，降低开源软件供应链所面临的风险，并已取得了一定效果。

总体来看，随着软件开发方式的转变，软件供应链风险管理的工作重点已逐步从传统软件供应链向开源软件供应链迁移。无论是学术界还是工业界，都在尝试解决和突破面临的问题。相对而言，产业界更擅长从实际工作中总结和发现问题，并通过应用最新的研究成果解决问题。以 Linux 基金会为例，为了应对开源软件供应链风险，从最佳实践、数据加密、供应链完整性、软件物料清单模型、漏洞披露、关键软件发现、开源项目健康度等多个方向组织工作，通过提供工具和指导降低开源软件供应链面临的风险[一]。而具体的研究工作则通常以上述某一个问题为方向，通过不断深入研究，找到更好的解决方案。但是当前阶段，开源软件供应链领域的理论基础相对薄弱，研究相对分散，难以形成体系。在软件关键程度、供应链风险评估等多个问题上都缺少基准，难以准确评估方法的有效性。

3.2.3 供应链中关键软件识别研究概述

美国白宫2021年发布的关于改善国家网络安全的行政命令[二]中将传统意义下的关键软件定义为直接访问系统关键资源的软件，包括需要提升系统权限、需要直接访问网络或计算资源等。然而，如果仅关注上述因素，则无法满足现有开源软件供应链领域下的需求。新一代的供应链攻击方式不再是直接攻击传统意义下的关键软件，而是更倾向于瞄准其所依赖的开源上游组件。因此，在开源软件供应链领域中，一款软件对其他软件的影响同样值得关注。甚至可以说，对于供应链系统来说，越关键的节点对整个系统的风险状况影响越大。

Linux 基金会和哈佛创新科学实验室（Laboratory for Innovation Science at Harvard，LISH）联合发起 Core Infrastructure Initiative（CII）项目[三]，主要目的是实现：①识别在软件产品中最常被引用的开源组件；②检测并发现这些组件潜在的风险；③基于以上信息确定投入资源进行维护的优先顺序。具体方法如下：①分析软件产品的组成成分；②通过组件间的依赖关系构建依赖网络，识别直接依赖和间接依赖；③基于依赖关系计算关键程度评分。但是 CII 项目的报告中并未给出具体的评分公式，因此最终的结论难以验证。

㊀ https://openssf.org/blog/2021/05/14/how-lf-communities-enable-security-measures-required-by-the-us-executive-order-on-cybersecurity/。

㊁ https://www.whitehouse.gov/briefing-room/presidential-actions/2021/05/12/executive-order-on-improving-the-nations-cybersecurity/。

㊂ CII：https://www.coreinfrastructure.org/。

现阶段，CII 项目已经并入 OpenSSF，后者是 Linux 基金会面向开源软件安全发起的新项目。CII 项目已有的成果在 OpenSSF 中主要分为两部分继续探索，分别是最佳实践和关键评分。其中，Criticality score[一]是关键评分方向发起的项目，目标是为每一个开源项目生成一个关键程度评分，能够为任意开源社区提供其依赖的关键开源项目列表，进而重点改善这些关键项目的安全态势。更准确地说，Criticality score 是一个计算框架，将多个指标以加权求和的方式计算关键程度评分，并通过正则化方法将评分结果的范围限制在 0 ～ 1，计算结果得到的分数越高，说明项目越关键。当前版本的 Criticality score 在计算时，会考虑包括“ dependents_count”“ contributor_count”等在内的 10 个指标。其中，仅有“ dependents_count”指标是基于软件之间的供应关系来衡量自身关键程度，在指标考量方面存在缺失，导致评估结果存在不足。

还有一些项目，虽然并未提供对软件关键程度进行量化评估的方法，但却在评估指标方面作出了贡献。例如，由 Linux 基金会支持的 CHAOSS 社区[二]，旨在通过一系列指标来量化开源项目的健康程度，并以报告的形式输出。截至 2021 年 10 月发布的版本，共包含 70 个指标。这些指标覆盖了价值、风险、演化、多样性等多个方面，旨在全面度量开源项目的健康状况。而根据开源软件供应链安全实验室发布的《2021 中国开源发展年度观察》结果显示，健康程度是开发者选择使用开源软件的主要参考之一。健康程度越好的开源项目，会被更多的下游应用程序依赖，即越有可能成为开源软件供应链的关键软件。因此，CHAOSS 社区提供的指标可以作为关键软件评估的备选特征。

一些开源项目托管平台也尝试评估项目的关键程度，例如，国内知名的代码托管平台 Gitee，其推出的 Gitee 指数[三]能够描述开源项目的质量，该指数计算时所需要的指标，除了 GVP 等平台特有的指标外，都可以在 CHAOSS

[一] https://github.com/ossf/criticality_score/blob/main/Quantifying_criticality_algorithm.pdf。

[二] CHAOSS：Community Health Analytics Open Source Software，https://chaoss.community/。

[三] Gitee 指数：https://blog.gitee.com/2021/07/15/gitee-rank/。

中找到对应的指标。通过结合 Gitee 指数和开源项目的 Star 数，可以筛选出一部分值得关注的开源软件供应链中的关键软件。例如，当一个开源项目的 Star 数值很高，但 Gitee 指数很低时，说明该项目受关注程度高，但可能“年久失修”，存在维护性风险，需要重点关注。然而，这样的判断结果更多来自经验，缺少量化评分，无法作为管理优先级决策的依据。

综合来看，在已有的研究中，CHAOSS 提供了评估指标，但是并未提供量化计算开源软件的关键程度的方法。CII 项目虽然能够按照自己描述的方法对开源软件按照关键程度进行排序，但是具体方法并未明确公开，因此无法验证和复用。Gitee 指数和 Criticality score 虽然能够实现量化评估，但是前者的计算方法是严格定制化的，应用范围受限；后者虽然提出了一个具有通用性的计算框架，但是目前采用的指标存在明显的不足，无法准确评估开源软件供应链中节点的关键程度。除此之外，需要建立更加科学的关键软件识别评估基准，以支撑针对不同关键软件筛选模型的量化评估。

3.3 软件供应链建模的相关研究

3.3.1 软件仓库挖掘研究概述

软件仓库挖掘（Mining Software Repositories，MSR）领域[⊖]的主要研究目标是通过分析软件仓库蕴含的丰富数据，提取出软件产品相关的有用信息，数据主要包括代码数据、注释数据、版本控制信息、邮件列表、漏洞追踪、提议等。但是在处理这些原始数据时，经常会遇到数据不完整或包含噪声等情况，因此，需要对这些原始数据进行必要的加工和处理，以便进一步进行分析和挖掘，构建开源软件供应链模型所需的数据原材料与 MSR 类似，因此可以借鉴 MSR 领域已有的研究成果。

已有的 MSR 研究主要分为 3 类：①面向开发者和源码仓库的交互信息构

⊖ MSR：http://www.msrconf.org/。

建数据集；②面向制品仓库、源码仓库等公共服务包含的软件信息构建数据集；③从工程实践角度出发构建专用的数据集。

Moose 定位于为源代码挖掘提供一个敏捷的基础设施，通过构建编程语言无关的元模型，可以在此基础上灵活地构建源代码分析工具，进行质量评估、可视化等。FLOSSmole 致力于创建一个收集开源软件数据信息的仓库用于分析和研究，但是仅限于元数据，不包含具体的代码数据。遗憾的是，该项目目前已经停止维护。SourcererDB 不仅维护了开源软件项目的元信息，同时还以快照的方式保存了项目源代码，并通过分析建立项目之间的依赖关系，为研究者提供了一个标准统一的数据集。然而，该数据集仅限于使用 Java 的项目。相比之下，Sourcerer 不仅构建了包含元信息和源代码的数据集，还提供了类 SQL 的分析语句，但同样仅限于使用 Java 的项目。Software Heritage 项目认为软件是人类知识的成果，应该作为遗产保存起来，并获得联合国教科文组织的支持。为了实现大规模软件项目的保存，该项目设计了通用的软件项目数据结构，数据源包括 GitHub、GitLab、PyPI 等，截至 2019 年已经保存了超过 8800 万个项目遗产。虽然项目提供了开发接口用以访问数据，但是其组织方式对于分析查询并不太友好，需要进行许多额外的工作才能将其用于数据分析。World of Code 基于开源软件的版本控制数据构建了细粒度数据集。该数据集允许频繁且高效地进行更新，并可用于对开源项目之间的关联关系进行分析，诸如“文件 – 项目”“开发者 – 文件”“提交 – 文件”等类型的关系。然而，以上工作大部分仅专注于开发者和源码仓库交互时产生的数据，并不能涵盖整个开源软件供应链系统。

也有其他一些工作关注公共软件服务在运行过程中产生的数据。Libraries.io 项目[㊀]的目标是收集并维护开源软件制品仓库的元信息，截至 2022 年 2 月包含 500 多万个开源软件制品的信息，分别来自 32 个不同的制品仓库。该项目数据主要涉及制品仓库、源码仓库及它们之间的关系，但是没有包含构建工具或平台相关的信息，且数据信息不支持直接用于分析研究。此

㊀ Libraries.io：https://libraries.io/。

外，在 GitHub 这一流行的开源软件源码仓库托管平台中，可以通过丰富的应用程序接口来访问各种开放数据，其中除了常规的源码仓库数据外，还涵盖了开发者和源码仓库交互时产生的事件流数据，这些事件数据对于分析开源软件供应链中开发者的生产行为有很大帮助。然而，GitHub 平台出于对整体性能和安全的考虑，对访问接口进行了一定的限制，导致其在直接用于分析研究时不太方便。GHTorrent 则致力于提供一个离线的 GitHub 事件流数据的镜像，以供研究者进行分析研究和使用。

还有一些工作是从工程实践的角度出发构建软件数据集，主要目的是保障软件产品的质量。PROMISE 项目希望构建一个用于分享工程项目数据集的仓库，促进软件质量工程的交流，其中收录了多份 NASA[一]贡献的工程数据集，但活跃度不高，2007 年之后几乎没有更新。Avaya 公司为了评估公司内开发软件的质量，构建了大规模软件开发过程相关的数据集，详细总结了 12 年的管理经验，并发表文章“ Assessing the State of Software in a Large Enterprise: A Twelve Year Retrospective”。类似的还有微软公司的 CodeMine，该项目的目标是针对公司内软件质量评估而构建的数据分析平台，数据中包括源代码数据、开发者信息、构建信息、漏洞信息、测试信息、相关依赖关系等，几乎可以覆盖软件供应链的各个环节，但是以上两项工作使用的数据集都是非公开的。Black Duck[二]团队研发了一款针对开源软件供应链安全的检查工具，可以检查软件产品中包含的开源软件，并识别相关的风险。但该工具同样是商业工具，使用的数据集也不公开。Black Duck 团队还发起了 Open Hub 开放项目[三]，该项目的定位类似于 Libraries.io，不同的是，该项目维护的对象是源码仓库，其提供的数据同样无法直接用于分析研究。

总结来看，目前已有的 MSR 研究成果，大部分仅能覆盖开源软件供应链系统中某一个或者几个角色的行为和状态。个别数据信息较为综合的项目，

㊀ NASA：National Aeronautics and Space Administration，美国国家航空航天局。
㊁ Black Duck：隶属于 Synopsys 公司的团队，专注于软件成分分析。
㊂ Black Duck Open Hub：https://www.openhub.net/。

如 Libraries.io 和 OpenHub，提供的数据不适合直接用于分析研究，并且可获得性方面较差。因此，通过构建开源软件供应链知识图谱，能够实现各数据集的整合，综合多维度数据信息进行全方位分析，同时以知识图谱数据信息存储形式也更适合信息检索和数据挖掘。

3.3.2 软件工程领域的知识图谱研究概述

知识图谱目前没有明确的定义，大多数时候它与信息科学中的“本体论”概念混用。2012 年，谷歌公司在其信息检索系统的技术介绍中首先使用“知识图谱”这一名词。之后，越来越多的相关研究开始使用“知识图谱”。Ehrlinger Lisa 等人于 2016 年的文章“ Towards a Definition of Knowledge Graphs”中指出，知识图谱和本体论的区别主要体现在知识图谱的体量要远大于传统的知识库（即由本体论所生成），以及知识图谱能够产生新的知识，而知识库通常是静态的两个方面。一种相对广义的定义[⊖]是：知识图谱是对实体描述的集合，这些实体具有内部的关联关系，它们可以是真实世界中的对象、事件、某种具体的情况或者抽象的概念等，这些描述必须具有统一的结构，确保能够同时允许人类和计算机以高效且明确的方式对其进行处理，同时，这些描述组成一个网络，且相互补充，使得每个实体都是其相邻实体描述的一部分。

一般情况下，知识图谱由以下部分组成。

- 实体：知识网络中具体的实例或对象。
- 类别：符合某一特征或概念的实体的集合。
- 属性：用于描述实体的特征。
- 关系：类别或者实体间的连接方式。
- 事件：当属性或者关系发生改变时产生。

知识图谱具备以下特征。

⊖ https://www.ontotext.com/knowledgehub/fundamentals/what-is-a-knowledge-graph/。

- 支持结构化查询语言访问。
- 以图的形式维护网状数据。
- 所维护的数据具备形式化语义，支持数据理解和推理。
- 具备逻辑形式化，支持生成新的信息、强制一致性及进行自动化分析。
- 具备动态性，所维护的数据支持自动或人工的持续集成和持续更新。

随着知识图谱相关研究的不断推进，知识图谱主要定位于帮助机器（程序）理解自然语言中所蕴含的语义。它能够帮助程序真正理解所涉及的含义，实现智能搜索、知识问答、推荐、文本生成等智能应用。而在软件工程领域中，知识图谱的应用主要集中在智能化软件开发方面。早期的探索主要集中在利用知识图谱来提升代码检索的效率，如 Gopinath 等人的工作。他们提出了一种框架，能够将 Java 源代码提取并生成使用 OWL[⊖]描述的本体，帮助开发者高效检索代码模块。李文鹏等人的工作则更进一步，他们从开源软件的源代码、邮件列表、缺陷报告和问答文档中抽取信息，构建软件知识图谱，实现软件知识检索。现阶段，智能化软件开发正在尝试从代码检索转变为代码自动生成，而通过构建代码知识图谱来实现机器可理解的代码语义表示成为主要探索方向之一。近年来，大语言模型（Large Language Model，LLM）的飞速发展，给智能代码生成带来了新的启发。但是大语言模型特有的黑盒特性，给生成结果带来了很多不可控因素，基于知识图谱的检索增强生成（Retrieval-Augmented Generation，RAG）技术能够在一定程度应对这一问题，提升代码生成的可控性，具体提升效果和知识图谱的质量直接相关。因此，高效构建高质量代码知识图谱的方法，依然是当前的研究热点。然而，对于开源软件供应链而言，代码生成仅是供应链中的一个环节，已有的研究成果存在信息上的局限性，不足以支撑开源软件供应链风险管理。

根据 Nordin Saad 在文章“Modelling, Simulation, and Analysis of Supply Chain Systems Using Discrete-Event Simulation”中的工作可知，供应链管理系

⊖ OWL：Web Ontology Language，网络本体语言。

统是典型的离散事件动态系统。因此，传统的以实体和关系为中心的知识图谱，无法全面地表示真实世界中的供应链系统。传统的知识图谱仅关注实体和它们之间的关系，因而只能表示静态知识，而现实世界中存在由大量动态信息组成的动态知识。相比之下，以事件为中心的知识图谱能够更好地表示这类动态信息。不同于传统知识图谱，事件知识图谱[㊀]有两种类型的节点——事件节点和实体节点，以及 3 种类型的关系——“事件 - 事件”“事件 - 实体”和“实体 - 实体”。但是在已有的相关研究中，忽略了“软件生产过程中产生的事件”这类具备动态和时序特性的信息。这些不足导致当以这些信息作为输入识别和管控开源软件供应链风险时存在信息缺失，进而导致某些风险难以识别，或者识别成本过高等问题。因此，本书将介绍以事件为中心的开源软件供应链知识图谱构建方法。

3.4 本章小结

本章首先对传统供应链的发展历史进行梳理，对供应链管理研究现状进行概述，重点总结了供应链网络相关的研究成果。其次，对软件供应链已有的研究进行梳理，已有研究显示开源软件已经成为软件供应链管理的重点，并对政府、企业、开源基金会等组织在开源软件供应链领域的研究成果进行总结。最后，对知识图谱相关技术的发展进行总结，并对知识图谱在软件工程领域的研究成果进行了说明。

㊀ What is Event Knowledge Graph: A Survey, 2021, https://arxiv.org/abs/2112.15280。

第 4 章　开源软件供应链模型

对开源软件供应链建模，旨在更好地描述开源软件供应链的特征，为风险识别和管控、关键软件识别和评估提供基础支撑。常见的建模方法主要包括面向主要环节建模、形式化建模和知识化建模，本章将对各种建模方法进行介绍。此外，还会对业界常用的建模技术——软件物料清单进行介绍。

4.1 面向主要环节的供应链模型

按照开源软件供应链的定义，可以将开源软件供应链建模分为 4 个关键环节，包括组件开发环节、应用软件开发环节、应用软件分发环节和应用软件使用环节，如图 4-1 所示。

在组件开发环节中，由多名开发人员协作开发代码。他们利用源码管理工具（Source Code Management，SCM）管理源代码，通过编译、生成和测试，完成组件的开发，并将其上传到第三方组件开发市场。为了高效地协作开发代码，开发人员还会从第三方组件分发市场下载第三方组件，并安装所需的依赖来完成他们的开发工作。其中，流行的源码管理工具平台包括 GitHub、码云等。此外，当前第三方组件分发市场数量庞大，其中包括常见的针对开发语言的包管理器，如 PyPI、NPM、Maven、OPKG 和 RubyGem 等。也会涵盖一些新兴的物联网场景下出现的第三方语音技能分发市场、自

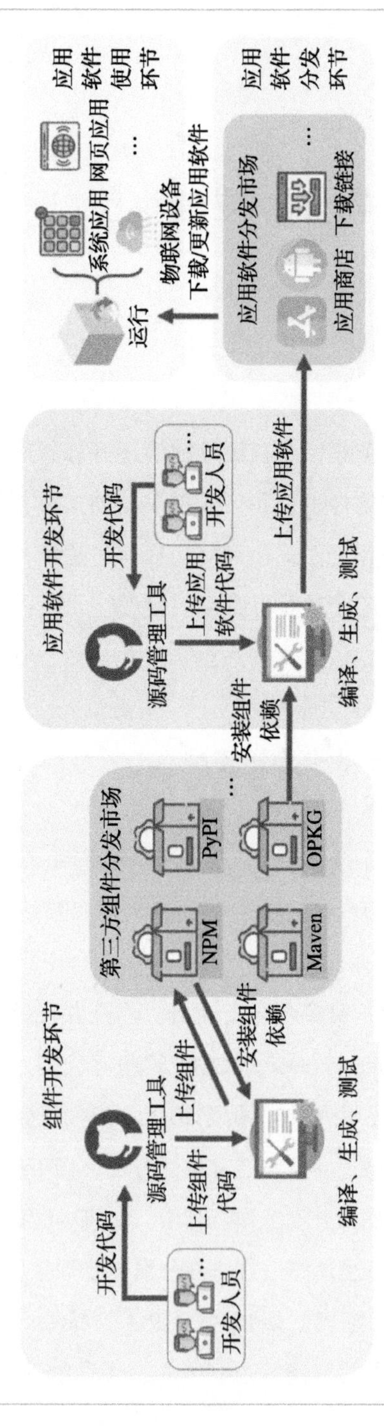

图 4-1　开源软件供应链关键环节模型

动化应用程序的组件分发市场等，如亚马逊的语音技能市场、IFTTT 平台等。第三方组件分发市场需要审核管理第三方组件，开发人员也需要根据开发需求选择合适的第三方组件。

在应用软件开发环节中，开发人员会从第三方组件分发市场安装组件依赖。和组件开发一样，他们会利用源码管理工具管理源代码，并通过编译、生成、测试的步骤来完成应用软件的开发。应用软件指的是可以直接发布给终端用户使用的完整产品，如手机应用、物联网设备和网页应用等。

在应用软件分发环节中，应用软件会被发布到软件分发市场中。常见的应用软件分发市场除了应用商店外，还有软件开发者维护的含有下载链接的软件网站。

在应用软件使用环节中，终端用户将从应用软件分发市场下载软件并使用。在使用过程中，终端用户也可以根据软件的更新对软件进行升级。

该建模方法的主要优点是简单、直观，有利于分阶段分析开源软件供应链所面临的风险，方便对问题进行归类并总结应对方法。但是该模型更适合于自然语言处理，不利于机器理解，较难实现自动化风险管控。

4.2 开源软件供应链的形式化模型

郑大钟等学者在《离散事件动态系统理论：现状和展望》中这样定义：由离散事件按照一定的运行规则相互作用来导致状态演化的一类动态系统，称为离散事件动态系统。软件生命周期可以描述为不同角色参与的，由事件驱动的系统流程，说明软件供应链符合离散事件动态系统的特征，而开源软件支持大规模分布式协作的特征，使得该系统的运行规则更为复杂。有限自动机能够通过五元组来定义和描述系统状态随事件演化的过程，这有助于厘清开源软件供应链系统的运行规则，使开发者能够更准确地构建模型。

4.2.1 自动机构建

开源软件供应链是多种角色之间交互形成的复杂系统，角色的状态根据它们的行为进行转换，系统的运行规则即为各个角色状态转换的规则合集。以单次软件产品从编码到交付的生命周期为线索，采用生成式自动机构建方法，共两个步骤：①基于每个角色 i 的状态及其转换规则，构建该角色的有限自动机 G_i，角色的行为即为 G_i 可接受的输入事件；②通过分析角色之间的交互，合并状态集合得到开源软件供应链的自动机 G。

根据 1.2.2 节对开源软件供应链特征的分析，零售商和物流虽然是系统运转的必要元素，但是不参与生产过程，且他们的行为交互较为简单。因此，为了确保自动机描述的简明性，将在本书提出的开源软件供应链形式化定义中省去这两个角色。如图 1-3 “软件供应链的基本组成结构” 所示，开源软件供应链系统状态的转换，主要依赖于开源软件供应商和终端用户的交互。其中，开源软件供应商是开发者、源码仓库、构建工具 / 平台、制品仓库四个角色的合集。在形式化定义中，重点描述了这四个角色与终端用户角色之间的交互规则。

为方便描述开源软件供应链自动机的构建过程，首先引入以下两个定义。

1）**对齐事件：如果在两个角色自动机中的两个事件实际指代同一事件，则称该事件为两个自动机的对齐事件，对齐事件组成集合 AES 定义如下。**

$$\text{AES} = \{(e_i, e_j) \mid e_i \in \Sigma_i \text{ and } e_i = e, e_j \in \Sigma_j \text{ and } e_j = e\} \tag{4-1}$$

2）**可合并的自动机：如果两个自动机模型包含对齐事件，则认为两个自动机是可合并的，由此组成的集合称为可合并的自动机集合 MFA，其定义如下。**

$$\text{MFA} = \{(G_i, G_j) \mid e_i \in \Sigma_i,\ e_j \in \Sigma_j, (e_i, e_j) \in \text{AES}\} \tag{4-2}$$

1. 构建各角色自动机

首先根据图 1-3 所示的流程，设计各角色的自动机。共有开发者、源码仓库、构建工具 / 平台、终端用户和制品仓库 5 个角色的自动机，如图 4-2 所示。各自动机中状态和事件的具体定义见表 4-1 至表 4-5。

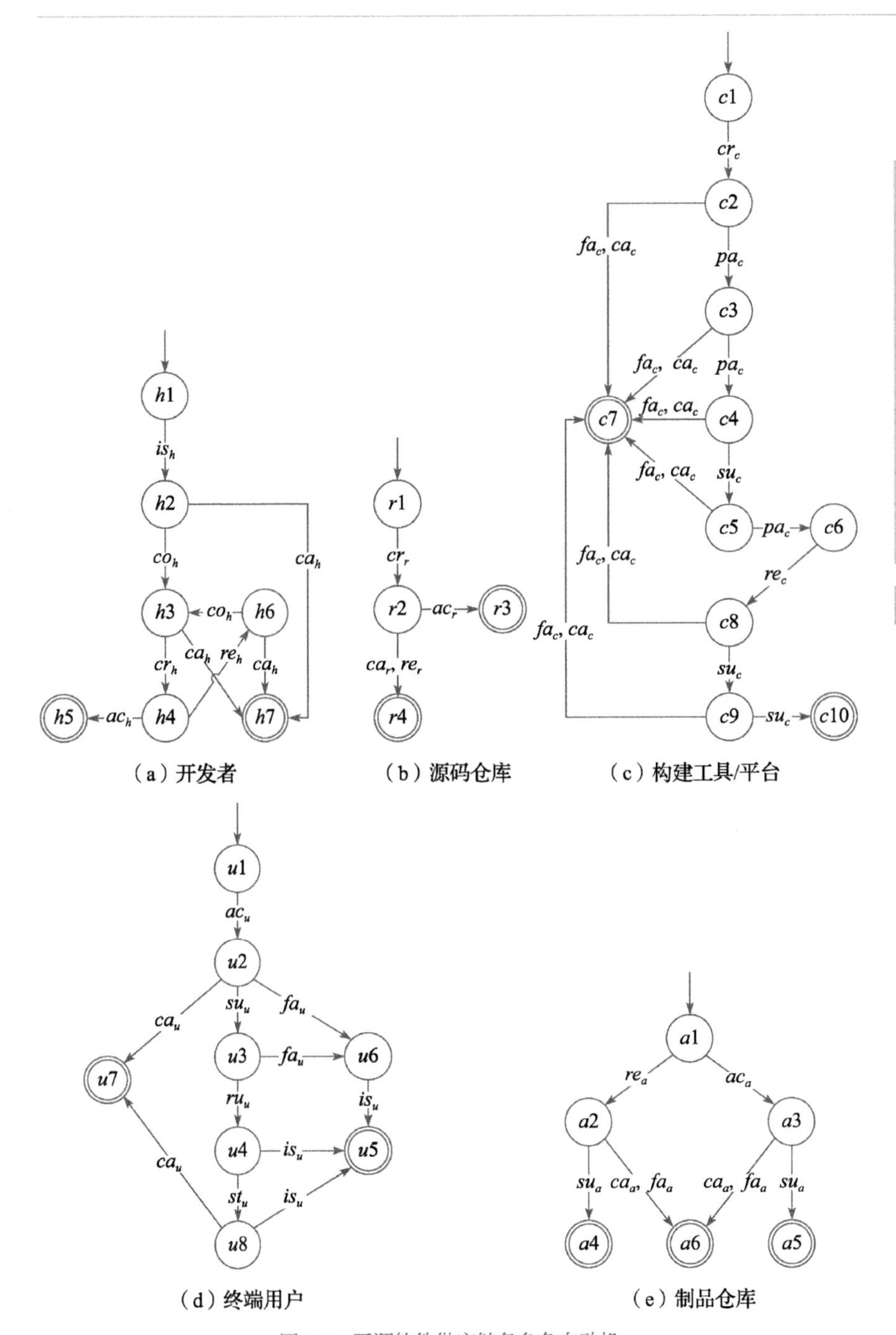

图 4-2 开源软件供应链各角色自动机

表 4-1 开发者角色自动机 G_h

Σ	co_h：confirm，表示确认需求事件 cr_h：change request，表示提交代码变更申请事件 is_h：issue，表示创建需求事件 ac_h：accept，表示代码变更被接受事件 re_h：reject，表示代码变更被拒绝事件 ca_h：cancel，表示放弃事件
Q	$h1$：起始状态 $h2$：需求理解状态 $h3$：编码状态 $h4$：等待状态 $h5$：代码变更申请被接受，终止状态 $h6$：代码变更申请被拒绝 $h7$：放弃，终止状态
δ	$h1 \times is_h \to h2$，$h2 \times co_h \to h3$，$h2 \times ca_h \to h7$，$h3 \times cr_h \to h4$，$h3 \times ca_h \to h7$，$h4 \times ac_h \to h5$，$h4 \times re_h \to h6$，$h6 \times co_h \to h3$，$h6 \times ca_h \to h7$
q_0	$h1$
Q_m	$h5$，$h7$

表 4-2 源码仓库角色自动机 G_r

Σ	cr_r：change request，表示提交代码变更申请事件 ac_r：accept，表示代码变更被接受事件 re_r：reject，表示代码变更被拒绝事件 ca_r：cancel，表示放弃事件
Q	$r1$：起始状态 $r2$：变更审核状态 $r3$：接受代码变更，终止状态 $r4$：拒绝代码变更，终止状态
δ	$r1 \times cr_r \to r2$，$r2 \times ac_r \to r3$，$r2 \times ca_r \to r4$，$r2 \times re_r \to r4$
q_0	$r1$
Q_m	$r3$，$r4$

表 4-3　构建工具 / 平台角色自动机 G_c

Σ	cr_c：change request，表示申请代码变更事件 re_c：release，表示发布事件 pa_c：pass，表示检查或者测试通过事件 su_c：success，表示构建、打包、发布成功事件 fa_c：fail，表示检查、测试、构建、打包、发布失败事件 ca_c：cancel，表示放弃事件
Q	$c1$：起始状态 $c2$：静态检查状态 $c3$：依赖检查状态 $c4$：构建状态 $c5$：测试状态 $c6$：构建 / 测试成功状态 $c7$：失败，终止状态 $c8$：打包状态 $c9$：发布状态 $c10$：打包 / 发布成功状态，终止状态
δ	$c1\times cr_c \to c2$，$c2\times pa_c \to c3$，$c2\times fa_c \to c7$，$c3\times pa_c \to c4$，$c3\times fa_c \to c7$，$c4\times su_c \to c5$，$c4\times fa_c \to c7$，$c5\times pa_c \to c6$，$c5\times fa_c \to c7$，$c2\times ca_c \to c7$，$c3\times ca_c \to c7$，$c4\times ca_c \to c7$，$c5\times ca_c \to c7$，$c6\times re_c \to c8$，$c8\times su_c \to c9$，$c8\times fa_c \to c7$，$c9\times su_c \to c10$，$c9\times fa_c \to c7$，$c8\times ca_c \to c7$，$c9\times ca_c \to c7$
q_0	$c1$
Q_m	$c7$，$c10$

表 4-4　终端用户角色自动机 G_u

Σ	ac_u：accquire，表示获取事件 ru_u：run，表示运行软件产品事件 st_u：stop，表示停止软件产品运行事件 is_u：issue，表示反馈需求、问题事件 su_u：success，表示发布、获取成功事件 fa_u：fail，表示发布、获取失败事件 ca_u：cancel，表示放弃事件
Q	$u1$：起始状态 $u2$：获取验证状态 $u3$：获取成功状态 $u4$：运行软件状态 $u5$：反馈需求或问题，终止状态 $u6$：失败状态 $u7$：放弃，终止状态 $u8$：停止软件运行状态
δ	$u1\times ac_u \to u2$，$u2\times su_u \to u3$，$u3\times ru_u \to u4$，$u4\times is_u \to u5$，$u2\times fa_u \to u6$，$u3\times fa_u \to u6$，$u6\times is_u \to u5$，$u2\times ca_u \to u7$，$u4\times st_u \to u8$，$u8\times is_u \to u5$，$u8\times ca_u \to u7$

（续）

q_0	$u1$
Q_m	$u5$，$u7$

表 4-5　制品仓库角色自动机 G_a

Σ	re_a：release，表示发布事件 ac_a：acquire，表示获取事件 su_a：success，表示发布、获取成功事件 fa_a：fail，表示发布、获取失败事件 ca_a：cancel，表示放弃事件
Q	$a1$：起始状态 $a2$：发布验证状态 $a3$：获取验证状态 $a4$：发布成功状态，终止状态 $a5$：获取成功状态，终止状态 $a6$：失败，终止状态
δ	$a1 \times re_a \to a2$，$a2 \times su_a \to a4$，$a2 \times ca_a \to a6$，$a2 \times fa_a \to a6$，$a1 \times ac_a \to a3$，$a3 \times su_a \to a5$，$a3 \times fa_a \to a6$，$a3 \times ca_a \to a6$
q_0	$a1$
Q_m	$a4$，$a5$，$a6$

2. 构建开源软件供应链自动机

如图 1-3 所示，开源软件供应链系统的运行，是由各个参与角色自身的状态变化和不同角色之间的交互组合而成。例如，开发者可以通过提交代码变更申请与源码仓库进行交互，在代码仓库收到代码变更申请后会触发构建工具 / 平台等。通过合并有交互角色的自动机，即可得到完整系统的自动机。其中，将两个自动机 G_1 和 G_2 合并为 G_{12}，可以定义为：

$$
\begin{aligned}
&G_{12} = (\\
&\Sigma_{12} = \Sigma_1 \cup \Sigma_2 \\
&Q_{12} = \{(a,b) \mid a \in Q_1 \text{ and } b \in Q_2\} \\
&\delta_{12} = \{e \times (a_i, b_i) \to (a_j, b_j) \mid e \in \Sigma_{12}, e \times a_i \to a_j \text{ or } e \times b_i \to b_j\} \\
&q_0 = (a_0, b_0) \\
&Q_m = \{(a,b) \mid a \in Q_{1m} \text{ or } b \in Q_{2m}\})
\end{aligned}
\tag{4-3}
$$

根据式（4-1）定义，通过分析可知，开源软件供应链系统的5个角色自动机存在$\mathrm{AES}_G = \{(cr_h, cr_r), (ac_h, ac_r), (re_h, re_r), (cr_r, cr_c), (re_c, re_a), (ac_a, ac_u), (is_h, is_u)\}$，根据式（4-2），可以得到 $\mathrm{MFA}_G = \{(G_h, G_r), (G_r, G_c), (G_c, G_a), (G_a, G_u), (G_u, G_h)\}$，根据式（4-3），可以得到5个合并后的自动机，分别是：

开发者 – 源码仓库自动机 $G_{hr} = (\Sigma_{hr}, Q_{hr}, \delta_{hr}, q_0, Q_{hrm})$；

源码仓库 – 构建工具 / 平台自动机 $G_{rc} = (\Sigma_{rc}, Q_{rc}, \delta_{rc}, q_0, Q_{rcm})$；

构建工具 / 平台 – 制品仓库自动机 $G_{ca} = (\Sigma_{ca}, Q_{ca}, \delta_{ca}, q_0, Q_{cam})$；

制品仓库 – 终端用户自动机 $G_{au} = (\Sigma_{au}, Q_{au}, \delta_{au}, q_0, Q_{aum})$；

终端用户 – 开发者自动机 $G_{uh} = (\Sigma_{uh}, Q_{uh}, \delta_{uh}, q_0, Q_{uhm})$。

因此，开源软件供应链系统自动机G可以定义为：

$$
\begin{aligned}
& G = G_{hr} \| G_{rc} \| G_{ca} \| G_{au} \| G_{uh} = (\\
& \Sigma = \Sigma_{hr} \cup \Sigma_{rc} \cup \Sigma_{ca} \cup \Sigma_{au} \cup \Sigma_{uh} \\
& Q = Q_{hr} \cup Q_{rc} \cup Q_{ca} \cup Q_{au} \cup Q_{uh} \\
& \delta = \delta_{hr} \cup \delta_{rc} \cup \delta_{ca} \cup \delta_{au} \cup \delta_{uh} \\
& q_0 = (h1, r1) \\
& Q_m = Q_{hrm} \cup Q_{rcm} \cup Q_{cam} \cup Q_{aum} \cup Q_{uhm})
\end{aligned} \tag{4-4}
$$

4.2.2 自动机验证

自动机验证是指检查自动机定义的行为是否符合真实系统行为的约束，不符合行为约束的状态和事件，分别称为非法状态和非法事件。本小节将结合开源软件供应链系统运行的实际约束，对自动机G进行验证，识别并移除非法的状态和事件，得到符合行为约束的自动机G^*。

为了便于验证，首先引入以下定义。

- 可达状态：给定合并的自动机G_{ij}，可以从起始状态q_0通过状态转换到达的状态，称为可达状态，此类状态集合 ASS 定义为：

$$\text{ASS} = \{(s_i, s_j) \mid \exists e \in \Sigma_{ij}, e \times q_0 \to (s_i, s_j)\} \tag{4-5}$$

- 非法对齐事件：给定合并的自动机模型 G_{ij}，如果复合状态 (s_{i+1}, s_j) 由事件 e_i 和状态 (s_i, s_j) 通过状态转换函数到达，且事件 e_i 为对齐事件，属于自动机 G_i 的事件集合，将 e_i 加入自动机 G_j 当前状态对应的事件序列（若序列末尾为对齐事件则替换），若该序列不属于 G_j 对应的语言集合 $\mathcal{L}_b$，则认为该事件为非法对齐事件，此类非法事件的集合 IAES 定义如下：

$$\text{IAES} = \{e_i \mid e_i \times (s_i, s_j) \to (s_{s+1}, s_j), e_i \in \text{AES}, \{e_p, \cdots, e_i\} \notin \mathcal{L}\} \tag{4-6}$$

- 有序状态：给定合并的自动机模型 G_{ij}，如果属于自动机 G_i 状态 s_i 是自动机 G_j 状态 s_j 出现的必要条件，则称 $\langle s_i, s_j\rangle$ 为有序状态，有序状态集合 OSS 定义为：

$$\text{OSS} = \{\langle s_i, s_j\rangle \mid s_i \in Q_i, s_j \in Q_j\} \tag{4-7}$$

- 非法有序状态：给定合并的自动机模型 G_{ij}，如果 (s_i, s_j) 是有序状态，s_j 出现时 s_i 尚未出现，即 $\langle s_i, s_j\rangle$ 对应的事件序列中不包含事件 e_i，满足 $e_i \times s_{i-1} \to s_i$，则称 s_j 为非法状态，此类非法状态的集合 IOSS 定义为：

$$\text{IOSS} = \{(s_{i-1}, s_j) \mid (s_i, s_j) \in \text{OSS}, e_i \times s_{i-1} \to s_i, e_i \notin (e_0, \cdots, e_n)_{(s_{i-1}, s_j)}\} \tag{4-8}$$

基于以上定义，自动机 G_1 和 G_2 合并时，需要满足：①复合状态需要是可达状态；②需要删除非法对齐事件和非法有序状态。合并后且经过验证的自动机 G_{12}^* 定义如下：

$$\begin{aligned}
&G_{12}^* = (\\
&\Sigma_{12}^* = \{e \mid e \in \Sigma_1 \cup \Sigma_2, e \notin \text{IAES}_{12}\} \\
&Q_{12}^* = \{(a, b) \mid a \in Q_1 \text{ and } b \in Q_2, (a, b) \in \text{ASS}, (a, b) \notin \text{IOSS}_{12}\} \\
&\delta_{12}^* = \{e \times (a_i, b_i) \to (a_j, b_j) \mid e \in \Sigma_{12}, e \times a_i \to a_j \text{ or } e \times b_i \to b_j, e \notin \text{IAES}_{12}\} \\
&q_0^* = (a_0, b_0) \\
&Q_m^* = \{(a, b) \mid a \in Q_{1m} \text{ or } b \in Q_{2m}, (a, b) \in Q_{12}^*\})
\end{aligned} \tag{4-9}$$

基于式（4-8），验证后的开源软件供应链自动机 G^* 如图 4-3 所示，定义为：

$$
\begin{aligned}
&G^* = G_{hr}^* \| G_{rc}^* \| G_{ca}^* \| G_{au}^* \| G_{uh}^* = (\\
&\Sigma^* = \Sigma_{hr}^* \cup \Sigma_{rc}^* \cup \Sigma_{ca}^* \cup \Sigma_{au}^* \cup \Sigma_{uh}^* \\
&Q^* = Q_{hr}^* \cup Q_{rc}^* \cup Q_{ca}^* \cup Q_{au}^* \cup Q_{uh}^* \\
&\delta^* = \delta_{hr}^* \cup \delta_{rc}^* \cup \delta_{ca}^* \cup \delta_{au}^* \cup \delta_{uh}^* \\
&q_0 = (h1, r1) \\
&Q_m^* = Q_{hrm}^* \cup Q_{rcm}^* \cup Q_{cam}^* \cup Q_{aum}^* \cup Q_{uhm}^*)
\end{aligned} \tag{4-10}
$$

图4-3中包含5个子图，分别对应开源软件供应链包含的5个合并后的子自动机。以图4-3（a）为例，是对应开发者和源码仓库两个角色自动机合并后的自动机 G_{hr}^*，其中，开发者模型和源码仓库模型分别包含7个和4个不同的状态，图中通过一个 7×4 的矩阵表示复合状态。根据式（4-3）定义，在合并的自动机接收到事件输入后，状态既可以按照开发者自动机定义的规则纵向迁移，也可以按照源码仓库自动机定义的规则横向迁移。在自动机验证过程中，会首先检验是否存在非法对齐事件，以 $(h1, r2)$，$(h1, r3)$，$(h1, r4)$ 3个状态为例，根据式（4-6）定义，它们是非法对齐事件输入后迁移的状态，如 $cr_c \times (h1, r1) \rightarrow (h1, r2)$，其中 cr_c 和 cr_h 是一对对齐事件，根据开发者模型定义，$\{cr_h\}$ 不是合法的事件序列，因此合并后的开发者－源码仓库模型中，不应该包含复合状态 $(h1, r2)$，同理可以验证合并模型中的其他类似状态，如 $(h1, r3)$，$(h1, r4)$ 等。之后验证状态的可达性，以状态 $(h2, r1)$，$(h2, r2)$，$(h2, r3)$，$(h2, r4)$ 为例，假定自动机的当前状态为 $(h1, r1)$，$(h1, r2)$，$(h1, r3)$，$(h1, r4)$ 中的一个，在接收输入事件为 is_h 后，分别可以纵向迁移至以上状态，根据式（4-5）的定义，$(h2, r1)$，$(h2, r2)$，$(h2, r3)$，$(h2, r4)$ 4个状态都是可达的。但是 $(h1, r2)$，$(h1, r3)$，$(h1, r4)$ 3个状态因为已经被验证为非法对齐事件后转换的状态而删除，相应地，$(h2, r2)$，$(h2, r3)$，$(h2, r4)$ 3个状态也成为不可达状态，同样需要被删除。通过类似的验证操作后，图4-3（a）中仅保留了合法的状态，以及他们之间的状态转移关系。

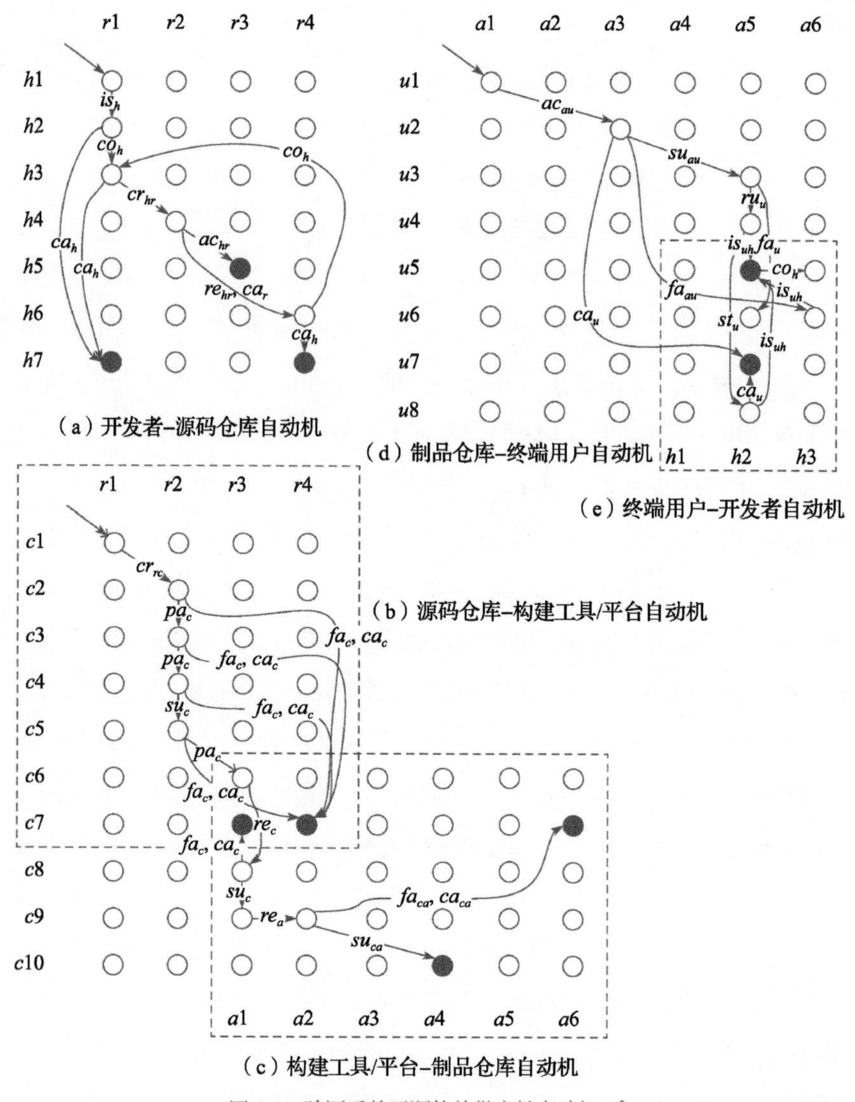

（a）开发者–源码仓库自动机

（b）源码仓库–构建工具/平台自动机

（c）构建工具/平台–制品仓库自动机

（d）制品仓库–终端用户自动机

（e）终端用户–开发者自动机

图 4-3　验证后的开源软件供应链自动机 G^*

需要说明的是，为了图例的简明，在图 4-3（c）中，省去了状态矩阵 $[c1, c2, c3, c4, c5]^{\mathrm{T}} \times [a1, a2, a3, a4, a5, a6]$ 的状态，因为它们在构建工具 / 平台 – 制品仓库模型中是不可达的。在图 4-3（e）中，由于同样的原因，也只显示了开发者角色自动机的 $h1, h2, h3$ 状态，而终端用户 – 开发者合并自动机的其余复合状态迁移和图 4-3（a）保持一致。此外，在图 4-3（c）中，虽然 re_c 和 re_a 是一对对齐事件，但是状态 $(c8, a2)$ 是一对有序状态，即合并后的自动机在进入发布状态前，必须先处于打包成功的状态，因此根据式（4-8）定义，$(c8, a2)$ 被判定为非法有序状态，需要被移除。验证后的状态转换，首先根据输入事件沿着构建工具 / 平台自动机的状态纵向转移，当到达 $(c9, a1)$ 状态时认为打包成功，满足有序状态的约束，此时自动机输入发布事件后，即可合法进入 $(c9, a2)$ 状态。

在图 4-3 中，实心的圆形表示 G^* 可接受的终止状态，可以按照编码、构建和分发将开源软件供应链自动机划分为 3 个阶段，则每个阶段可以接受的终止状态有以下几种。

- **编码阶段**：$\{(h5, r3), (h7, r1), (h7, r4)\}$；
- **构建阶段**：$\{(r3, c7), (r4, c7), (c7, a6), (c10, a4)\}$；
- **分发阶段**：$\{(u5, h2), (a5, u7)\}$。

形式化模型的优点是能够准确描述开源软件供应链系统的行为，并且在理论上，通过配合工具能够实现一定程度的风险自动识别。但是这些模型通常具有较高的使用门槛，不太适用于上层应用分析挖掘的需求，需要进一步提高其用户友好性。

4.3 开源软件供应链的知识化模型

4.3.1 本体设计

开源软件供应链是一种离散事件动态系统，从形式化表示可以看出，开源软件供应链的各个参与角色之间，通过事件触发状态演化形成了多对多的网状关系。知识图谱以图的形式维护和存储数据信息，能够实现模型的灵活扩展和演化更新，更准确地反映开源软件供应链的实际状态，有助于更快速、准确地识别关键软件并评估潜在风险。SEM（Simple Event Model）是一种以事件为中心的知识图谱精简模型，可以作为基础构建开源软件供应链知识图谱模型。

如图 4-4 所示是开源软件供应链知识图谱的本体模型，其中空心箭头表示 rdfs:subClassOf 的关系，实心箭头表示属性。为了提高模型的复用性，本书在设计时遵从国际万维网联盟（World Wide Web Consortium，W3C）标准并复用已有的开放本体模型。其中，SEM 框架包含的本体，定义在 sem 命名空间下。以 sem:Core 为核心，主要定义了 sem:Event、sem:Actor、sem:Place 和 sem:Time 四种类型，分别表示事件、事件参与者、事件发生的地方和时间。图中使用灰色底色标出本书定义并引入的类型，并指定命名空间为 osssc。基于开源软件供应链自动机，共引入 Contributor、Organization、Repository、Artifact、License、ChangeRequest、Issue、Relation 8 种类型，其中前 7 种类型都是 sem:Actor 的子类型，属于实体类型，用于描述事件的参与者，包括主动参与者和被动参与者。需要说明的是，osssc:Contributor 类型的实体是对开源软件供应链自动机中开发者、终端用户等人类参与者更高级别的抽象，正如 1.2.2 节对开源软件供应链特征的分析，相比于传统软件供应链，开源环境下，参与人员的角色界限越发模糊，因此没有必要为各类参与人员设计单独的数据模型，只需要根据 osssc:Contributor 类型实例参与不同事件时的角色即可区分。类似的，考虑到用于软件开发、编译构建等的工具，本质上也是软件制品，因此统一归类为 osssc:Artifact 类型。此外，osssc:Organization 用于描述组织类型的软件供应商，osssc:License 描述开源许可证，osssc:ChangeRequest 和 osssc:Issue 分别用于描述开源软件供应链自动机中 cr 事件和 is 事件后产生的变更请求和议题实例（需求或问题）。osssc:Relation 类型的实例可以用于描述事件和实体及实体之间的关系，该类型集成了 sem:Role，可以通过 sem:RoleType 属性描述 sem:Actor 类型的实例以何种角色参与 sem:Event 类型描述的事件。

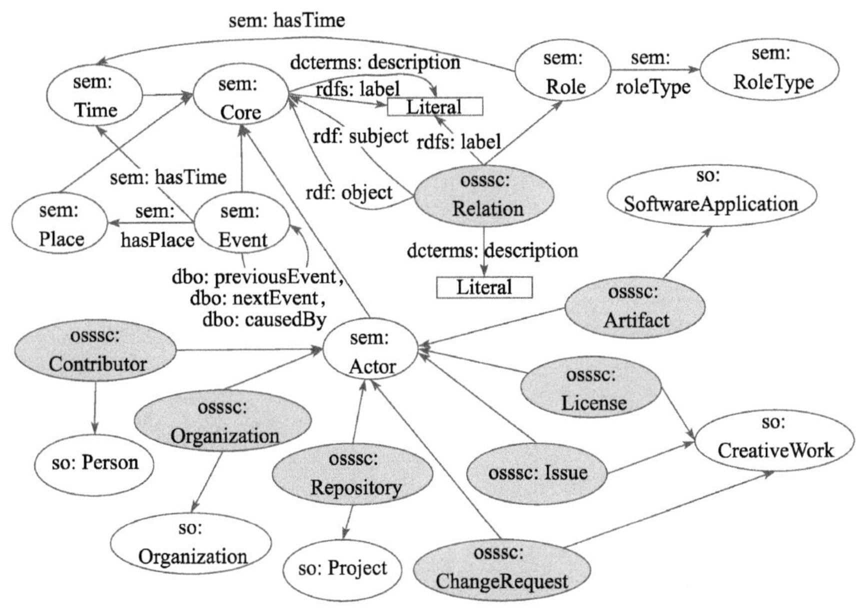

图 4-4　开源软件供应链知识图谱本体模型[一][二][三][四][五][六]

基于开源软件供应链自动机不难发现，整个系统的运转是由事件推动的，即每接收一个事件，系统改变一次状态。根据这个观察，在开源软件供应链知识图谱本体设计时，可以将自动机角色中的状态与知识图谱本体模型中实体的状态相对应。在此基础上，开源软件供应链自动机运转过程中产生的行为数据，可以通过事件、实体，以及它们之间的关系进行组织，见表 4-6，表中纵列表示已知事件类型，横排表示实体类型，表内的交叉项表示某一类型的实体参与指定事件时，在开源软件供应链自动机中的对应角色。需要说明的是，表中静态检测等 6 个事件对应 osssc:Contributor 类型参与实体的角色为“操作执行者”，形式化定义中为了简明省去了这类角色，在构建知识图

[一] so：http://schema.org/。
[二] dbo：http://dbpedia.org/ontology/。
[三] rdf：http://www.w3.org/1999/02/22-rdf-syntax-ns#。
[四] rdfs：http://www.w3.org/2000/01/rdf-schema#。
[五] dcterms：https://www.dublincore.org/specifications/dublin-core/dcmi-terms/。
[六] sem：http://semanticweb.cs.vu.nl/2009/11/sem/。

谱时，为了保证信息完整而补充这类角色，特指人工操作者。如果事件为自动化完成，则应该对应为“构建工具 / 平台”的角色。此外，osssc:Issue 和 osssc:ChangeRequest 两类实体也是表 4-6 中多个事件的参与者，由于它们没有对应的自动机角色，为了表格内容的简明性，并未展示。

表 4-6　事件 – 实体关系

	osssc:Contributor	osssc:Artifact	osssc:Repository
创建议题	终端用户 开发者	未参与	源码仓库
议题确认	开发者	未参与	源码仓库
变更申请	开发者	未参与	源码仓库
接受变更申请	开发者	未参与	源码仓库
拒绝变更申请	开发者	未参与	源码仓库
放弃变更申请	开发者	未参与	源码仓库
静态检测	操作执行者	构建工具 / 平台	源码仓库
依赖检测	操作执行者	构建工具 / 平台	源码仓库
构建	操作执行者	构建工具 / 平台	源码仓库
测试	操作执行者	构建工具 / 平台	源码仓库
打包	操作执行者	构建工具 / 平台	源码仓库
发布	操作执行者	构建工具 / 平台	源码仓库 制品仓库

如图 4-5 所示，是开发者发起代码变更申请时，形成的相关事件和实体间的知识图谱表示示例。图中，椭圆形表示类型，圆角矩形表示某个类型的实例，直角矩形表示具体的某个数值。为了更清晰地展示示例，图中将相关参与的事件和实体拆分为“事件 – 实体”“事件 – 事件”和“实体 – 实体”3 个子图。其中，event_0 表示本次提交代码变更申请的事件，属性 dcterms:description 的取值具体描述事件的内容，并分别通过两个时间戳相关的属性描述该事件的起止时间。该事件相关的参与者分别是贡献者 entity_cont_0、源码仓库 entity_repo_0，以及对应的变更申请 entity_cr_0。图 4-5（a）描述了贡献者 entity_cont_0、源码仓库 entity_repo_0 和事件之间的关系，分别通过 relation_0 和 relation_1 表示。同时，通过关系实例的 sem:roleType 属性描述相关实例在参与该事件时的角色。

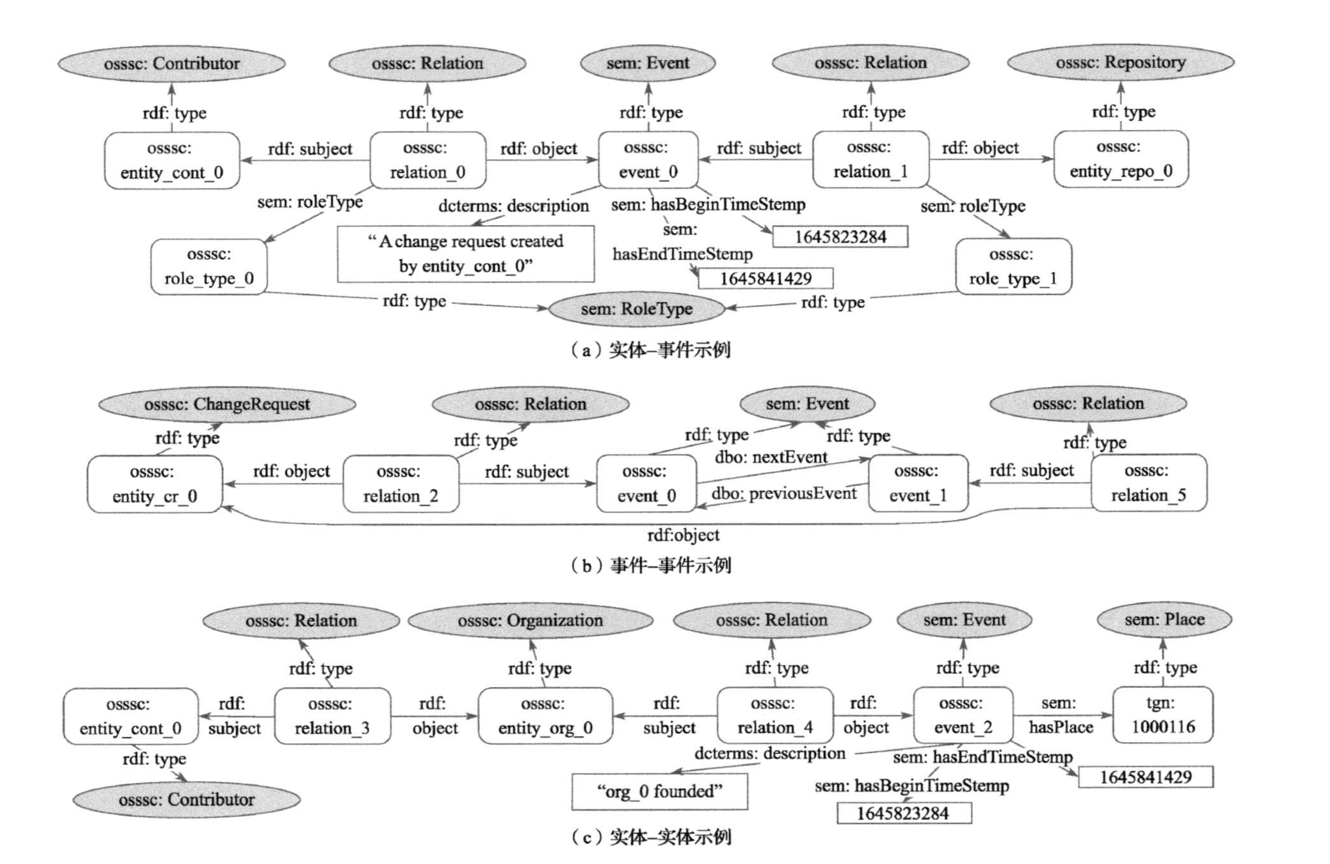

（a）实体–事件示例

（b）事件–事件示例

（c）实体–实体示例

图 4-5　开发者发起代码变更申请的知识图谱表示示例

事件之间通常是以时序关系相关联。例如，在一次代码变更申请中，可以按照事件发生的时间顺序，通过 dbo:previousEvent 和 dbo:nextEvent 属性关联静态检测、依赖检测、构建等一系列相关的事件，如图 4-5（b）中 event_0 和 event_1 描述了关于变更申请 entity_cr_0 的连续两个事件。事件之间也会通过因果关系相连，通过 dbo:causedBy 属性关联，这类关系通常需要基于已有的信息推理得出，而非从事实数据中提取。例如，一次软件产品所依赖组件的漏洞纰漏事件 evt_a，会导致其在某次代码申请变更时依赖检测失败（事件 evt_b），进而造成拒绝变更申请事件 evt_c。其中，事件 evt_b 和事件 evt_c 之间既有因果关系又存在时序关系，它们之间的关系是可以从事实信息中直接获取，而事件 evt_a 和事件 evt_c 之间的关系，则需要通过事件 evt_b 进行推导。类似的，若要获知导致事件 evt_a 的原因事件，则需要更多的推导。这种对事件的组织方式，将有助于供应链风险管理时，分析和发现造成风险的根本原因。

实体之间的关系，描述两个实体之间的关联事实，如 osssc:Repository 和 osssc:Artifact 之间的上下游关系，osssc:Artifact 之间的依赖关系，osssc:Contributor 和 osssc:Organization 之间的从属关系等。如图 4-5（c）中，relation_3 描述了贡献者 entity_cont_0 和组织 entity_org_0 之间的关系。图 4-5（c）中的 event_2 描述了组织 entity_org_0 成立的事件，除了事件描述和起止时间信息外，还通过 sem:hasPlace 属性描述了该事件发生的地理位置，而组织 entity_org_0 通过 relation_4 与 event_2 关联。通过以上信息，可以获取组织 entity_org_0 的地理位置信息，这使得贡献者 entity_cont_0 也间接获得了工作位置的信息。相应的，如果该组织和某些开源软件存在实际拥有权关系的话，那么也可以通过同样的方式，确认这些软件的地理位置信息。在传统供应链管理中，地址位置信息是判断供应链风险的重要依据之一，在开源软件供应链领域也不例外。因为组织必须遵守当地的法律法规，这可能导致其他地区的终端用户无法访问其拥有的软件，从而使得开源软件供应链面临风险。

图 4-6 展示了开源软件供应链知识图谱的构建流程，包括以下 3 个步骤：①知识抽取，原始数据为开源制品仓库、开源项目托管平台和开源标准（OSI[1]、SPDX）3 类，从中抽取事件、实体及它们之间的关系，分别建立软件制品、软件项目和开源许可证 3 个知识图谱；②知识融合，融合上述步骤中 3 个知识图谱中指代相同的实体，形成聚合后的开源软件供应链知识图谱，之后通过关联 TGN[2]、缺陷信息等第三方知识信息完善知识图谱；③知识更新，即通过多种数据补全和分析、推理方式得到新的知识，实现知识更新。

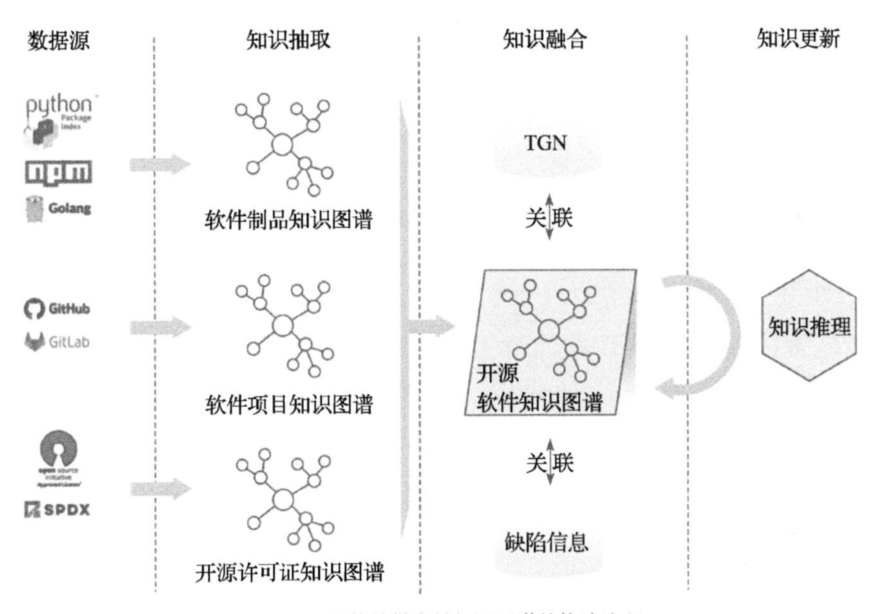

图 4-6　开源软件供应链知识图谱的构建流程

4.3.2 知识抽取

为了便于理解，本小节在描述各知识图谱实体的属性时，使用更容易理解的自然语言，实际实现时需要和图 4-4 所示的模型中属性进行映射。

[1] OSI：Open Source Initiative，开放源代码组织，旨在推动开源软件发展。

[2] TGN：Thesaurus of Geographic Names，开放地名词典数据集。

1. 软件制品知识图谱的知识抽取

软件制品数据源可以选择主流的软件制品仓库，如 Python 语言生态的 PyPI、JavaScript 语言生态的 NPM 等。主要通过两种方式获取相关数据：①通过制品仓库提供的元数据开放接口，如 PyPI、NPM 等；②若未提供①中的接口，则将相关页面内容复制到本地，之后通过构建定制的提取器从中提取元数据信息，如 Golang 语言生态。由于各个包管理器都有自定义的元数据结构，因此需要根据数据模型定义的属性，进行必要的转换和映射，具体见表 4-7。

表 4-7　软件制品知识图谱信息表

软件制品实体集合 ={ 软件制品，源码仓库，开源许可证，贡献者 }
软件制品的属性 ={ 标识符，名称，版本，平台架构，操作系统，类型，内容格式，大小，简介，发布日期，主页，维护者，上游，开源许可证，依赖 } 源码仓库的属性 ={URI[1]} 开源许可证的属性 ={ 名称，版本 } 贡献者的属性 ={ 邮箱，名称 }
软件制品事件集合 ={ 发布，获取 }

软件制品知识图谱主要包含 4 类实体，即软件制品、源码仓库、开源许可证和贡献者。软件制品类型实体包含最多属性，其中标识符属性用于表示唯一的软件制品，这对于软件制品类型实体对齐非常重要。本书介绍的方法主要基于 PURL 项目[2]构造软件制品的唯一标识符，由协议、包类型、命名空间、名称、版本、限定词[3]、子路径 7 部分组成，格式为"协议：包类型 / 命名空间 / 名称 @ 版本？限定词 # 子路径"。其中，命名空间、版本、限定词和子路径为可选项。软件制品其他需要说明的属性：①平台架构，指软件运行依赖的指令集架构，如 x86_64、i386 等；②类型，指管理软件制品的制品仓库类型，如 PyPI、maven、NPM 等；③内容格式，则是软件制品的内容格式，如二进制、源代码等；④上游，其属性值为对应开源项目实体；⑤开源许可证，其属性值为对应开源许可证实体；⑥依赖，其属性的值则表示该软

[1] URI：Universal Resource Identify，统一资源标识符。

[2] PURL：https://github.com/package-url/purl-spec。

[3] 限定词：这里指操作系统、架构、发行版等信息，通过键值对的方式。

件制品依赖的其他软件制品实例。源码仓库类型、开源许可证类型和贡献者类型的实体较为简单，分别仅包含源码仓库的 URI，开源许可证的名称和版本属性，以及贡献者的邮箱和名称，主要都是作为唯一标识，在知识融合时用作实体对齐。软件制品知识图谱关注的事件类型，以开源软件供应链自动机中制品仓库角色行为定义为准，主要提取了软件制品的发布和获取事件。

2. 软件项目知识图谱的知识抽取

软件项目知识图谱中，软件项目的元数据可以通过 GitHub、GitLab 和 GitLink 等平台的开放接口获取。以 GitHub 为例，可以通过 GH Archive[⊖]项目获取事件数据，该项目提供离线的 GitHub 事件流信息，可以避免 GitHub 对接口的访问限制。

软件项目知识图谱信息，共包含 6 种不同类型的实体，和 16 种事件类型，见表 4-8。

- 源码仓库类型的实体描述开源软件对应的源码仓库，通过平台属性区分仓库托管的不同平台，并以 URI 属性作为实体的唯一标识符。该类型实体中拥有者属性的值为贡献者或者组织类型的实体，用于描述开源软件源码的所属关系。
- 开源许可证类型实体的属性和软件制品知识图谱一样，用于和开源许可证知识图谱中的实体进行对齐。
- 议题类型的实体描述面向软件项目的需求和问题，由于议题的形式有很多，除了托管平台上的议题形式外，还有邮件列表等其他形式，因此从描述的适配性考虑，通过形式属性进行区分。议题的创建者和指派对象属性值都是贡献者类型实体，它们都是议题相关事件的参与者。
- 变更申请类型的实体和议题类型实体类似，使用不同管理方式的开源软件项目，有不同的表现方式，如 GitHub 的 PullRequest 和 GitLab 的 MergeRequest，因此需要通过形式属性进行区分。变更申请的创建者和审核者属性值同样是贡献者类型实体，作为变更申请相关事件的共

⊖ GH Archive：https://www.gharchive.org/。

同参与者。

- 贡献者类型的实体主要从源码仓库托管平台的用户信息中抽取，还有一部分从源代码修订信息中抽取，后者通常是通过其他渠道参与源代码贡献，而非托管平台的注册用户。贡献者的关注和协作者属性描述贡献者的社交关系，前者描述当前实体关注其他贡献者或源码仓库，而后者描述与当前实体共同参与过贡献的其他贡献者实体，这些社交属性对于描述贡献者的特征很有帮助。
- 组织类型实体的数据主要来自 GitHub 平台组织类型的账户，通过解析账户的描述信息对组织类型进行细分，包括开源社区、企业、大学等。贡献者和组织是从属关系，贡献者的地理位置相关属性以居住地为准，如果没有提取到相关信息，则以其所属组织的地址位置为准。

表 4-8 软件项目知识图谱信息表

软件项目实体集合 ={ 源码仓库，开源许可证，议题，变更申请，贡献者，组织 }
源码仓库的属性 ={URI，平台，命名空间，名称，描述，编程语言占比，拥有者 } 开源许可证的属性 ={ 名称，版本 } 议题的属性 ={URI，名称，状态，创建者，指派对象，描述，形式 } 变更申请的属性 ={ 地址，名称，状态，描述，形式，创建者，审核者 } 贡献者的属性 ={ 邮箱，名称，组织，居住地，关注，协作者 } 组织的属性 ={ 名称，类型，邮箱，地理位置 }
软件项目事件集合 ={ 仓库创建，仓库删除，议题创建，议题删除，议题指派，议题完成，变更申请，取消变更申请，接受变更申请，拒绝变更申请，静态检测，依赖检测，构建，测试，打包，发布 }

软件项目知识图谱事件信息可以尝试从 GH Archive 项目获取。有些事件可以直接获取，包括议题创建、议题删除、议题指派、发起变更申请、发布等。有些事件需要额外的信息才能确认，比如，当收到变更申请关闭事件时，需要通过对应变更申请实体的状态，判断是取消变更申请、接受变更申请，还是拒绝变更申请对应的事件。类似处理方式也适用于议题完成事件。仓库创建事件通常需要基于源码仓库创建时间的属性值提取；而仓库删除事件则难以获得准确的信息，可以通过周期更新例程判断，如果某次更新例程无法访问到目标源码仓库，则认为仓库被删除并创建相应的事件。此外，有些事件则缺

少统一的知识抽取方法，如静态检测、依赖检测、构建、测试、打包等内嵌在构建工具 / 平台内部的事件。获取这类事件的相关信息，通常需要和具体的管理方法适配，采用定向解析 GitHub Actions 或者 GitLab CI 的配置文件及相关任务等的执行日志。SLSA 等标准规定软件制品需要包含上述信息，以方便终端用户进行验证，然而由于目前的普及度不高，无法作为有效的数据源。

3. 开源许可证知识图谱的知识抽取

开源许可证知识信息相对复杂，除了技术因素外，主要为法律因素。参考吴欣等学者的研究成果，可以建立开源许可证数据模型，见表 4-9。

表 4-9 开源许可证知识图谱信息表

开源许可证实体集合 ={ 开源许可证 }
开源许可证的属性 ={ 名称，版本，链接，发布时间，定义，版权许可，专利许可，义务声明，商标权，担保，责任限制，使用方法，兼容对象，OSI 认证 }
开源许可证事件集合 ={ 发布 }

开源许可证知识图谱的数据，可以从 SPDX 开源许可证列表获取[一]。其中，已经获得 OSI 组织认证的开源许可证，可以获取“ OSI 认证”属性标识。名称、版本、链接信息和发布时间已经作为结构化数据包含在数据源中，因此可以直接获取。开源许可证的内容为非结构化信息，需要进行信息提取。首先，采用关键字匹配的方法进行粗粒度提取，即构造形如“ [key-word1]（.*）[key-word2]”的表达式。当前已采用的关键字包括定义（Definition）、版权许可（Copyright）、专利许可（Patent）、义务声明（Redistribution）、商标权（Trademarks）、担保（Warranty）、责任限制（Liability）。在此基础上，通过人工审核的方式，进行细粒度调优。兼容对象属性描述了开源许可证实体之间的兼容关系，其属性值为当前实体能够兼容的其他开源许可证实体，兼容性数据源主要依靠已有的共享分析结果[二]，以及法律相关专业人员补充。

[一] SPDX License List：https://github.com/spdx/license-list-data。

[二] 可信开源社区，开源许可证兼容性指南：https://gitee.com/trustworthy-open-source-community/License-Compatibility/blob/master/%E5%BC%80%E6%BA%90%E8%AE%B8%E5%8F%AF%E8%AF%81%E5%85%BC%E5%AE%B9%E6%80%A7%E6%8C%87%E5%8D%97.md。

4.3.3 知识融合

知识融合阶段通过多个知识图谱之间共有的实体对齐，实现知识融合，形成最终完整的开源软件供应链知识图谱。

软件制品和软件项目两个知识图谱的融合，主要通过源码仓库实体来对齐。软件制品和其对应的源码仓库存在上下游的关系，软件制品基于源码仓库某一个版本的源代码构建打包而成。通常情况下，制品仓库会建议发布者提供源码仓库信息，但这并非强制要求，并且不会对信息的正确性进行验证。因此在处理时，需要首先过滤并处理存在手写错误的源码仓库 URI。源码仓库的 URI 基本满足“proto://[platform]/[namespace][/[sub-path]]/[repo]”的组成模式，通过该模式验证 URI 正确性的同时，可以从中提取托管平台、项目拥有者、项目名称等信息。然后，可以对源码仓库具体托管的平台，采用对应的方法进行验证，如调用 GitHub 平台的开放接口，验证源码仓库是否存在。为了进一步验证，将以上方法应用于以 PyPI、NPM 和 Golang 生态为数据源构建的软件制品知识图谱，实现源码仓库实体对齐比率分别为 55.5%、57.4% 和 29.8%。PyPI 和 NPM 生态的对齐率均达到 55% 以上，而 Golang 生态较低，经过验证后发现，主要是因为存在大量源码仓库被删除的情况。整体对齐率不高，也从侧面反映出开源软件供应链管理的必要性，当前较为松散的管理方式，提升了开源软件供应链溯源的难度。

除了源码仓库实体，还需要对开源许可证类型和贡献者类型实体进行对齐。在对开源许可证类型实体进行对齐时，同步融合开源软件许可证知识图谱中的信息。三个图谱均通过名称和版本进行对齐。同样由于制品仓库采用宽松管理政策，导致大多数软件制品的许可证信息都存在填写不规范的情况。在处理时，可以通过字符串匹配的方式，选取匹配度最高且匹配度高于 80% 的开源许可证实体进行对齐。贡献者类型的实体主要通过邮箱对齐，在软件制品知识图谱中，贡献者主要承担软件发布的角色，可能由于角色不同而未出现在软件项目知识图谱中，通过知识融合，能够更加完善知识信息。

地理位置信息的数据源可以是源码仓库托管平台的账户信息，主要是以自然语言描述的形式呈现。因此，在实现该类型实体对齐时，其主要任务是实现从自然语言描述到 TGN 实体的映射。具体可按以下步骤进行处理：①判断描述语言的语种，若使用非英文字符填写，则直接映射到语种对应的国家，如中文、日文等可以唯一确定官方文字国家；②将第一步无法处理的描述信息统一转换为英文，利用 Google Geocoding API 将地址转换为相应的经纬度，在 TGN 中搜索经纬度相近的实体，完成映射。因为不需要绝对的精确，所以在搜索时，可以采用逐步扩大经纬度范围的方式，如：±0.5、±1 等，当结果数量大于 1 时，任选一个即可。

缺陷信息可以通过多种途径获取，如参考李文鹏等学者在《面向开源软件项目的软件知识图谱构建方法》中提出的方法，从开源软件项目相关的缺陷报告、邮件列表和问答文档获取相关缺陷信息，并通过源码仓库实体对齐，实现知识融合；或者从开放的软件缺陷信息库抽取，如 PYPA[⊖]组织提供的 PyPI 缺陷信息数据库等。

4.3.4 知识更新

知识更新主要从添加新的数据源，以及通过推理和分析产生新知识两种途径实现。新增数据源的类型可以进一步细分，一种是在现在已有的 3 种类型下，添加新的数据源，比如添加新的制品仓库、新的源码托管平台等。这类数据源新增后，只需要按照上述知识抽取和知识融合的步骤即可完成知识更新。另一种则是扩展了新的数据类型。这类数据源需要首先确认包含哪些类型的实体，以确认知识融合的方向。例如，将相关的通识类知识图谱作为数据源，可以补充和丰富组织类型实体的事件和属性信息。建立事件之间 dbo:causedBy 的关系，主要通过基于已有的事实信息进行推理得到，用于描述引发开源软件供应链风险的根本原因。另外，还可以分析推理实体之间的

⊖ PYPA：Python Packaging Authoriy，https://github.com/pypa/advisory-database。

关系，以达到实体消歧的目的。例如，对于两个贡献者类型实体，尽管他们使用不同的邮箱，但是分析参与项目、技术偏好等特征后，会发现二者高度相似，进而可以将他们标记为可被合并的实体。

知识化模型通过以图的方式组织开源软件供应链所蕴含的信息，能够很好地支撑上层应用的分析挖掘需求，为供应链风险识别及关键软件识别提供有效的支撑。然而，开源软件供应链知识图谱体量巨大，对维护用于存储和管理知识的基础设施有较高的要求，具有一定的技术门槛。

4.4 工业界常用的供应链模型——软件物料清单

4.4.1 背景

软件物料清单（Software Bill of Materials，SBOM）是一种标准的机器可读的文档，用于描述生产软件产品所需的组件及其依赖信息，是当前应对开源软件供应链透明性挑战的主流技术解决方案。Linux 基金会 2022 年初发布的报告“Software Bill of Materials（SBOM）and Cybersecurity Readiness”中显示，有 76% 的受访组织表示已经为应用 SBOM 相关技术做好准备，其中有 47% 的组织开始应用 SBOM 相关技术。据此，该报告预计到 2023 年，将有 88% 的组织能够应用相关技术。权威组织 Gartner 于 2022 年发表的文章“Innovation Insight for SBOMs”中同样指出，通过改善透明度，SBOM 能够有效降低开源软件供应链中潜在的安全与合规风险。NTIA 将 SBOM 列为其软件组件透明性工程的核心。该工程认为，软件透明性对公共卫生、能源、信息技术、金融等诸多领域的健康发展至关重要。而 SBOM 则是实现各个领域中，软件生产、筛选和维护等环节间透明互信的基础，能够支撑供应链维护、风险管理、安全开发过程及漏洞管理等多个核心需求。尽管 SBOM 的重要性已经得到广泛认可，但是该项技术总体上仍处于探索期，相关标准和工具尚未成熟。

4.4.2 技术组成

SBOM的技术组成主要由其格式定义和生命周期两部分决定。前者描述了SBOM应该包含的信息元素；后者则可以总结为生成、分发、消费3个阶段，每个阶段都需要相应的工具提供技术保障。此外，还需要对SBOM相关工具进行评估，一方面确保工具的可靠性，另一方面也能够帮助开发者进行工具选型。同时，对相关技术本身也形成促进作用。

1. 格式与标准

格式和标准是SBOM技术的核心和基础，它定义了软件供应商如何生成并提供自己软件产品的SBOM，软件消费者如何理解和验证软件产品的SBOM，以及软件系统之间如何分享和交换SBOM。根据NTIA在2021年发布的报告"Survey of Existing SBOM Formats and Standards"显示，目前使用范围最广的格式有3种：① Software Package Data Exchange（SPDX），这是一种开源的、机器可读的标准，由Linux基金会发起，已经被ISO/IEC接受；② CycloneDX（CDX），同样是一种开源且机器可读的格式，由OWASP社区发起；③ Software Identification（SWID），一种ISO/IEC工业标准，被商业软件发行商广泛采用。

总的来说，以上3种格式虽然在信息表述方面存在重叠，但是在适用场景和面向用户方面存在差异。

SPDX设计的初衷是方便开发者将其集成到工作流程中，以支撑开源软件的合规性和透明性。SPDX具有出色的开放性，支持通过公共平台枚举（Common Platform Enumeration，CPE）、PURL（Package URL）、SWHID（Software Heritage persistent ID）等格式引用软件制品，包括源码形式和二进制形式，这使得一位个人开发者能够以较低成本实现SBOM的生成。此外，丰富的工具也支持SPDX在较大规模的分布式组织内部广泛采用。

CDX是一种轻量级的开源标准，它提供了丰富的开源生态支持。CDX的主要目标是在构建过程中实现自动化构建SBOM，使其更容易被采用。从已知的案例来看，那些关注软件供应链安全的组织更倾向于选择使用该标准。CDX同样支持通过CPE、PURL、SWHID等方式标识软件供应链中所涉及的源代码或二进制组件。丰富的用例和工具使该格式的使用门槛较低。

SWID在设计时主要考虑了软件清单和权限方面的管理需求。它能够用于标识并支持生成指定设备上已经安装软件的清单，可以方便地和风险管理需求及工具进行集成，满足面向已部署软件的风险管理需求。此外，SWID同样支持以较低门槛与软件构建流水线进行集成，从而降低个人开发者的使用成本。

2. 生成

生成是SBOM生命周期的起点。软件供应商需要生成SBOM，用于描述所提供软件的基本情况、成分组成、生产过程、合规及安全等信息。根据NTIA于2021年面向软件生产者发表的SBOM治理指导手册“Software Suppliers Playbook: SBOM Production and Provision”中将SBOM的生成大致总结为以下4个步骤：①识别软件的组成成分；②获取组成成分的相关数据；③将组成成分的数据填入选定的SBOM格式中；④验证SBOM格式正确性及是否包含了所有必需的数据字段。

针对SBOM必要数据字段的选取，根据供应商和面向用户的不同可能存在差异。NTIA于2021年发布的指导“The Minimum Elements For a Software Bill of Materials”对SBOM中必要数据字段的最小集合进行了总结和归纳。具体需要包含以下字段。

- 供应商名称（Supplier Name）：创建、定义和识别组件的实体的名称。
- 组件名称（Component Name）：分配给原始供应商定义的软件单元的名称。
- 组件版本（Version of the Component）：供应商用于标明软件较前一版本的变更。
- 其他唯一标识（Other Unique Identifiers）：其他用于标识组件的标识符，或用于在相关数据库中查询的唯一标识。

- 依赖关系（Dependency Relationship）：用于描述“上游组件 X 包含在软件 Y 中”这样的关系。
- SBOM 作者（Author of SBOM Data）：为组件创建 SBOM 数据的实体的名称。
- 时间戳（Timestamp）：用于记录 SBOM 数据组装的日期和时间。

除了以上基础字段外，该指导还推荐了以下扩展字段。

- 组件哈希值（Hash of the Component）：用于增强组件识别的鲁棒性，帮助发现诸如组件改名等情况，同时也增强组件识别结果的置信度。
- 生命周期阶段（Lifecycle Phase）：用于描述收集 SBOM 数据的软件生命周期阶段，包括编码、构建、二进制分析等，增强数据的可溯源性。
- 其他组件关系（Other Component Relationships）：如派生（derivation）、继承（descendancy）等关系，有助于更准确的描述供应链组成。
- 许可证信息（License Information）：用于描述组件的许可协议信息，支撑合规风险分析，避免法律风险。

此外，该指导中还提出，SBOM 生成必须支持自动化，即 SBOM 的生成过程可以通过工具自动化完成，且生成的 SBOM 是机器可读，并支持自动化处理的。

3. 分发

SBOM 由供应商生成并提供，由消费者尝试获取并消费其中包含的数据。分发是连接生成和消费的桥梁，其相关技术主要需要解决供应商如何发布 SBOM，以及消费者如何发现 SBOM 的问题。NTIA 在报告“ Sharing and Exchanging SBOMs”中总结了几种常见的 SBOM 发布方式：①URL，即 SBOM 以 URL 的形式包含在软件产品的文档或软件包中；②配置清单（Manifest），即作为下游软件包清单的一部分，方便下游分发说明协议需求和成分组成；③发布 / 订阅系统，即下游消费者可以订阅上游供应商提供的服务，以及时获取上游 SBOM 更新的信息。

而 SBOM 的获取则取决于不同场景下其放置的位置：①在供应商缺少自动化基础设施支撑的情况下，可以由供应商和消费者沟通后，将 SBOM 以协商好的方式直接发送给消费者，如通过电子邮件；②当 SBOM 放置在其所描述软件所运行的设备上时，可以通过诸如基于 HTTP 的 API 等方式进行发布和获取；③当 SBOM 放置在访问受限的共享仓库中时，需要确保消费者有权访问，且共享仓库中的 SBOM 数据可信，通常可以通过 HTTPS 保障安全性，并要求参与者进行必要的可信度验证。

4. 消费

NTIA 于 2021 年面向消费者发布报告“ SBOM Acquisition, Management, and Use”，其中对消费者需要获取 SBOM 的场景进行了总结，具体如下。

- 通过合同采购商业软件产品时。
- 下载闭源的软件产品时。
- 通过合同采购软件服务时，包括软件的开发和部署。
- 获取用于内部部署的开源组件时。
- 当设备连接到网络时的发现过程。

在成功获取 SBOM 后，需要对其所包含的数据进行提取和解析。若获取的 SBOM 采用 SPDX、CDX 或者 SWID 等常用格式，可以直接采用相关生态的工具完成提取和解析。然而，若要满足哈希验证、数字签名验证、间接依赖识别等需求，则需要消费者进行额外的工作。在 SBOM 数据提取和解析的过程中，软件实体解析是一项较有挑战性的工作。这项工作的主要目标是通过消除软件标识指代的歧义，以更准确的方式匹配软件实体和已知风险。该工作通常可以基于消费者自己维护的软件实体数据库或第三方商业服务，通过人工或者半自动化的方法完成。间接依赖识别同样具有挑战性，主要因为开源软件供应链的嵌套依赖规模巨大，且更新频繁，几乎无法完全依靠人工实现。

成功解析的 SBOM 数据，可被应用于众多管理系统，包括配置管理系统、软件资产管理系统、安全运营管理系统、采购流程管理系统，以及软件供应链风险评估和管理系统等。在这些系统中，基于 SBOM 数据，可以帮助消费者实现面向软件缺陷的持续监控。通过持续监控供应商提供软件产品及其依赖的缺陷状况，能够有效消除消费者面临的供应链风险。具体表现在可以帮助消费者更快地意识到：①供应商检测到缺陷；②供应商正在尝试修复缺陷；③供应商已经修复了缺陷并提供更新。这将能够帮助消费者提升缺陷移除的透明性，增强整个软件供应链的安全性。

此外，在消费 SBOM 时还需要注意知识产权和保密等事项。例如，当 SBOM 中明确涉及保密条款时，消费者应注意只在内部传播，或者在遵守保密条款的前提下与第三方实体进行交互。若消费者作为中间供应商，则需要注意上游 SBOM 中声明的协议条款，确保自身产品协议与之兼容，并以符合条款的方式向下游分发。

5. 评估

随着开源软件供应链影响力的不断扩大，SBOM 技术的应用普及度也越来越高。然而，面对五花八门的生成工具，供应链下游的消费者往往有些无所适从，对 SBOM 工具的评估，以及对 SBOM 数据质量的评估成为亟待解决的问题。目前已有的评估工作主要从两个方面开展：一方面是通过校验 SBOM 数据的完整性，以保障数据质量；另一方面，通过设立关键指标，对比和评估各种不同的工具（主要是生成工具）来实现。这方面工作目前刚刚起步，尚处于探索阶段，技术发展存在较大的不确定性。

4.4.3 已有的产品及分类

2021 年，NTIA SBOM 格式和工具工作组针对 SBOM 工具进行归类，并发布了报告“SBOM Tool Classification Taxonomy”。其中，SBOM 共分为生成、消费和转换 3 个大类。而之后的两年，用于评估 SBOM 的工具也不断增多。截至 2023 年，我们共调研了 50 余款 SBOM 相关的开源工具，移除活跃度较低的项目（近 1 个月活动小于 3 次）后，结合 NTIA 之前的工作，对筛选得到的 30 余款工具进行归类和总结，见表 4-10。其中，生成类的工具可进一步细分为可用于构建、分析和编辑的3个子类型。在调研对象中，提供生成类功能的工具占比最高，达到50%。SPDX[一]、CDX[二]等较为成熟的社区都针对自己的格式提供了相应的生成工具，支持多种不同的编程语言。此外，面向云原生场景，BOM[三]、Trivy[四]等工具提供了很好的支撑。

表 4-10 SBOM 工具分类

分类	子类型	描述
生成	构建	在构建软件制品时自动生成 SBOM，并包含构建相关信息
	分析	通过分析制品的源码或二进制文件生成 SBOM
	编辑	辅助人工访问和编辑 SBOM 数据
消费	展示	能够以人类可读的方式展示内容，作为决策支持的依据
	比较	能够比较多个 SBOM 并清晰的反映差异
	引用	能够发现、追踪和引用 SBOM 到任意系统中进行进一步分析处理
转换	翻译	在保留信息完整性的前提下，从一种格式转换为另一种格式
	合并	多源 SBOM 和其他数据能够聚合并进行整体分析和审计
	支持	支持在其他工具中通过 API、对象模型、库等方式进行引用
评估	数据	对 SBOM 数据质量进行评估
	工具	对 SBOM 工具进行评估

消费类工具通常用于展示SBOM数据内容，对比不同SBOM间的差异，以及通过关联SBOM和其他数据源，实现进一步分析处理。在进一步分析处理方面，消费类工具主要通过消费SBOM数据，实现对软件供应链安全性和合规性方面的分析。这种场景下，SBOM数据主要对软件产品的供应链构成和协议使用情况提供支撑。谷歌公司发起的GUAC（Graph for Understanding Artifact Composition）[五]项目，支持导入SBOM数据并以图的形式进行维护，有助于提升整体数据质量，为更高级的分析场景提供支撑。该项目于2022年第四季度发布，引起OpenSSF等开源安全相关社区高度关注，目前正处于高速发展中。

[一] https://spdx.dev/spdx-tools/。
[二] https://github.com/CycloneDX。
[三] https://sigs.k8s.io/bom。
[四] https://github.com/aquasecurity/trivy。
[五] https://github.com/guacsec/guac。

转换类的工具主要实现不同格式 SBOM 数据的转换，方便 SBOM 数据在不同系统之间实现共享和交换。在我们关注的 30 余款工具中，主要支持 SPDX 和 CDX 两种格式之间的数据转换。调研发现，已有工具在实现格式转换时，如何保证信息不丢失是主要的挑战。以 SPDX 和 CDX 为例，CDX 一些特有的数据信息，在转换为 SPDX 后会被丢弃。GUAC 项目支持 SBOM 数据的导入和导出，由于在图中维护了完整的信息，被认为是一种具有潜力的应对信息丢失问题的解决方案。

SBOM 数据和工具的评估近期越发得到重视，但目前仍然处于发展早期阶段，在调研的工具中仅有 4 款工具提供相关功能。其中，ntia-conformance-checker[㊀]是 NTIA 在 GSoC 2022 发起的项目，基于《 SBOM 最小元素》，评估 SBOM 数据的质量。另外 3 款工具则用于评估生成类 SBOM 工具的质量，分别是 bom-shelter[㊁]、sbomqs[㊂]和 SBOM Scorecard[㊃]。虽然这些工具都希望形成基准测试集，以实现较为客观的评估结果，但是目前不论是样本规模，还是评估指标方面都较为有限。

4.4.4 技术应用现状

近几年，开源软件供应链攻击事件不断增多，作为供应链风险管理的关键基础组件，SBOM 相关技术的关注度也不断升高。尽管已经存在许多 SBOM 工具及服务可以为软件产品在保障自身供应链安全时提供帮助。但是相关技术在业界的实际应用效果仍有待验证。为此，Boming Xia 等人面向全球从业者发起了一项围绕 SBOM 的经验研究“ An Empirical Study on Software Bill of Materials: Where We Stand and the Road Ahead”，其很好地从实践角度反映出 SBOM 的应用现状。该研究希望解答以下 3 个问题：① SBOM 技术实

㊀ https://github.com/spdx/ntia-conformance-checker。
㊁ https://github.com/chainguard-dev/bom-shelter。
㊂ https://github.com/interlynk-io/sbomqs。
㊃ https://github.com/eBay/sbom-scorecard。

践的现状如何？② SBOM 工具支持的现状如何？③ SBOM 相关从业者关注的重要问题有哪些？通过收集和整理来自 15 个国家的 17 位从业者的反馈，该研究针对上述 3 个问题总结出以下 10 条 SBOM 应用现状。

- SBOM 技术带来的透明性能够支持实现可问责、可追溯和安全性，但是缺少系统性消费场景驱动的 SBOM 特性。
- 大多数广泛使用的软件（尤其是开源软件）并未提供 SBOM，有必要加强激励。在 Linux 发布的报告"The State of Software Bill of Materials（SBOM）and Cybersecurity Readiness"中显示，受访组织中仅有 47% 正在使用 SBOM 相关技术。
- 当前 SBOM 生成滞后于软件开发，且不具备动态性，理想状态下，SBOM 生成应该与软件开发保持同步，并持续更新。
- 尽管 NTIA 已经发布最小数据字段建议，但是对于 SBOM 应该包含哪些信息仍未达成共识。
- SBOM 中的专有和敏感信息给分发带来了障碍，需要考虑选择性共享（内容定制）和访问控制机制。
- 考虑到篡改威胁，需要确保 SBOM 数据是可信的，相应地，需要 SBOM 数据验证机制和完整性检测服务。
- 目前尚不清楚应该如何妥善处理 SBOM 和 VEX 披露的可利用性有限的漏洞。
- SBOM 工具成熟度不足，需要更可靠、用户友好、符合标准和具备互操作性的企业级 SBOM 工具，尤其是 SBOM 消费工具。
- 尽管已经有一些开放的 SBOM 标准格式，但是对于这些格式如何进行扩展仍未达成共识。
- SBOM 的采用缺乏市场意识和良好的价值主张，SBOM 倡导者需要：①利用采购评估和供应链风险管理等相关法规和用例来进一步提高市场各参与方应用 SBOM 的意识；②推广更多具有明显优势的 SBOM 消费工具。

此外，对于所有垂直行业而言，保护其包含软件组件的设备和系统免受因复杂供应链引入的风险影响，同样存在重大的挑战。因此，NTIA 正在进行多个验证性项目，针对不同垂直行业中 SBOM 技术的应用展开研究。这些项目分别面向公共卫生行业、汽车行业和能源行业。

面向公共卫生行业，由医疗设备制造商（Medical Device Manufacturer，MDM）和医疗服务机构（Healthcare Delivery Organization，HDO）主导验证性项目，主要目标是检验 SBOM 用于支撑医疗设备维护和风险管理的可行性（由 MDM 生成，由 HDO 消费）。该项目形成了一份面向公共卫生行业参与者的 SBOM 生成指导手册"How-To Guide for SBOM Generation"。该项目于 2019 年实现了原型系统，验证并发布报告"Healthcare Proof of Concept Report"，主要结论如下：①通过关联外部数据，HDO 能够通过消费 SBOM 实现量化分析；② MDM 和 HDO 都认可通过应用 SBOM 技术，有益于改善资产管理、风险管理和漏洞管理实践中的不足；③不同 MDM 对 SBOM 中字段的取值不统一，导致消费时可能出现歧义，且缺少官方认证的渠道获取组件的名称、版本和供应商等信息；④依赖信息过于复杂，使得提取和追踪存在挑战；⑤ SBOM 缺乏足够的动态性；⑥ SBOM 数据本身缺少准确性、完整性等验证机制。目前该项目已经进入第二阶段，且从阶段性目标可以看出，随着 SBOM 技术的不断更新，已经发现的问题也有了新的探索和验证方向。

面向汽车行业的验证性项目，主要基于美国国家公路交通安全管理局（National Highway Traffic Safety Administration，NHTSA）于 2022 年发布的文档"Cybersecurity Best Practices for the Safety of Modern Vehicles"，其中的 4.2.6 节明确将汽车上软硬件的仓储和管理作为安全实践之一。具体如下：①供应商和汽车制造商应维护汽车组装过程中所使用软硬件的数据库，以及车辆生命周期内版本更新历史日志；②制造商应尽可能全面地跟踪与软件组件相关的详细信息，以便在发现的与开源或商业软件相关的漏洞时，制造商可以快速确定受其影响的车辆。NTIA 希望通过应用 SBOM 相关技术，在项目中验证其是否能够满足上述最佳实践建议。截至 2023 年 4 月，该项目仍在进行中，尚未形成有效的结论。

面向能源行业的验证性项目，主要由电力能源行业的组织参与和实施。在验证模型中，由制造商或者上游供应商生成 SBOM，由资产拥有者、系统集成商、风险评估组织或下游制造商消费 SBOM，以验证新的信息交互模式下是否能够满足用例需求。截至 2023 年 4 月，该项目的公开材料仅显示了一些能源行业的用例，以及对于能源行业应用 SBOM 的概念验证实验设计，尚未形成有效的结论。

虽然 SBOM 技术在行业的应用正处于探索阶段，但上述由政府组织牵头、行业制造商参与合作的模式值得借鉴。近年来，国内在相关技术创新和应用方面也取得了显著的成果。中国科学院软件研究所于 2022 年发布了面向开源软件供应链重大基础设施——“源图”，其基于 SBOM+ 等技术能够有效识别投毒等典型的开源供应链风险[1]。2023 年初，中国信息通信研究院牵头撰写了《软件物料清单总体能力要求》标准，并依据标准对多家企业的产品进行评估，助力企业 SBOM 体系建立[2]。总体来看，SBOM 相关技术在供应链风险管控方面的应用前景较为明朗。

4.4.5 挑战

近几年，虽然 SBOM 相关技术引起广泛关注，学术界和工业界已经围绕 SBOM 开展众多工作，并取得了一些有价值的成果。然而，通过对 4.4.4 节中的应用现状进行分析可以发现，SBOM 数据及其相关技术在大规模应用方面仍存在许多挑战，尤其是在一些对可靠性要求较高的行业中，总结如下。

（1）提升组件标识的准确性 根据 NTIA 于 2021 年发布的报告“Software Identification Challenges and Guidance”，组件标识是 SBOM 的基本需求，如何确保组件标识的唯一性且可以被准确发现仍存在挑战。这主

[1] https://www.cas.cn/syky/202206/t20220620_4838787.shtml。
[2] https://finance.sina.com.cn/roll/2023-04-03/doc-imypccqf0060970.shtml。

要是因为，一条完整的软件供应链通常涉及多样的软件生态、供应商和市场，各方对于同一实体的表述不同，导致生成同一组件的不同标识，从而造成 SBOM 数据存在歧义，影响后续消费的质量。尽管已有 CPE、SWHID、PURL 等多种标识格式，但是不同格式间仍存在较难对齐的情况。此外，软件组件快速变更的特性，使得动态性成为软件标识必须考虑的因素，这给软件标识的维护带来具体挑战。自然语言处理领域的命名实体识别和实体消歧技术是应对这一挑战的一个探索方向，有望在未来实现更智能的组件标识。

（2）提升消费效率 已有的消费类 SBOM 工具，在进行安全性检测时，通常会扫描 SBOM 所包含的所有组件，并配合外部漏洞数据库，确认是否存在已知风险。这可能会导致扫描结果中包含数量巨大的缺陷信息，需要供应商或者消费者维护，或者由消费者判断是否采用当前软件。这一方面加重了供应商和消费者的负担，另一方面可能会造成不必要的错误判断。事实上，组件关联的缺陷在不会被利用的情况，并不具备风险性。如何能够过滤掉这些信息，从而提升 SBOM 数据消费的效率，存在技术挑战。NTIA 提出的 VEX 标准被用于描述指定缺陷在当前软件产品中的影响范围，可以帮助消费者判断风险的严重性。然而，该项标准及相关技术生态仍处于发展阶段，VEX 数据质量等问题都有待进一步增强。

（3）减少格式转换的信息丢失 SPDX 和 CDX 是目前最常见的 SBOM 数据格式。各个供应商在使用这些格式时，通常会根据自身需求加入扩展字段。然而，由于这些格式的扩展字段尚未达成共识，导致 SBOM 数据在格式转换过程中可能会出现信息丢失的情况，给实现系统间透明地交换信息带来挑战。GUAC 支持导入和导出常见的 SBOM 数据格式，并在内部以图的形式保存 SBOM 的完整信息。在理论上，它能够实现不同格式间的无损转换。但是该项目成立时间较短，目前整体成熟度较低。此外，如何在 GUAC（或其他介质）中准确地表达不同格式的扩展字段信息，同样面临挑战。

（4）SBOM 数据治理 SBOM 数据的生成、分发和消费是一种去中心化的系统，这对保障 SBOM 数据的准确性、时效性等带来挑战。正如 Balliu

Musard 等学者在文章“Challenges of Producing Software Bill of Materials for Java”中总结的，虽然目前已经有工作尝试对 SBOM 数据进行质量评估，但总体上该工作仍处于初期探索阶段。由于数据样本较少、评估指标缺乏等问题，当前还难以形成客观且有说服力的基准测评结果。

（5）垂直行业应用 4.4.4 节中已经提到，不同的垂直行业面临着特定环境带来的挑战。例如，在组件标识方面，公共卫生行业中需要进行标识的组件可能是在传统软件行业从未出现过的。由于认知差异，这些标识容易造成歧义。因此，已有的 SBOM 工具和知识在应用到不同垂直行业中时，需要应对处理不同的挑战。此外，不同的行业对 SBOM 数据的可靠性要求也存在差异，要求越高，则面临的挑战越大。

4.5 本章小结

构建开源软件供应链模型，是实现风险分析及管控的基础。本章主要介绍了 3 种常见的开源软件供应链建模方法，分别是面向主要环节的供应链模型、形式化的供应链模型，以及知识化的供应链模型，并简单总结了各自的优劣。此外，还介绍了当前工业界应用较为广泛的建模技术——SBOM。总体来看，各种方法各有优缺点，需要根据实际情况选择合适的方式。SBOM 虽然已经在实际生产中投入使用，但仍然面临众多挑战，可以结合前述 3 种方法进行优化和改良。

第 5 章　开源软件供应链的风险评估体系

风险评估体系对于管控开源软件供应链的风险至关重要。供应链风险管理的核心要素是：建立风险模型、风险识别和设计应对风险的策略。本章将基于开源软件供应链模型着重介绍两种风险防控体系：面向供应链主要环节的风险防控体系和基于知识化模型的风险防控体系。

5.1 面向供应链主要环节的风险防控体系

已有学者对软件供应链的风险模型进行了分析，并给出了多种类型的威胁渗入点或攻击向量。Zhou 等人在文章“Research on Pollution Mechanism and Defense of Software Supply Chain”中，总结软件供应链的威胁主要来自两大方面：①攻击者通过伪装和篡改的方式对软件供应链中产出的软件进行污染；②攻击者通过这些被污染的软件获得了在软件运行环境中执行操作的权限，进一步造成信息泄露等危害。OpenSSF 基金会从本地开发、外部代码贡献、代码中心仓库测试集成、软件包消费等软件供应链阶段分别进行威胁建模，分析了各环节的 25 种潜在攻击方式。但是，OpenSSF 提出的威胁模型并未对攻击方式和影响进行更深层次的探讨。谷歌公司提出的威胁模型主要基于它们总结的供应链框架 SLSA，更加关注软件供应链的完整性。同样，MITRE 组织提出的供应链缺陷主要涵盖对开发工具、开发环境、公开或私有的源代码仓库等真实攻击对象的操控，同时将政治、社会、法律等方面的风险因素纳入考虑[1]。而 Torres-Arias 等人在文章“ In-toto: Providing Farm-to-Table Guarantees for Bits and Bytes”中指出了供应链中各个环节的环境被攻陷及供应方信任凭证失窃等风险。与此同时，Adam 等人也对开源软件给供应链带来的新兴威胁进行研究[2]。Torres-Arias 等人和 Adam 等人均指出，开源软件可能会导致软件供应链中出现新的问题，包括意外引入开源漏洞、恶意引入开源漏洞，以及引入带有恶意逻辑的开源组件等。

5.1.1 风险模型

综合考虑上述研究和面向主要环节的开源软件供应链风险模型，见表 5-1，从开源软件供应链的环节角度对开源软件供应链建立风险模型。

表 5-1 面向主要环节的开源软件供应链风险模型

环节	攻击面	违反的安全属性
组件和应用软件开发环节	攻击者通过制品分发市场的缺陷，制作伪装、虚假的第三方组件，或篡改已有的第三方组件，欺骗开发人员下载使用	组件的完整性
	攻击者攻击开发、编译、构建、测试过程中使用的开发集成环境，导致开发完成的组件和应用软件具有缺陷或后门，开发人员的隐私数据被泄露等	组件及应用的完整性，开发集成环境的完整性，组件和应用软件的完整性，数据机密性
	攻击者向源码管理器提交通过具有缺陷或后门的源代码	组件及应用的完整性
应用软件分发环节	攻击者通过分发市场的缺陷制作并上传伪装、虚假的应用软件或篡改已有的应用软件，以欺骗终端用户下载和使用	应用软件的完整性
应用软件使用环节	攻击者对软件下载更新过程进行劫持	下载更新过程的完整性，软件的完整性
	攻击者利用软件的缺陷、后门进行攻击，如窃取软件和运行环境中的敏感数据，对运行环境中的其他数据进行篡改，拒绝服务攻击及提权攻击等	应用软件的可用性，应用软件数据的机密性，运行环境的完整性

[1] https://www.cisa.gov/supply-chain-compromise。

[2] https://www.whitesourcesoftware.com/resources/blog/software-supply-chain-attacks/。

近些年来，研究人员开始关注开源软件供应链中第三方组件的安全性。在软件开发过程中，开发人员从第三方组件分发市场下载并安装第三方组件依赖。这一过程中，研究人员致力于对分发市场中的第三方组件风险进行识别，并对其进行分析和安全评估。

1. 分发市场中的第三方组件风险识别

传统的第三方组件研究主要集中在如 PyPI、NPM、RubyGem 等主流第三方组件分发市场，这些针对特定开发语言的第三方组件分发市场也称包管理器。此外，面向新兴的物联网语音设备，也涌现出了第三方语音技能分发市场、自动化应用程序的组件分发市场等，如亚马逊的语音技能市场、IFTTT 平台。已有部分工作研究了上述第三方组件分发市场及软件系统的第三方组件风险识别问题，具体如下。

（1）面向包管理仓库的第三方组件风险识别 考虑到新型复杂网络开发流程下，包管理仓库中的包一旦出现安全问题，如存在缺陷导致攻击者可以注入并执行恶意代码等，将影响到下游海量应用程序的安全。因此，已有多个研究指出安全研究人员和分发市场本身需要提出相应检测方案，支持大批量规模化地对包管理仓库及其他分发市场上的第三方组件进行检测分析，减少包管理仓库中有潜在风险的第三方组件。

面向包管理仓库的风险识别，研究人员主要研究了恶意包注入的检测技术以及其他支持在包管理仓库中批量扫描和检测潜在具有漏洞风险的第三方包的技术。其中，包名抢注是近年来研究人员发现的一种恶意包注入的攻击手段，攻击者以流行包相似名字注册的恶意包，使开发者错误地认为恶意包是他们想要下载的目标包，从而大幅提升了恶意包被下载的概率，并进一步传播到开发的软件中。如已有研究对 PyPI 市场上存在包名误用的恶意包进行检测，结果如图 5-1 所示。此次检测出的 4 个恶意 Diango、Djago、Dajngo、Djanga 均是 Django 的拼写错误。需要注意的是，Django 是一个十分流行的

Python 框架。这些恶意包能够替换用户的比特币地址，从而窃取用户资金。由此可见，恶意包名抢注问题十分严峻，亟须针对包名抢注的高效检测方案。

图 5-1　4 个针对“Django”包名的恶意抢注

当前的检测方案主要利用包名抢注的两大特性进行检测：①攻击目标往往是流行的软件包；②恶意软件包和原始软件包的名字十分相似。Taylor 等人在文章“SpellBound: Defending Against Package Typosquatting”中，利用两大特性提出了一种包名抢注检测技术——TypoGuard。该技术专门针对该攻击建立名称相似性模型，并结合第三方包流行程度特征实现恶意包的检测，当某个软件包与某个流行的软件包名称十分相似，且自身的流行度较低，则认为该软件包为潜在的恶意软件包。考虑到特性②，Python 的第三方包管理器 PyPI 则提供 pypi-parker 模块[1]，通过提供一个保存着和正常包名字相近的相关包黑名单，来帮助开发者在下载选择包时实时识别恶意包。当用户尝试下载黑名单中记录的文件时，该工具会提醒用户这不是一个合法的软件包。不同于上述方案，Vu 等人在文章“Towards Using Source Code Repositories to Identify Software Supply Chain Attacks”中提出了一种针对 PyPI 软件制品仓库的恶意包检测方法。该方法首先需要确定正确的软件包名称，再利用可重复构建的思路，比较包管理仓库中的包和源代码存储仓库 GitHub 上包的差异，以便检测和确认包管理仓库分发的恶意软件包。具体来说，该方法通过挖掘包源代码存储库，最后对源代码存储库和包管理仓库的包文件的哈希值进行比较来识别恶意包，提高了检测的准确性。

针对包管理仓库中存在漏洞风险的第三方包检测，研究人员主要致力于发掘潜在的未知，并提出有效和系统性的方案来对包管理器中的包进行系统性的检测。针对这类风险，研究人员主要采用基于源代码的分析方法，分为静态检

[1] https://github.com/mattsb42/pypi-parker。

测和动态检测两种方案。如 James 等人在文章“A Sense of Time for JavaScript and Node.Js: First-Class Timeouts as a Cure for Event Handler Poisoning”中提出了一种 Node.js 生态系统中新的第三方组件风险。这种风险可以导致针对事件处理程序的拒绝服务攻击。针对这一风险，James 等人提出了一种静态检测方案，利用正则匹配对 NPM 包的元数据进行分析，来对 NPM 上的包进行批量检测。一个动态分析的案例是 Staicu 等人在文章“SYNODE: Understanding and Automatically Preventing Injection Attacks on None.Js”中设计的 Synode 框架，用于识别 Node.js 程序中由于特殊指令引入的注入攻击。作者开发的 Synode 工具首先通过静态分析识别相关 API 的调用点，然后基于分析结果实现脚本的模拟运行，来检查是否存在恶意的第三方组件以开发人员可能无法预见的方式实现恶意代码执行。结合静态分析和动态分析，该方案具有较高的检测效率和准确率。上述研究方案主要是在成功识别未知风险的基础上，设计了一个自动化、可扩展的工具，用于对分发市场的组件进行批量检测。静态分析的准确率较低，而动态分析虽然提高了准确率，但同时也增加了性能开销。

相比针对包管理仓库特定风险的检测研究，Duan 等人在文章“Towards Measuring Supply Chain Attacks on Package Managers for Interpreted Languages”中提出了一个更有效和普适的方案，即 MALOSS 框架。该框架通过应用元数据分析、静态分析和动态分析来对 NPM、PyPI 和 RubyGems 三大市场中的第三方包进行全面、系统的分析，具体介绍如下。

- **元数据分析**：通过提取代码包的元数据，如包的名称、开发作者、维护者、发布版本、下载次数和依赖关系等来识别出潜在的恶意数据包；
- **静态分析**：通过对代码包的源代码进行分析，标记网络、文件系统、进程、代码生成相关的 API，进一步将源代码解析为语法结构树并搜寻标记 API 的使用情况，最后分析代码数据流，检查代码数据流的源、sink 节点和传播节点；
- **动态分析**：通过在隔离的 docker 环境中安装执行二进制代码包，触发导入包时的初始化逻辑来测试 import 包，用动态模糊测试触发相应功能来测试导出函数，最后用工具 sysdig 来捕获代码运行时的系统，调用 trace 功能。

（2）面向第三方语音技能分发市场的第三方组件风险识别 除了包管理仓库这一第三方组件分发市场，恶意包注入和第三方包风险检测的研究也同样在新兴的物联网分发市场（如第三方语音技能分发市场及自动化应用程序组件分发市场）有一定进展。其中语音技能主要用于物联网场景下智能语音设备上应用的开发，如亚马逊 Alexa[㊀]和 Google Assistant[㊁]提供的语音设备，它们通过语音通道来和用户互动。开发人员需要下载特定的语音技能如“打开门”，并和相关的物联网设备的应用进行集成，以实现用语音控制设备的功能，也就是用户发出语音命令，智能设备会识别语音指令，匹配到相应的语音技能并调用技能实现相应的服务和功能逻辑，如图 5-2 所示。自动化应用程序组件主要提供一些自动化流程的构建，如“当室内温度超过 28℃时，则把窗户打开”。开发人员会将这些组件集成到物联网设备中实现智能家居的自动控制。由于语音技能和自动化应用程序会在用户家中部署应用，控制一些关键设备，如门锁、睡眠监控设备等，将直接影响用户的生命和财产安全，因此其风险检测是当前研究重点之一。

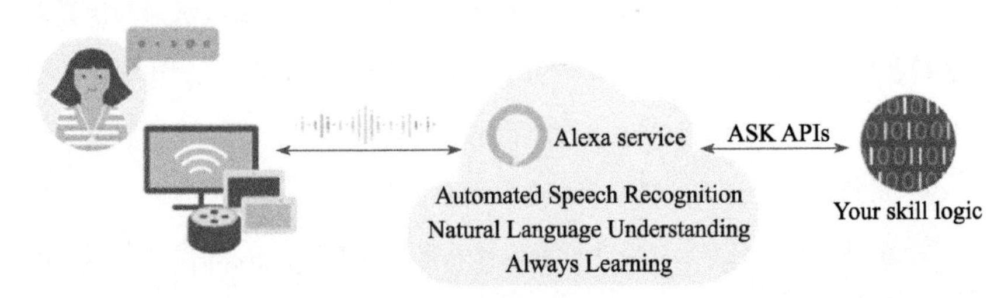

图 5-2 语音技能的工作流程

由于物联网的迅速发展，智能语音设备在社会家庭生活中越来越流行。为了更方便地集成和开发相关语音应用程序，各大物联网厂商如亚马逊、谷歌和小米等公司均提供了语音技能开放平台，允许开发人员上传自己开发的

㊀ Amazon Alexa Voice AI，https://developer.amazon.com/en-US/alexa。
㊁ Google Assistant，https://assistant.google.com/。

语音技能或者配置部署来自其他用户的语音技能，形成了第三方语音技能分发市场。针对新兴的第三方语音技能分发市场，恶意包的注入主要体现为语音抢注攻击、语音伪装攻击两种新型攻击，可能导致恶意指令执行、隐私窃取等风险。其中语音抢注攻击指的是攻击者设计类似发音或者语义的语音名称来劫持用于合法技能的语音命令，如图 5-3 所示，用户想调用“Capital One”技能可能发出语音指令“Alexa，open Capital One please”，然而如果用户错误地从语音技能分发市场下载并安装了攻击者上传的“Capital One Please”技能，则智能设备听到用户指令后会触发攻击者实现的恶意语音技能。除此之外，攻击者也可能会上传其他相似名称的技能，如图 5-3 所示。该攻击是用户利用语言控制智能设备时，因语音命令的含糊不清或用户对语音智能设备的理解误差，导致智能设备可能会匹配到一些与用户预期不同的语音技能。语音伪装攻击是指在用户和服务供应商对话期间，恶意的第三方语音组件冒充合法的语音技能，以达到窃取个人信息的目的。

图 5-3　4 个针对“Capital One”语音技能的恶意抢注包

Zhang 等人在 2019 年发表的文章“Dangerous Skills: Understanding and Mitigating Security Risks of Voice-Controlled Third-Party Functions on Virtual Personal Assistant Systems”中首次对第三方语音技能组件进行深入研究，识别并发现了语音抢注攻击、语音伪装攻击等第三方语音组件特有的新型攻击，提出了一种名为 Skill-name Scanner 的检测工具。该工具通过对语音技能进行扫描，使用技能响应检查器捕获来自恶意技能的可疑响应。最后，通过使用用户意图分类器来检查用户发出的命令，以确定是否存在风险。Guo 等人则更关注语音技能是否存在窃取用户隐私的风险，为了分析第三方语音技能的隐私风险，他们在文章“SkillExplore: Understanding the Behavior of Skills in Large Scale”中提出 SkillExplore 框架，对第三方语音技能市场中的语音技能组件进行大规模分析，识别出一些恶意的语音组件技能，如窃取隐私信息、窃听用户对话等。SkillExplore 采用动态分析技术，执行语音技能，并根据语音技能设计回复，实现动态的交互，然后观察目标语音技能的行为，检查用户的隐私是否被获取。针对语音技能的缺陷检测，Zhang 等人在文章“Life after Speech Recognition: Fuzzing Semantic Misinterpretation for Voice Assistant Applications”中设计了一个语言模型构建的模糊测试工具 LipFuzzer，能够实现黑盒场景下对声音指令进行变异，实现模糊测试，准确率达到 59.52%。

（3）面向自动化应用程序组件分发市场的第三方组件风险识别 针对流行的自动化应用程序组件分发市场，研究人员研究如何大规模且高效地识别市场中存在漏洞风险的第三方包。这类研究主要检测是否存在恶意程序组件收集用户的隐私，以及程序组件自身是否存在易被攻击者利用的缺陷，并进一步评估当前分发市场中第三方组件的安全情况。自动化应用程序分发市场上发布了一系列提供特定应用功能的组件。下游开发者或用户可以对不同功能的组件进行组合配置，从而实现自动化的应用程序。例如，通过配置温度传感器数值读取组件和控制窗户开关命令的组件，可以实现一个应用程序，让它自动化执行命令“当温度上升到 35℃时打开窗户”。

针对这一类包含流行的自动化应用程序组件的分发市场，研究人员致力于检测市场上是否存在恶意组件。同时，他们还需要考虑到下游用户安装组件组合可能带来的风险。为此，设计研究方案对分发市场上不同组件的组合进行扫描并分析安全性是很有必要的。这样一来，在用户删除安装组件依赖时，就能够帮助提供安全风险的评估参考。针对分发市场上的恶意程序组件，Bastys 等人在 2018 年发表的文章“If This Then What? Controlling Flows in IoT Apps”中首次研究了 IFTTT 平台上存在的恶意程序组件，发现存在用户隐私窃取风险，如窃取用户私人照片、泄露用户位置和窃听用户和语音控制助手的交流等。Bastys 等人主要使用静态分析的方法，扫描自动化应用程序组件来识别具有特定安全分类的触发 – 动作组合命令，然后搜索出具有这些组合命令的应用程序组件，判断为潜在的恶意程序。

考虑到下游用户对自动化应用程序组件组合配置的安全风险，研究人员主要关注一些程序组件的交互逻辑。除了软件程序自身的交互逻辑外，Ding等人在文章“On the Safety of IoT Device Physical Interaction Control”中指出物联网设备的组件可以共同对环境产生作用，当用户安装配置了一些特定的第三方组件的组合时，会形成一些潜在的物理通道，攻击者可以利用这些物理通道控制受害者的物联网设备并执行恶意指令。上述恶意攻击如图5-4所示，当受害者不在家时，攻击者通过加热暖气，提高室内温度进而将窗户打开。Ding等人设计并实现了IoTMon，该系统能够识别潜在的物联网设备组件组合生成的潜在物理交互链，并进行安全评估。具体而言，IoTMon对自动化应用程序进行代码分析，结合自然语言处理对程序的描述进行抽象，通过深度学习来计算自动化应用程序逻辑的相关性，从而挖掘不同第三方组件组合形成的潜在物理渠道并与其交互，最终利用行为建模和聚类的方法识别是否存在风险。Wang等人和Alhanahnah等人分别开发了iRuler和IoTCom来识别应用层面不同组件组合交互存在的缺陷。其中iRuler对自动化应用程序进行解析，并结合设备服务的元数据，以及配置信息来对规则进行统一的建模，然后使用模型对自动化应用程序的执行逻辑进行检查，能够识别5种组件组合的潜在风险。IoTCom首先利用路径敏感的静态分析自动提取自动化应用程序的控制流图，接着使用图抽象技术来对设备和用户使用的App进行连接，构建行为规则图，然后提取成形式化的模型，最终使用模型检验的方法来检查一些潜在违反安全属性的路径。IoTCom和iRuler的总体思路比较相像，但进行了一系列改进，例如更加自动化、支持物理通道的检测、关注更多的控制条件等。

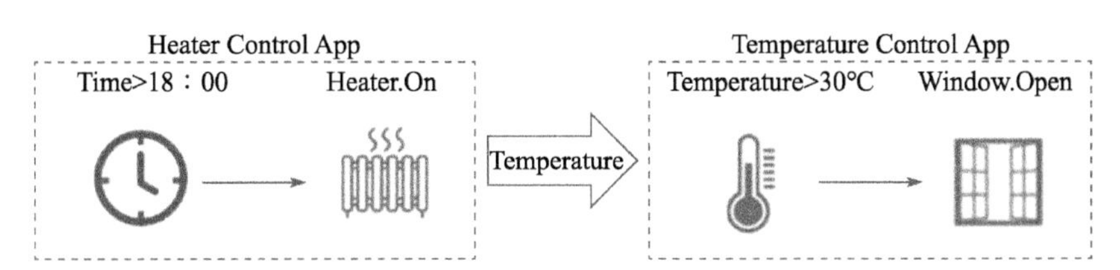

图5-4　一个存在风险的利用物理通道交互的例子

综合上述分析，安全研究人员对不同类型的组件分发市场的风险都设计了相应的风险识别方案。见表 5-2，对上述方法进行了汇总。其中，针对包名抢注、语音抢注类型的攻击，研究人员主要利用该攻击的特性，即包名相似这一特点，结合其他特征设计检测方案，包括设置黑名单、计算流行度等；针对第三方组件，研究人员也在探索现有存在的新型安全风险，并设计相应的风险检测方案，以支持识别分发市场中第三方组件的风险。针对上述研究，大部分学者采用了元数据、静态分析等技术手段，虽然检测效率高，但也存在高误报率、低检测率的问题；也有一些研究采用了动态技术如模糊测试等来提高检测效率，但这种方法的检测时间开销较大。考虑到第三方组件分发市场的多样性，目前仍缺少自动化可扩展的工具及更加智能高效的检测方法。

表 5-2　经典的组件分发市场中恶意第三方组件识别方法总结

方法名称	检测的开发语言	分发市场	分析方法		分析场景		性能		可扩展	支持识别的缺陷
			静态	动态	黑盒	白盒	检测能力	检测速率		
TypoGuard	JavaScript, Python, Ruby	NPM, PyPI, RubyGems	√	×	×	√	○	●	◑	包名误用
PyPi-parker	Python	PyPI	√	×	×	√	○	●	○	包名误用
Vu 等人	Python	PyPI	√	×	×	√	◑	◑	◑	包名误用 代码缺陷
Jams 等人	JavaScript	NPM	√	×	×	√	○	●	○	代码缺陷
Synode	JavaScript	NPM	√	√	×	√	◑	●	○	代码缺陷
Staicu 等人	JavaScript	NPM	√	√	×	√	◑	◑	○	代码
MALOSS	JavaScript, Python, Ruby	NPM, PyPI, RubyGems	√	√	×	√	●	◑	◑	隐私泄露 代码缺陷 包名误用 网络劫持等
Skill-name Scanner	\	Alexa skill market	√	√	×	√	●	●	◑	语音抢注 语音伪装

（续）

方法名称	检测的开发语言	分发市场	分析方法		分析场景		性能		可扩展	支持识别的缺陷
			静态	动态	黑盒	白盒	检测能力	检测速率		
SkillExplorer	\	Alexa skill market	√	√	√	×	◑	◑	●	隐私泄露
LipFuzzer	\	Alexa skill market, Google Assistant vApp	×	√	√	×	◑	●	●	语音抢注 语音伪装
Bastys 等人	Groovy	IFTTT	√	×	×	√	○	●	◑	隐私泄露
IoTMon	Groovy	SmartThings	√	×	×	√	◑	◑	◑	组件组合风险
iRuler	Groovy	IFTTT	√	×	×	√	◑	◑	◑	组件组合风险
IoTCom	Groovy	IFTTT, SmartThings	√	×	×	√	◑	●	◑	代码缺陷

注：●＝高，◑＝中，○＝低；\＝不具有该特性；√＝满足，×＝不满足；检测能力是对检测准确率和误报率的综合评价；可扩展是方法针对不同开发语言及分发市场的扩展能力的综合评价。

此外，在物联网的快速发展背景下，新的第三方组件如语音技能、自动化应用程序组件呈现出新的威胁渗入点，如语音伪装攻击等。此外，开发人员在开发软件系统、语音智能设备和自动应用程序等时需依赖大量组件，组件组合也存在依赖冲突等风险。通过在供应链上游组件分发市场中分析组件组合配置的风险，为开发人员提供安全风险提示和评估，是有效渠道之一。然而，针对该方向等相关研究仍较少，仅有少数研究探索了自动应用程序的组合风险。针对其他风险，如第三方包组合配置风险识别技术也需要更深入的探索。

2. 第三方组件分发市场分析及安全评估

面向第三方组件分发市场的分析和安全评估，Kula 等人在 2017 年发表的文章“On the Impact of Micro-Packages: An Empirical Study of the Npm

JavaScript Ecosystem”中对NPM生态中的JavaScript组件进行大规模的评估，主要分析第三方包的分布、依赖关系和开发人员的使用成本。该项研究证明了第三方包在供应链关系中的依赖链条较长，第三方包的变化会对整个软件生态系统造成巨大的变化。2018年，Dey等人发表文章“Are Software Dependency Supply Chain Metrics Useful in Predicting Change of Popularity of NPM Packages?”，对NPM包上下游依赖关系做了分析，从供应链视角分析第三方组件的依赖网络，并评估第三方组件下载数量的变化。该研究揭示了供应链中上下游依赖关系对第三方组件的分发有重要影响，供应链角度的研究可以帮助人们更好理解软件开发和软件生态系统。除了第三方组件的供应关系外，也有研究对包管理仓库中软件包的滞后性进行了大规模评估。Zerouali等人在文章“A Formal Framework for Measuring Technical Lag in Component Repositories and Its Application to NPM”中，从开发和运行两个阶段分析NPM包中第三方组件的依赖关系和技术滞后性。这项研究旨在检测存在技术滞后的组件包，以避免开发人员部署已经过时或者不符合期望的软件包。Zimmermann等人在文章“Small World with High Risks: A Study of Security Threats in the NPM Ecosystem”中，进一步系统化地分析了当前NPM第三方软件包生态系统中的依赖关系、包的维护者及公开报告的安全问题。该研究指出，单个第三方包甚至能够影响整个生态系统的大部分包，且只需要拥有极少部分维护者账号就能够将恶意代码注入生态系统中大多数的包。该问题随时间推移将变得越发严重。

认识到第三方组件分发市场中组件漏洞的危害性后，已有研究人员对漏洞影响力和修复情况进行了研究。Decan等人在2018年发表的文章“On the Impact of Security Vulnerabilities in the NPM Package Dependency Network”中对超过61万个JavaScript包中的NPM依赖网络进行漏洞影响评估，分析这些漏洞是何时及如何被发现和修复的。此外，他们还进一步分析了在指定依赖约束的情况下，这些漏洞对JavaScript包生态中的其他包会造成怎样的影响。这个研究为软件包维护人员和开发人员提供了安全指导，帮助改进处理安全问题的过程。Ruohonen 等人则研究并分析了 Python 第三方包分发市场，从时间序列、软件历史漏洞等多个维度分析 Web 开发中常见的 Python 包存在的漏洞。研究指出，包名抢注已经成为严重的攻击方式之一。最为全面和完整的研究是本章前文中提到的由 Duan 等人于 2021 年发表的文章，他们对 NPM、PyPI 和 RubyGems 3 种主流语言的包管理平台进行了大规模系统性的安全分析，对参与包管理平台的主要角色进行建模，从功能性、代码审查和响应措施 3 个角度对包管理平台进行定性分析。该研究提供了第一个系统化的分析框架用于评估包管理平台的安全性，结果见表 5-3。

表 5-3　对第三方包管理平台的评估方案

特征				包管理器		
				PyPI	NPM	RubyGems
功能性检查	软件包维护者	发布包的权限	密码验证功能	●	●	●
			访问令牌验证功能	◑	●	●
			公钥验证功能	○	○	○
			多因子验证功能	◑	◑	◑
		发布	上传功能	●	●	●
			引用功能	○	○	○
			签名功能	◑	◑	◑
			拼音保护功能	○	●	●
			命名规则推荐功能	○	◑	○
		管理	删除数据包	◑	◑	◑
			弃用数据包	○	◑	◑
			添加协作者	◑	◑	◑
			转移拥有权	◑	◑	◑
	开发者	选择包作为依赖项	提供信誉评分	●	●	●
			提供代码质量评估	○	○	○
			提供安全实践分析	○	○	○
			提供已知风险分析	○	○	○
			提供包名误用检测功能	○	○	●
		安装包	Hook 安装	●	◑	○
			安装时指定特定依赖项	○	◑	◑
			源代码安装	◑	◑	◑
			嵌入式的二进制安装	◑	◑	◑

（续）

特征				包管理器		
				PyPI	NPM	RubyGems
审核检查	软件包维护者 开发人员	元数据检查	依赖检查	○	○	○
			更新检查	○	○	○
			二进制检查	○	○	○
			软件包维护者账号	○	○	○
		静态分析	语法错误识别	○	○	○
			逻辑错误识别	○	○	○
			恶意逻辑代码	○	○	○
		动态分析	安装过程检测	○	○	○
			嵌入式二进制检测	○	○	○
			Import 检测	○	○	○
			功能性检测	○	○	○
补救响应功能	软件包维护者 开发人员 终端用户	删除	删除包	●	●	●
			删除发布者	●	●	●
			删除已安装的包	○	○	○
		通知	通知软件包维护者	○	○	○
			通知相关软件包维护者	○	○	○
			通知开发人员	○	○	○
			通知漏洞建议修复数据库	○	●	●

注：● = 强制的，◑ = 可选的，○ = 不支持。

根据 Duan 等人的研究可以看出，现有的第三方包供应链生态在功能性检查、审核检查和补救响应审查上仍缺少有效措施，审核检查阶段是当前最薄弱的环节，在补救响应环节也存在较大缺失。当前需要开发人员、软件包维护者、管理平台等共同努力，维护安全可信的第三方包供应链生态。

此外，面向新兴的物联网语音设备，Cheng 等人在文章“Dangerous Skills Got Certified: Measuring the Trustworthiness of Skill Certification in Voice Personal Assistant Platforms”中对第三方语音技能市场的审核机制进行了分析和评估。他们的研究证实可以轻松地在语音技能分发市场上发布一些违反安全策略的语音技能，揭示了当前语音技能分发市场存在较大的风险。早在 2017 年，Alhadlaq 等人就在发表的文章“Privacy in the Amazon Alexa Skills Ecosystem”中对亚马逊语音技能市场的隐私策略进行了安全分析，发现该市场上 75% 的第三方语音技能都没有隐私策略。相比上述研究，Lentzsch 等人在 2021 年发表的文章 “Hey Alexa, Is This Skill Safe?: Taking a Closer Look at the Alexa Skill Ecosystem” 中进行了更多维度的语音技能分发市场的安全分析，不仅揭示了当前市场中语音技能审查的缺陷，还进一步分析了当前语音技能并没有严格遵守关于访问用户敏感数据政策的问题。

综上所述，研究人员已经在第三方组件分发市场的分析和安全评估方面开展了一系列的研究。通过对第三方组件市场数据的分析增强了对软件生态系统的理解。更重要的是，研究人员揭示了当前第三方组件分发市场中的组件仍存在很多安全隐患，而市场的审查机制不够完善，且和当前学术研究存在一定差距。在本节中，前沿的第三方组件风险识别方案尚未应用到当前主流开发市场的审查机制中。

5.1.3 开源软件供应链视角下的应用软件风险识别

传统的应用软件风险识别利用静态分析和动态测试来挖掘软件潜在的漏洞和后门。其中，污点分析是静态分析的主流方案，模糊测试是动态测试的主流方案。本小节聚焦于开源软件供应链视角下特有的软件风险及对应的风险识别方案，包含应用软件中第三方组件检测及其风险识别，应用软件代码克隆检测及分发市场中的恶意软件识别。其中，针对应用软件中的第三方组件检测，新型开源协作模式下应用软件中可能存在大量来自上游的第三方组件，一旦这些第三方组件存在缺陷或者被攻击者注入恶意后门，相应的应用软件也会存在风险。因此，越来越多的研究开始关注如何识别应用软件中的第三方组件，并进一步基于识别的组件来发现上游组件存在漏洞导致的带“菌”传播风险。除了识别 1day 漏洞外，还要考虑到应用软件可能会违背第三方组件的许可证要求，研究人员进一步基于识别的第三方组件来发现第三方组件许可证违规的风险。针对软件代码克隆检测，安全研究人员分析应用程序之间的代码相似性，并利用这些信息来检测软件代码复用导致的上游漏洞带“菌”传播问题，以及许可证违规的风险。针对分发市场中的恶意软件识别，考虑开源软件供应链的分发环节中攻击者会对软件进行恶意篡改或者添加恶意载荷，研究人员探索了如何利用软件相似性技术来识别这些恶意的软件。

1. 应用软件中的第三方组件检测及其风险识别

针对特定的开发软件系统，其使用的第三方组件以及内在的依赖关系检测能够帮助开发者、维护者和使用者实现对软件系统的总体架构理解，进一步实现对软件系统的可靠性风险管理。Tellnes 在其硕士学位论文“ Dependencies: No Software Is an Island”中认为软件系统工程采用大量第三方依赖库会带来严重的安全隐患和可用性上的限制。同时指出当前软件和系统的安全性和可用性在很大程度上取决于依赖的第三方组件的生态系统。因此，研究人员从基于元数据的第三方组件静态检测、基于源代码的第三方组件静态检测、基于二进制代码的第三方组件静态检测等多个角度研究高效检测软件系统中的第三方组件及其漏洞。

元数据静态检测主要是利用软件系统中提供的第三方组件相关字段等信息进行检测。Maven 组织实现了 OWASP Dependency Check 工具[1]，支持扫描项目中的依赖项文件名、供应商和版本等信息并识别潜在的依赖第三方组件，进一步通过确定项目依赖项中是否存在 CPE 标识符来检测项目依赖关系中是否包含公开的披露漏洞，其中 CPE 标识符是唯一表示受 CVE 影响的应用程序。考虑到有些被扫描的字段可能发生改变，导致该工具存在较大的漏报率。Cadariu 等人则在 2015 年发表的文章“ Tracking Known Security Vulnerabilities in Proprietary Software Systems”中进一步扩展 OWASP 依赖关系检测工具，添加 Java 依赖关系知识来提取 Java 中的系统依赖关系，利用 CPE 标识符的匹配方式来确定是否存在漏洞。

上述工具仅仅通过一些简单的字符匹配技术来进行检测，由于元数据无法真实反映软件的依赖关系且一旦代码采用了一些混淆技术，上述工具就

[1] https://owasp.org/www-project-dependency-check/。

无法识别相应的特征，存在大量漏报。因此，研究人员提出了基于源代码的静态检测方案，主要利用哈希、控制流图和函数名等信息进行匹配。Backes等人在文章“ Reliable Third-Party Library Detection in Android and Its Security Applications”中提出基于哈希匹配的安卓库检测工具 LibScout，支持提取应用程序中混淆后的配置特征，能够抵抗常见的代码混淆问题，并精确定位应用中使用库的版本。LibScout 主要采用多层哈希的方法，对安卓库的 method、class、package 类层层递进，以实现哈希，最后进行匹配。在文章“ ATVHunter: Reliable Version Detection of Third-Party Libraries for Vulnerability Identification in Android Applications”中，Zhang 等人提出了 ATVHunter 可以查明应用程序使用的易受攻击的第三方组件版本并提供有关第三方组件漏洞的信息。文章中提出了一种两阶段检测方法来识别特定的第三方组件版本。具体来说，ATVHunter 通过提取控制流图（Control Flow Graph，CFG）作为粗粒度特征以及提取 CFG 的每个基本块中的操作码作为细粒度特征来识别确切的第三方组件及其版本。同时，为了识别特定的易受攻击的第三方组件版本，作者还构建了一个全面完整的易受攻击的第三方组件数据库，其中包含来自行业合作伙伴的 1180 个 CVE 和 224 个安全漏洞。ATVHunter 是最先进的第三方组件检测工具之一，实现了 90.55% 的准确率和 88.79% 的召回率，且对常用混淆技术处理过的代码仍具有一定适用性，并且可扩展用于大规模第三方组件的检测。但是针对修改后的第三方组件，上述技术无法识别嵌套的第三方组件，也无法实现高扩展性，难以应对开源软件项目的数量和规模的庞大。Woo 等人在文章“ CENTRIS: A Precise and Scalable Approach for Identifying Modified Open-Source Software Reuse”中提出 CENTRIS，这是一种精确且可扩展的用来检测修改后第三方组件的方法，用以克服先前所提到的分析限制。该方法能够处理大规模开源软件项目，并对嵌套的第三方组件进行识别。在他们的研究中，作者使用静态和动态分析相结合的方式来实现这一目标，通过构建一个“变更特征图”，准确地跟踪第三方组件间的修改，并通过比较特征图之间的差异来确定是否存在修改后的组件。经过实验证明，

CENTRIS 在不同规模和复杂度的开源软件项目中具有较高的精确性和可扩展性。它不仅可以帮助开发者更好地理解他们项目中所使用的第三方组件，还可以快速检测出潜在安全风险或代码质量问题。

上述方法都是已知第三方库的特征对未知的软件系统进行匹配识别，另一种方案是直接对软件系统进行第三方库的提取，无须提前获取到第三方库的知识。针对第二种方案，Li 等人在 2017 年发表的文章" LibD: Scalable and Precise Third-Party Library Detection in Android Markets"中提出一个抗混淆的第三方组件检测工具 LibD，它使用安卓程序内部的代码依赖性来检测和分析潜在的第三方组件。相比代码相似性检测，LibD 使用特征哈希处理被混淆的函数名称，有效提高了准确率。SAP 团队在文章" Detection, Assessment and Mitigation of Vulnerabilities in Open Source Dependencies"中提出一种检测、评估和缓解第三方组件漏洞的新方法 Eclipse Steady。该方法以代码为中心，在给定的上下文中结合静态和动态分析来确定库中易受攻击部分的可达性。为了评估 Eclipse Steady，作者将其检测能力与 OWASP Dependency Check（OWASP DC）的检测能力比较，评估结果具有显著提升。Duan 等人在文章" Identifying Open-Source License Violation and 1-Day Security Risk at Large Scale"中提出了一种更自动化且系统化的可扩展全自动工具 OSSPolice。该工具支持在没有目标应用软件源代码场景下对二进制的程序进行第三方组件的识别，对软件系统的开源软件证书冲突进行了检测，并对 1-Day 漏洞进行识别。OSSPolice 引入了一种新的分层索引方案，用于比较应用程序的二进制文件和数万个第三方库源代码的数据库，能够实现高可扩展性和高准确率的第三方组件检测。OSSPolice 同样支持检测许可证违规，即通过识别应用软件中的许可证类型，来判断其是否和它依赖的第三方组件中的许可证存在冲突。

相比上述先检测第三方组件再分析第三方组件是否存在漏洞，Ohm 等人在 2020 年发表的文章" Towards Detection of Software Supply Chain Attacks by Forensic Artifacts"中提出了 Buildwatch 方法。该方法用于分析软件中是否存在恶意的第三方组件，并检查它们是否会执行的恶意行为。作者设计了

Buildwatch，并将其用于动态分析软件及其第三方依赖组件的框架，发现存在恶意第三方组件的软件在安装过程中会引入大量新的第三方组件。基于这一发现，Buildwatch 将测试软件运行在沙箱环境中分析软件的系统调用，并通过分析测试软件在安装过程中表现出来的行为来判断软件是否已经被恶意的第三方库感染。

基于上述调研，经典的应用软件中第三方组件识别及漏洞挖掘方法总结见表 5-4。可以看出，针对软件系统中的第三方组件的风险识别研究中，当前的研究方案能够支持白盒和黑盒场景的分析，但是在抗混淆和可传递性上仍有较大研究空间。尤其考虑到当前软件依赖关系层层嵌套，十分复杂，亟须研究具有高效可传递性的第三方组件依赖检测方案。此外，当前的研究方案仅针对特定已知的攻击设计，在发现新漏洞的能力上仍有所欠缺。最后，新的开发和应用场景随着现代化的进展也在不断涌现，当前对物联网分发市场的研究仍处于初级探索阶段，对新的开发和应用场景的第三方组件风险检测仍有待研究，如多架构的物联网设备固件、人工智能平台和模型中也依赖大量第三方组件，且存在安全风险。

表 5-4　经典的应用软件中第三方组件识别及漏洞挖掘方法总结

方法名称	检测的开发语言	分析方法		分析场景		性能		可扩展	抗混淆	可传递	支持识别的缺陷
		静态	动态	黑盒	白盒	检测能力	检测速率				
OWASP Dependency Check	Java .NET Python Ruby PHP NodeJS	√	×	×	√	○	●	◑	○	○	1day 漏洞
VAS	Java	√	×	×	√	○	●	◑	○	○	1day 漏洞
LibScout	Java	√	×	×	√	◑	◑	◑	◑	◑	1day 漏洞
ATVHunter	Java	√	×	×	√	●	◑	◑	◑	○	1day 漏洞
CENTRIS	C/C++	√	×	×	√	●	◑	◑	◑	●	1day 漏洞 许可证违规
LibD	Java	√	×	×	√	◑	◑	◑	●	◑	\

（续）

方法名称	检测的开发语言	分析方法		分析场景		性能		可扩展	抗混淆	可传递	支持识别的缺陷
		静态	动态	黑盒	白盒	检测能力	检测速率				
Eclipse Steady	Java Python	√	√	×	√	●	◑	◑	◑	○	1day 漏洞
OSSPolice	Java	√	×	√	×	◑	●	◑	●	○	1day 漏洞 许可证违规
Buildwatch	JavaScript	×	√	√	×	◑	○	◑	●	\	恶意的 第三方组件

注：●＝高，◑＝中，○＝低；\=不具有该特性；√＝满足，×＝不满足；检测能力是对检测准确率和误报率的综合评价；可扩展是方法针对不同开发语言扩展能力的综合评价，可传递是指方法能识别依赖的组件，并进一步识别依赖的组件和别的组件的依赖关系。

2. 应用软件代码复用检测

除了第三方组件可能带来的 1day 漏洞及许可证违规风险，研究人员也探索了开源软件供应链中代码复用带来的 1day 漏洞及许可证违规风险。现有研究重点探索了软件代码的新型表示，进一步结合人工智能技术等完成代码克隆检测及风险的识别。

针对源代码，Fischer 等人在文章“Stack Overflow Considered Harmful? The Impact of Copy and Paste on Android Application Security”中研究了安卓市场中对 Stack Overflow 里分享的代码重用的情况。先扫描 Stack Overflow 中的代码，并利用基于特征的匹配，如使用过时的加密算法等，来标记代码是否安全。然后，在安卓程序中搜索是否有代码块与被标记为不安全的 Stack Overflow 的代码块相似。这一搜索过程主要是将安卓程序和不安全的代码块表示为具有语义的特征向量，通过计算两个向量的相似度来判断两个代码块的相似性。该方法具有较快的检测速率。然而，一旦复用的代码经过了一些混淆的设计，准确率会大幅度下降。Akram 等人在文章“SQVDT: A Scalable Quantitative Vulnerability Detection Technique for Source Code Security Assessment”中设计实现了 SQVDT，通过收集易受攻击的代码数据集并提取不同的特征来构建指纹签名集，最后对项目中的文件进行相似性匹配，识别潜在的 1day 漏洞。SQVDT 主要的优点在于利用 MapReduce 在大规模集群上进行快速分析和处理，在相似性检测方面准确率较高，缺点是召回率较低。Donovan 等人则手动审计了 GitHub 上的 C++ 代码对 Stack Overflow 上的代码复用情况，发现了 69 个易受攻击的代码片段，该代码片段已被迁移到 2800 多个项目中[⊖]。基于手动审计的方法具有较高的准确率，但是效率十分低下，并且严重依赖专家知识。研究人员还研究了人工智能技术辅助的代码克隆检测来帮助提高代码复用问题检测的检测速度和准确率。Bilgin 等人在发表的文章"Vulnerability Prediction From Source Code Using Machine Learning"中探索了对代码进行编码表示，再结合人工智能对代码进行训练，完成了漏洞预测的下游任务。但他们的研究还处于初级阶段，只利用了软件源代码中的函数信息，无法很好地编码代码中的控制流图信息。

针对二进制代码，研究人员主要结合了代码相似性分析的方法。当前的方法主要依赖于近似图匹配算法，效率和准确率都比较低。Xu 等人在文章"Neural Network-Based Graph Embedding for Cross-Platform Binary Code Similarity Detection"中针对物联网固件的二进制代码设计了 Gemini，用来识别固件复用的函数代码。如图 5-5 所示，Gemini 的设计是为了检测来自两个不同平台的二进制函数是否相似，能够帮助检测相似的第三方组件进一步检测漏洞、许可证违规等。Xu 等人将深度学习应用到二进制代码上，基于函数的控制流图来计算代码向量，基于两个函数代码向量之间的距离来进行相似性的检测。经过实验，Gemini 在相似性检测的准确度和效率方面均有所提升。之后，Ding 等人在文章"Asm2Vec: Boosting Static Representation Robustness for Binary Clone Search against Code Obfuscation and Compiler Optimization"中提出了 Asm2Vec，Li 等人在文章"PalmTree: Learning an Assembly Language Model for Instruction Embedding"中提出了 PalmTree。相比 Gemini，这两项研究都在二进制程序向量表示方面进行了改进，它们考虑了二进制程序中编

⊖ https://stackoverflow. blog/2019/11/26/copying-code-from-stack-overflow-you-might-be-spreading-security-vulnerabilities/。

译优化选项和代码混淆技术导致汇编函数不同的难点。

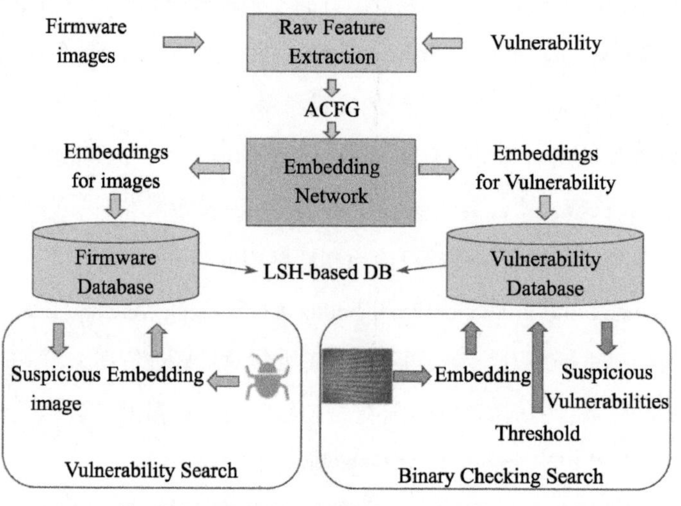

图 5-5 基于神经网络的第三方组件检测方案 Gemini 的工作流程

综上所述，开源软件供应链视角下的应用软件代码克隆检测主要目的是检测软件中可能存在的 1day 漏洞及许可证违规的风险。当前的研究在人工智能技术的辅助下，在源代码和二进制代码的测试方面，准确率都有一定提高，但在混淆后的代码上的检测能力仍显不足。且上述研究仅仅对代码表示进行了设计优化，而这种代码表示方法在下游的漏洞检测及许可证违规检测的能力仍有待提高。

3. 分发市场中的恶意应用软件识别

考虑到开源软件供应链的分发环节中攻击者会对安全软件进行恶意篡改或者添加恶意载荷，研究人员探索了如何利用软件智能风险检测技术来识别这些恶意的软件。

基于元数据的方案是最简单的方案，检测速度快，但准确率低。Hemel 等人在文章“Finding Software License Violations through Binary Code Clone Detection”中对基于元数据的相似恶意软件的检测进行了研究，并开发了 BAT 方法，用于检测二进制代码相似。BAT 主要负责检测物联网固件源代码和二进制格式的软件代码包，通过分析两者字符串、压缩数据的大小、二进制增量的数据大小是否一致来实现检测。该方法较简单，检测速率高，但是容易产生大量误报和漏洞。

基于相似度函数的相似恶意检测主要是利用哈希作为相似度函数进行比较，依然保持较快的检测速度，但在准确率方面比基于元数据的方案提高了很多。在 2012 年发表的文章“Detecting Repackaged Smartphone Applications in Third-Party Android Marketplaces”中，Zhou 等人首次发现安卓应用分发市场中有攻击者会对应用程序进行重打包，然后嵌入一些新的广告，来窃取广告或者窃取广告收入。基于这一发现，Zhou 等人研究并开发了相似性测量系统应用程序 DroidMOSS，来检测这些重打包的应用程序并进一步分析潜在的风险。如图 5-6 所示，DroidMOSS 主要应用了模糊哈希技术对程序的指令序列进行计算，形成应用的指纹，然后通过计算相似性函数来定位和检测应用程序重打包行为。DroidMOSS 具有较快的分析速率，但在处理经过混淆的代码时准确度显著降低。与上述基于哈希的代码相似性检测方案不同，Golubev 等人在文章“A Study of Potential Code Borrowing and License Violations in Java Projects on GitHub”中采用基于 SourcererCC 的相似性检测，后者是 Sajnani 等人在 2016 年的文章“SourcererCC: Scaling Code Clone Detection to Big-Code”中展示他们设计的针对代码块的比较算法。Golubev 等人将该方法应用到软件许可证违规的检测上，取得了显著的效果。

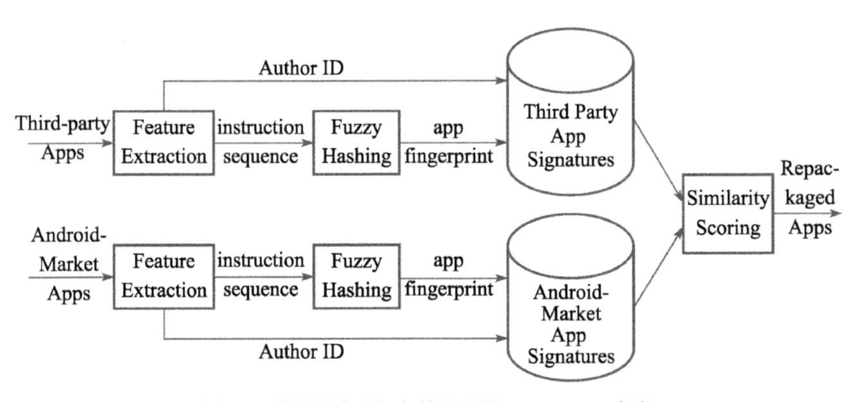

图 5-6　应用程序重打包检测系统 DroidMOSS 框架

基于人工智能的代码相似性比较是当前比较有效且热门的研究方案，但对训练要求高，训练花费时间长。在2015年的发表的文章“AnDarwin: Scalable Detection of Android Application Clones Based on Semantics”中，Crussell等人研究并实现了AnDarwin方案，其不需要遍历所有程序并进行任意两个程序的对比，通过多个聚类来有效处理大量应用程序，有效提高了可扩展性和效率。如图5-7所示，AnDarwin先将程序表示为一组在应用程序的程序依赖关系图上计算的向量，接着对所有应用程序的所有向量进行聚类找到相似的代码段，考虑完全和部分应用程序的相似性。该方法虽然提高了效率和可扩展性，但仍然无法很好地对经过混淆后的代码进行检测。为了解决这个问题，Gonzalez等人在文章“DroidKin: Lightweight Detection of Android Apps Similarity”中提出了DroidKin，能够在多种混淆级别下检测应用程序的相似性。DroidKin通过对程序元数据和字节码提取特征形成特征向量，基于特征向量对给定程序的潜在候选者进行识别和评分，最后检查相似应用之间的所有可能关系并根据所设计功能的类型进行优先级排序。DroidKin利用了表示代码的低级语义，在一定程度上缓解了源码级别的混淆。实验表明DroidKin在检测更改量较大的程序之间的相似性时具有显著效果。

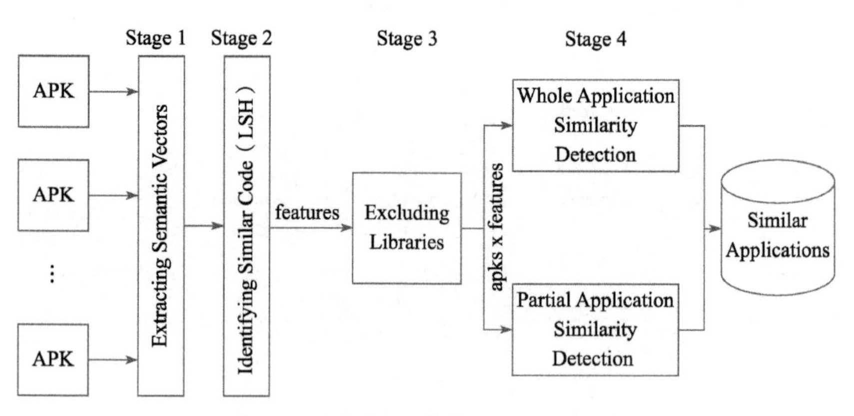

图5-7　应用程序相似性检测AnDarwin框架

5.1.4 协作开发的风险识别

开源软件项目往往需要多个开发和维护人员共同持续开发维护。这涉及开源软件项目的源码管理工具，同时也带来了新的风险渗入点。攻击者可以利用持续集成（CI）/ 持续交付（CD）管道和开发工具中的弱点注入隐蔽的安全漏洞，从而窃取开源软件的隐私信息。为了解决上述安全风险，研究人员开展了以下工作：评估代码仓库接受开发维护提交请求、识别协作开发过程中代码提交的风险和研究隐私数据泄露等。

针对代码提交请求中的代码风险，Wan 等人在文章“Automated Vulnerability Detection System Based on Commit Messages”中深入研究了基于深度学习的高效风险识别方案。他们首先对 GitHub 开源生态中一些流行的开源存储库进行了大规模的 Git 提交爬取，其次开发了一个基于 Web 的分类系统，供安全研究人员手动标记提交，基于深度神经网络对提交消息自动识别恶意修复提交（VFC）。该方法相比最先进的方法取得了更高的精度，也提高了召回率。相比 Wan 等人提出的需要大量数据标记的方案，Gonzalez 等人在文章“Anomalicious: Automated Detection of Anomalous and Potentially Malicious Commits on GitHub”中设计了一种更具有扩展性且自动化的恶意提交检测方案 Anomalicious。Gonzalez 等人提出在开源软件存储仓库 GitHub 上，利用提交的日志记录和代码存储仓库元数据对异常和潜在的恶意提交进行自动化检测。如图 5-8 所示，首先，基于上述数据挖掘是否存在这些潜在的敏感行为或者影响因素，如敏感文件的修改、异常值更改属性、提交作者的名誉等。然后，Anomalicious 应用基于规则的决策模型来自动计算和分析敏感行为或者影响因素，最终判断是否是恶意的提交。实验表明，Anomalicious 在 15 个受恶意软件感染的存储库数据集的评估中识别了 53.33% 的恶意提交。面向代码提交过程中的代码风险检测，更具针对性的是 Andrade 等人在文章“Privacy and Security Constraints for Code Contributions”中提出使用工具 Salvum 来发现并提交代码是否存在访问隐私文件的风险。Salvum

要求用户使用他们的策略语言编写约束，再基于信息流控制（IFC）的工具实现对 Java 源代码的静态分析，并判断代码对用户编写的约束的遵守情况。他们将 Salvum 应用到五个基准项目中检测违规行为来衡量其有效性，发现 80 项违规行为。但 Salvum 的可扩展性较差，需要用户有较多的专业知识。在 2021 年发表的文章“On the Feasibility of Stealthily Introducing Vulnerabilities in Open-Source Software via Hypocrite Commit”中，明尼苏达大学的研究人员发现了协作开发模式下代码提交存在新的风险。该研究发现了一种“伪装者提交”的风险，也就是研究人员提交一系列看似无害的代码补丁，但是当代码被集成到软件中后，提交的代码和已存在的代码可以共同作用导致引入了一些漏洞。该研究揭示了开源协作新模式下持续集成的新风险。针对这一问题，OSS-Fuzz㊀和 ClusterFuzzLite㊁研究了如何持续地对代码提交进行模糊测试。OSS-Fuzz 支持在开发过程中迅速地部署模糊测试工具，而 ClusterFuzzLite 支持针对代码提交更改进行快速且持续的模糊测试。

Step 0: Cloning
Clone a Local
Copy of Repository
Using URL
Step 1: Data Pipeline
Mines Logs & API
to Build Repository
History
Step 2: Factor
Evaluator Uses History
to Compute Commit
Factor Values
Step 3: Decision Model
Checks Values Against
Rules，Uses Violation
Proportion to Flag
Anomalicious Commits
Output:
Anomalicious
Commit Report

图 5-8　恶意提交检测 Anomalicious 框架

相比于考虑代码仓库中恶意代码提交的风险，研究人员也研究了代码提交请求中隐私泄露的风险，即作者在提交代码时无意泄露自己隐私的风险，并研究了相应的检测方案。Sinha 等人早在 2015 年发表的文章“Detecting and Mitigating Secret-Key Leaks in Source Code Repositories”中就关注到恶意用户窃取嵌入在公共源代码仓库（如 GitHub 和 Bit Bucket）上托管代码中的 API 密钥以免费运行自己部分项目或者窃取用户资产的风险事件。针对这一风险，

㊀ https://google.github.io/oss-fuzz/

㊁ https://google.github.io/clusterfuzzlite/overview/

Sinha 等人对开源代码仓库的用户提交中密钥泄露问题探索了 4 种检测方案。

（1）基于关键词的搜索 当前项目密钥一般会有独特的声明字段，如"——BEGIN RSA PRIVATE KEY——"通常出现在 SSH 密钥的头部。基于这一发现，可以通过收集相应密钥使用的关键词字段并进行批量搜索，用于检测密钥的泄露。该方法检测速度较快，但存在较高的误报率和漏洞率，只能搜索到关键词，无法确定密钥是否已经进行脱敏处理，且无法搜索到没有相应独特声明字段的密钥泄露。

（2）基于模式匹配的搜索 一些密钥除了有独特的声明字段外，自身的格式也十分独特。基于这一发现，作者将 Java 源文件生成抽象语法树（AST），并对字符串文字节点执行模式搜索。与基于关键词搜索方案相比，该方案能够减少 14 个与 Client ID 模式匹配的项目中的 30 个实例，以及准确识别到与密钥模式匹配的 17 个项目中的 43 个实例。虽然基于模式匹配的搜索在效率上略有下降，但大幅降低了误报率和漏报率。但该方案需要手动定义规则，且无法识别没有特定格式的密钥，仍存在大量漏报。

（3）基于启发的密钥泄露检测过滤 在上述两种方案的基础上，作者探索了一些额外的启发式规则来帮助过滤一些误报。例如考虑到客户 ID 和密钥通常成对出现，可以添加额外的检查搜索客户端 ID 和密钥是否出现在 5 行之内。虽然这种方法通常是准确的，但很可能会遗漏客户端 ID 和密钥关系不紧密的密钥泄露实例，且严重依赖客户端 ID 和密钥识别的准确度。在匹配 API 密钥模式的字符串中减少误报的另一种方法是尝试猜测它们是自动生成的还是手写的。作者注意到许多误报实际上是人类可读的字符串，如" SomeLabelTextInMyAppWhichIsAPerfectMatch"，或占位符，例如"00000000…"。为了解决这个问题，作者使用一个标准的密码强度估计器，过滤掉具有重复字符或包含字典单词的字符串，降低了误报率。

（4）基于源程序切片的检测 准确查找流入客户端 API 调用的那些字符串的重量级方法是使用程序切片，但传统的程序切片有很大的时间消耗。作者设计了一种轻量级的流敏感程序切片算法，切片标准是密钥相关函数的调用，进一步对返回的密钥进行密码强度分析。该方法实现了 100% 的准确度和 84% 的召回率。然而 Sinha 等人提出的方案只关注 AWS 的密钥泄露检测，具有较大的局限性。在 2019 年发表的文章“How Bad Can It Git? Characterizing Secret Leakage in Public GitHub Repositories”中，Meli 等人首次对开源代码仓库 GitHub 的密钥泄露进行了大规模的纵向分析，并提出两种互补的方案进行密钥泄露检测。Meli 等人的方案主要是基于模式匹配和启发式过滤的方案进行自动化检测，支持检测私钥文件、具有独特 API 密钥格式的 11 个高影响力平台的密钥泄露。Meli 等人收集了数十亿个文件，包括近 6 个月的实时公共 GitHub 提交扫描和覆盖 13% 开源存储库的公共快照。研究结果发现，不仅密钥泄漏的问题普遍存在，影响超过 100 000 个存储库，而且每天都有数千个新的、私人的密钥被泄露。

综合上述的研究分析可知，关于协作开发的风险识别的研究较少，考虑到开源生态环境中来自不同开发人员提交的代码数量多、项目提交动态更新等特点，当前仍没有较好的方案能实现大规模、自动化且可扩展的风险识别方案，也无法支持动态增量式的、轻量级的风险识别。

5.1.5 下载更新过程的风险识别

针对用户在下载和更新软件时可能存在网络劫持、钓鱼网站等风险，研究人员主要研究了更新下载渠道的风险识别。Garrett 等人在文章“Detecting Suspicious Package Updates”中提出异常检测的方案，来识别恶意更新的 Node.js 软件包。Garrett 等人提出的方案主要利用了机器学习技术，通过学习正常软件包更新的特征，训练模型分辨恶意更新的数据包。相比 Garrett 等人的方案，Teng 等人在文章“Automatic Detection Method for Software Upgrade Vulnerabilities based on Traffic Analysis”中更聚焦于网络劫持的风险识别。Teng 等人指出当前开源软件供应链中软件下载更新环节缺乏对更新信息和更新包的认证是引入风险的根本原因。因此，Teng 等人设计了一种基于流量分析的软件更新漏洞自动检测和验证方法。该方法通过提取软件更新过程中的网络流量，对升级机制进行自动画像，并将其与漏洞特征向量匹配，来预判潜在的漏洞。

在开源软件供应链中，对于软件下载更新渠道的风险识别方案研究尚不充分，因为研究人员希望从本质上提升加固软件下载更新渠道的安全性。

5.1.6 风险应对策略

1. 针对开源软件供应链单个环节的加固防御

当前面向开源软件供应链单个环节的加固防御研究，主要集中在以下 4 个方面：组件及应用软件开发环节中可信开发方案的设计、组件及应用软件开发环节中代码的安全加固、应用软件分发环节中可靠的分发方案和应用软件使用环节中安全的使用方案。

（1）可信开发 针对可信开发，主要围绕协作开发过程和开发依赖介绍了工业界及学术界的可信开发研究。

针对源代码构建，考虑到协作开发过程中可能有恶意攻击者冒充开发人员提交恶意代码，业界实践及学术研究最普遍使用的加固防护机制是代码跟踪校验。下面以最流行的开发协作平台 GitHub 和著名软件厂商微软公司为例介绍业界如何应用代码跟踪校验。其中，GitHub 支持开发人员和维护人员协作提交代码请求。GitHub 要求对每次提交代码都进行签名验证，以确保代码提交的可信性。此外，GitHub 也提供对项目软件的版本管理和控制。微软则通过提供可信发行商证书让开发人员对受信任的代码发布者的签名信息进行验证。在完成源代码构建后，研究人员需要进一步对软件进行编译、生成、测试。尽管源代码是安全的，编译、生成、测试过程中依然可能引入新的漏洞来破坏用户系统。基于这一风险，研究人员致力于研究安全策略来实现对该过程的加固。Lamb 等人在文章“Reproducible Builds: Increasing the Integrity of Software Supply Chains”中创新性地提出了一个可复制构建

（reproducible builds）的方案。可复制构建的关键思想在于，通过构建一个给定的源代码树会生成逐位相同的结果。可以通过比较从多个独立构建器输出的结果来确定构建器是否可信，进而确定二进制程序是否和其源代码一致。Ullah 等人在文章“ Security Support in Continuous Deployment Pipeline”中针对持续部署管道设计了 5 种安全策略，通过控制开发人员对代码管理器等主要组件的访问以及建立组件之间的安全连接来帮助实现高效安全的软件部署管道。Bass 等人在文章“ Securing a Deployment Pipeline”中考虑了整个开发过程的安全性，还指出在开源软件供应链环节中，有一个关键阶段是从输入、打包和构建的测试中构建应用程序，并将应用程序包放置在许多物理或虚拟机上。这些阶段中的任何一个过程都可能引入漏洞，例如，部署的系统部分可能不是所需的部分；构建、打包或部署可能已损坏。这过程中涉及各种各样的工具，其安全机制也各不相同。Bass 等人提出的方案是为了对这一复杂的阶段进行加固，通过对代码构建、编译、生成、测试和部署的每一个环节添加校验来保证程序的完整性，帮助实现安全可信的开发过程。

针对开发依赖，考虑到分发市场可能存在恶意或有缺陷的第三方组件，工业界往往采用自己建立的开源第三方组件管理库，如领英公司拥有良好的外部第三方组件管理模式[⊖]，第三方组件只有通过企业的安全审核后才能进入企业的第三方组件管理库中。企业内部的开发人员在开发过程中会从该管理库中安装依赖，在可控范围内管理组件依赖。这样可以防止引入存在漏洞或恶意逻辑的组件，同时也防止与非官方渠道通信过程中遭受攻击。

上述研究主要利用了密码学数字签名、可信证书技术，通过对开发过程中的协作人员行为的验证、开发过程中关键信息的完整性及对第三方组件的评估管理来实现可信开发。其中，对于协作人员行为及关键信息完整性验证，主要利用数字签名及证书，这种方法较为高效且已被广泛应用。然而，上述研究方案主要基于密钥来保障签名和证书的安全性，一旦签名的密钥被泄露，

⊖ Linkedin External Library Management. https://engineering.linkedin.com/blog/2017/08/external-library-management--making-continuous-delivery-reliable。

或攻击者基于源代码集成环境的缺陷而绕过验证，上述方法将不再有效。

（2）代码加固 针对组件及应用软件开发环节中的代码加固研究，研究人员主要从减少攻击风险及构建代码补丁两方面展开了研究。在减少攻击风险的研究中，研究人员主要关注的是开发过程中是否引入不必要或存在问题的第三方组件，同时也关注开发和部署的完整性。为了实现开发过程中的安全，Koishybayev 等人在文章“ Reducing the Attack Surface of Node. Js Applications”中提出了 Mininode，帮助对 Node.Js 软件进行自检，并减少软件的攻击面。Mininode 的主要思路是对软件依赖关系图进行检测，并删除没有使用的代码和第三方依赖库，减少软件攻击面。相比软件开发后的依赖检测，Nguyen 等人在文章“ Up2Dep: Android Tool Support to Fix Insecure Code Dependencies”中设计实现了一个轻量级的为安卓开发实现的扩展。该方法可以在研究人员开发过程中实时提供自动化的快速修复，识别开发项目中过时的依赖项，实现代码加固。但是这项研究无法保证替换后新的第三方组件和当前开发的代码是否有功能上的短缺和冲突，且不支持自动化提取已发布的针对代码依赖项的漏洞并通知开发者，也不支持提取代码依赖项的隐私风险信息并通知开发者。Vasilakis 等人在文章“ BreakApp: Automated, Flexible Application Compartmentalization”中提出了 BreakApp，支持开发者在开发过程中限制引入的第三方组件行为。通过 BreakApp，可以将引入的第三方组件进行模块化分离，选择性地禁止某些模块行为来减少攻击面。上述研究仅仅是针对 JavaScript 库进行加固，这是由于这些解释性语言在引入和使用第三方库功能的代码实现上更加结构化，且比较容易和个人实现的代码区分开。上述研究均指出他们的方案暂时还无法轻易扩展到编译型的开发语言，如 C 语言和 Rust 语言上。Vasilakis 等人在 2021 年的文章“ Supply-Chain Vulnerability Elimination via Active Learning and Regeneration”中尝试了对基于 C/C++ 语言开发的组件及应用软件的代码加固，设计了一个针对字符串处理的第三方组件的安全加固，通过观察组件正常运行情况下的行为来重新生成一个安全的组件版本。该加固方案可以生成安全的第三方组件并应用到开发过程中，也可以用安全生成的第三方组件替换潜在的恶意第三方组件。该方案是针对供应链视角下对 C/C++ 语言语法的组件及应用软件代码加固的一个良好实践，但目前该方案仅支持字符串处理相关的第三方组件的安全加固，其他如加密计算等相关的第三方组件的加固方案仍值得进一步探索。

此外，软件的补丁研究是开发过程中的重要加固技术。在开源软件供应链视角下，漏洞会从上游传播到下游，下游组件及应用软件的补丁很难第一时间得到响应。这给相关研究带来了新的风险和挑战。一方面，下游厂商也无法确定含有大量组件依赖和代码复用的组件及应用软件中是否修复了相应漏洞，继承的组件依赖及复用的代码中是否已经修复了相关代码。另一方面，当一个漏洞被披露时，下游厂商往往难以确定当前所依赖的组件或复用的代码是否受到影响，且受到影响的组件及复用的代码是否已经进行了修复。因此，针对上述问题，在研究软件的补丁过程中，需对开源软件供应链漏洞影响的评估、软件是否存在补丁的评估和自动打补丁进行研究。针对漏洞评估，安全开发人员和维护人员在发现新漏洞时，需要对其进行评估，以便对其进行优先级排序进行打补丁。基于 CVSS 度量标准[㊀]是漏洞评估流行的标准之一，主要基于可利用性和影响度量衡量严重性，但缺失对访问复杂性的评估。此外，也有研究基于攻击面入口点和到达能力更全面地评估漏洞可利用性风险。另一部分研究人员从补丁程序出发，通过分析补丁引入的代码更改来评估漏洞的影响。上述研究得到的任务补丁的效果和违反安全规则的影响可以建模为需要自动解决的约束问题，然后利用基于规则的比较和符号执行等方法对漏洞进行分类和评估。除了漏洞的影响力评估外，安全开发和维护人员需要进一步确认漏洞的影响版本，补丁的定位，以及下游组件及应用软件是否部署了该补丁。Zhang 等人在研究文章“ Precise and Accurate Patch Presence Test for Binaries”中提出了 Fiber。Fiber 首先仔细解析和分析开源安全补丁，然后生成细粒度的二进制签名，忠实地反映了补丁引入的最具代表性的语法

㊀ https://www.first.org/cvss。

和语义变化，用于搜索目标二进制文件。与之前的工作相比，Fiber 主要关注补丁和最小上下文的小变化，而不是整个功能或文件，提高了效率。针对补丁存在性研究，Jiang 等人在文章“PDiff: Semantic-Based Patch Presence Testing for Downstream Kernels”中提出了基于语义的补丁存在性检测框架 PDiff。如图 5-9 所示，PDiff 基于程序代码的语义总结，将补丁采用前后的目标内核与其主流版本进行比较，优先选择更接近的参考版本来确定补丁状态。与对补丁存在性测试的研究不同，该方法基于补丁的语义来检查相似性，因此对代码级变化提供了很高的容忍度。相比上述需要源代码的方法，Dai 等人在文章“BScout: Direct Whole Patch Presence Test for Java Executables”中提出了 BScout，可以直接检查 Java 可执行文件中是否存在整个补丁，无须获取源代码。BScout 使用整个补丁识别漏洞是否存在，无须特征构建，通过建立 Java 字节码对源代码的链接，就能实现对整个目标可执行文件中的细粒度补丁语义的准确检测。

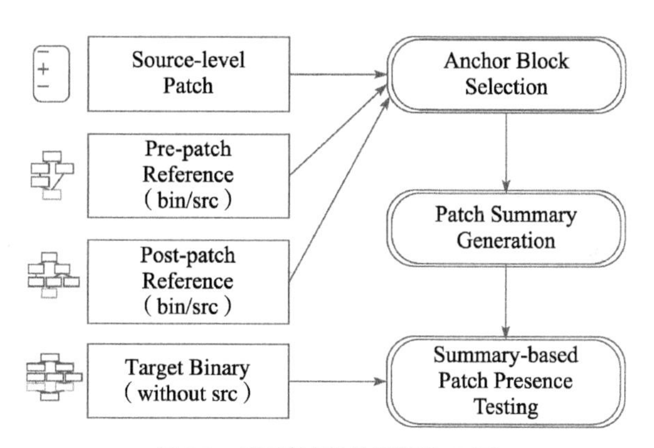

图 5-9　补丁存在性检测框架 PDiff

为了减少人工参与度并减轻对大量下游组件软件打补丁的压力，软件自身加固的研究主要集中在自动打补丁的研究上。Chen 等人在文章“Adaptive Android Kernel Live Patching”中研究并提出的 KARMA 是一个适用于 Android 内核的自适应实时修补系统。KARMA 中的补丁可以放置在内核中多个级别来过滤恶意输入，且自动适应数千种 Android 设备。Duan 等人在文章“Automating Patching of Vulnerable Open-Source Software Versions in Application Binaries”中提出并实现了OSSPATCHER，它能够直接从源代码补丁构建功能级的二进制补丁，并在发现漏洞的应用程序上执行补丁。考虑到系统可能将很多开源软件和大量的补丁捆绑在一起，而攻击者可能趁机引入一些不安全补丁，需要区分安全补丁和不安全补丁。Wang等人在文章“An Empirical Study of Secret Security Patch in Open Source Software”中开发了一个基于机器学习的工具集来帮助识别安全补丁和不安全补丁。

上述研究展示了开源软件供应链视角下安全加固的两个重要研究方向，一方面从代码层面添加加固，来减少风险，增强应用软件自身的防御能力，但是在当前开发过程中，自动化分析并处理依赖项的工具仍较匮乏，相关代码加固研究在更广泛的C/C++语言开发的组件及软件上，以及支持更复杂功能的第三方组件上仍处于初步阶段，需要更深入的探索；另一方面，针对开源软件供应链的补丁研究仍有许多亟待解决的难题，如更准确的漏洞影响范围评估、更高效的补丁存在性检测、自动化持续性的打补丁等研究。

（3）可靠分发 当前应用软件的可靠分发，主要目标是保障应用软件的完整性和可追溯性。观察分发环节的业界实践，可以发现分发市场和应用商店通常设计并实现软件审核和检测机制以对抗伪装、虚假的应用软件。例如，苹果的应用商店提供了严格的审查流程以规范应用程序的发布，需要对应用程序进行API的扫描、代码相似性的检测及人工审核测试程序是否能够正常运行且没有安全风险。在JavaScript语言生态中，最流行的包管理器NPM提供了自动的项目漏洞扫描和兼容性更新修复的功能，用于防止组件依赖中的漏洞影响到当前软件包。此外，5.1.5节的软件风险识别方案也可以帮助软件分发市场实现对软件的审核和检测。

研究人员还开展了一些关于抵御重打包攻击的研究，主要包括自签名策略和代码混淆。其中，自签名策略指的是在发布软件的过程中需要提供软件包的哈希值和开发者签名，以供用户下载软件时可以对软件进行完整性的验证。如Android Studio在终端软件的发布页面上也列出了每个应用软件版本相对应的 SHA-256 验证码。代码混淆提升了源代码和机器代码的逆向难度，从而使攻击者在篡改软件代码时更加困难。Proguard[㊀]是安卓提供的一个基础混淆工具，可以实现对源代码的混淆，包括把类名、方法名和成员变量等变为无意义的字符串，但是由于代码逻辑没有改变，攻击者仍然能够根据分析软件逻辑推测类和方法所扮演的角色。Song 等人在文章“AppIS: Protect Android Apps Against Runtime Repackaging Attacks”中设计了一个增强的对抗重打包的系统，该系统并利用 Java 原生接口的跨层调用机制为代码、核心算法和敏感数据提供多级保护，提供一个具有时间多样性的连锁保护网，以防止安卓应用程序的篡改，它会根据相应的威胁模型随机构建不同结构的防护网。上述研究展示了保障应用软件可靠分发的两个重要加固手段：一个是需加强应用软件分发时的安全审核，需基于第 5.1.3 节提出的软件风险识别技术来提高审核能力；另一个是需加强应用软件抵御重打包攻击的能力，代码混淆对抗仍是当前软件工程及网络空间安全研究的重要议题，如何结合智能技术如混淆逻辑门、深度学习等来加强代码混淆能力以及对代码混淆的评估仍是重要研究方向之一。

（4）使用安全 针对使用环节，研究人员主要研究安全运行、安全下载更新这两个方面。针对安全运行，研究人员提出了多种可信运行环境，以确保应用软件运行时免遭攻击者的威胁。Gregor 等人在文章“Trust Management as a Service: Enabling Trusted Execution in the Face of Byzantine Stakeholders”中设计了一种基于可信计算环境的应用软件，使其可以在不受信任的环境中运行。该系统结合了很多现有的安全机制，如通过 TLS 协议帮助安全传输，设计访问控制策略限制访问接口等。该系统能够对应用软件的代码和数据进行秘密管理，保证系统的执行不会受到攻击者的恶意篡改。

针对安全更新，Ozga 等人在文章“A Practical Approach for Updating an Integrity-Enforced Operating System”中提出了 TSR，是基于可信运行环境的进一步应用研究，结合 SGX 提出的安全更新方案，能够保证软件包升级

㊀ https://www.guardsquare.com/proguard。

的机密性和完整性。Karthik 等人在文章“ Uptane：Securing Software Updates for Automobiles”中提出了一个针对汽车的安全更新框架 Uptane，该框架专为智能汽车实现固件更新，使用了多个服务端来对要下载的固件进行检验。Uptane 不仅设计了控制服务器来管理固件映像的安装和验证，还设计了时间服务器通过从车辆接受令牌并返回包含令牌和当前时间的签名序列的方式来告知车辆当前时间，从而避免重放攻击。

基于上述研究可见，结合一些新兴的技术如可信计算等进行拓展应用来保障安全运行和下载更新，针对新场景下使用环节的加固防御研究是当前主要的两个研究方向。

2. 面向多环节的可靠开源软件供应链方案设计

研究人员面向开源软件供应链提出了多种面向多环节的设计方案。这些研究方案主要考虑了组件及应用软件开发环节和应用软件分发环节之间的供应关系，设计对组件及应用软件开发和分发过程进行全面管理和监控的方案，以便开发人员或终端用户可以从分发市场上下载可信安全的组件或应用程序。

针对该目标，Singi 等人在文章“ Trusted Software Supply Chain”中提出了一个可信的软件供应链治理框架。首先，该框架把软件供应过程中产生的所有数据存储在区块链中，包括依赖的第三方组件、开发人员编写的代码等，并进行统一的表示。其次，以智能合约的形式指定合规 / 监管规则和最佳实践，并分析事件数据以识别不合规问题并发出警报。然后，该框架允许在整个应用程序开发生命周期中记录、监视和分析各种活动，从而使开发过程透明、可审计、遵守法规和最佳实践，从而实现软件的可信赖性。最后该框架主要以数据提取和风险监控为切入点来实现对开源软件供应链的管理，而利用区块链开销较大，利用智能合约实现的检测功能则有限。

除此之外，有研究积极探索了开源软件供应链的框架设计。研究方案 In-toto 则关注组件及应用软件从开发到分发过程中代码的完整性，并保证开发人员可以按预期完成开发过程。In-toto 定义了项目管理者，功能开发维护者和终端用户三个角色。其中，项目管理者会设置称为布局的数据即 .po 文件，布局数据定义了软件项目在软件供应链开发环节中的每一个步骤，包括代码书写、测试和分发等涉及的人员及资源信息。如图 5-10 所示，项目管理者可以定义由三个步骤组成的供应链：标记、构建和打包。项目管理者还定义了资源将如何在供应链中流动。之后，项目管理者可以分配工作人员来执行这些步骤。负责执行该任务的软件开发维护者需要使用布局中定义的私钥数据对每个环节中的输入输出和执行过程进行签发，作为供应元数据。当产品交付到终端用户时，终端用户可以对以下几点进行校验：①供应链布局由项目管理者签发，并且尚未过期（时效性）；②检查供应元数据是否和布局一致，验证供应的每个步骤是否按预期执行；③检查供应元数据确认供应链的完整性。

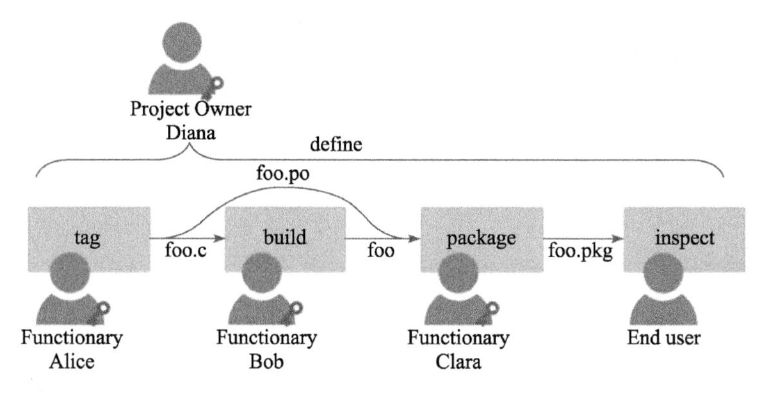

图 5-10　添加了 In-toto 元素的软件供应链的图形描述

该方案主要基于密钥来保障签名的安全性，一旦签名的密钥被泄露或攻击者利用源代码集成环境的缺陷绕过验证，该方法将不再有效。针对这一缺陷，研究人员探索了增强的可信开发过程管理方案，一大研究方向是基于多级密钥管理来降低密钥泄露的风险，另一个研究方向是基于区块链的方式来实现可信开发管理方案。

基于多级密钥管理的研究方案主要由一个根密钥管理者生成并保存一个密钥，基于该密钥向下级开发人员或维护人员派分相应的密钥，来将对代码修改维护等操作的权限委托给可信的协作开发人员。基于该思路，Samul 等人在文章“ Survivable Key Compromise in Software Update Systems”中提出了TUF，其定义了不同的用户角色和信任委托机制，对开发过程中的角色如（源码管理仓库的管理者、协作开发人员以及下游组件或应用软件的使用者）进行划分和限制，防止各环节参与方权限滥用、破坏开发的组件及应用程序的完整性。TUF定义了在密钥泄露的情况下如何实现可信开发。同时也定义了不同的用户角色和授权，在密钥泄露的情况下，基于多级密钥管理实现的信任层次结构使攻击者难以破坏整个系统。然而，TUF给社区存储库带来了巨大的可用性挑战，因为它要求开发者在交付一个组件或应用软件时就需要实时在相应的分发市场向该框架进行注册登记。为了克服这一点，Kuppsamy等人在文章“ Diplomat: Using Delegations to Protect Community Repositories”中提出了Diplomat框架，然而其容易受到回滚攻击。Kuppusam等人在后续研究“ Mercury: Bandwidth-Effective Prevention of Rollback Attacks Against Community Repositories”中提出了Mercury框架，它使用一种新技术来紧凑地传播版本信息，同时仍然可以修复回滚攻击的影响。由于处理密钥撤销的技术不同，即使软件存储库遭到破坏，用户也可以免受回滚攻击。Mercury可使用增量压缩仅仅传输先前和当前版本信息列表之间的差异，这仅需要较少的带宽，从而降低了传输开销。与上述工作类似的还有Brown等人在文章“ SPAM: A Secure Package Manager”中提出的SPAM框架，和Cappos等人在文章“ Package Management Security”中设计的Stork框架。SPAM框架主要解决密钥重用和密钥攻陷的问题，支持自动化管理开发协作人员，Stork框架主要研究如何实现基于角色的最小信任量委派，以及考虑到开发的组件及应用软件可能需要动态更新或撤销时如何在密钥分配管理中支持动态的密钥派生和撤销。

上述基于多级密钥管理的研究方案的主要贡献是降低了密钥泄露的风险，而新兴的基于区块链的研究方案则进一步加强了开发过程的透明性，同样积极探索了动态的密钥派生和撤销，以及开发过程中引入风险识别知识来加强开发代码的安全性等研究。Nikitin等人在2017年发表的文章“ CHAINIAC:

Proactive Software-Update Transparency via Collectively Signed Skipchains and Verified Builds”中提出了 SkipChain，这是一种类似于区块链的分布式数据结构。SkipChain 需要协作开发人员均可信，使用了集体签名协议来签署开发的组件或应用软件。SkipChain 将开发过程中的所有相关信息都存储到区块链中，保证了开发流程的透明性，但该系统没有考虑软件供应链中开发过程的动态性，没有解决烦琐的证书撤销问题。为了解决动态的证书撤销和派生问题，Stengele 等人在文章“ Access Control for Binary Integrity Protection Using Ethereum”中提出了一个用于发布和撤销二进制文件完整性保护信息的方案。该方案基于以太坊区块链，设计了智能合约用于强制执行对完整性保护信息的发布和撤销的访问控制。以太坊区块链用作已发布和已撤销二进制文件的防篡改、可公开验证的日志，提供开发过程的透明性。在 Stengele 等人的基础上，Guarniz 等人在文章“ SmartWitness: A Proactive Software Transparency System Using Smart Contracts”中提出了 SmartWitness。该方案除了能够提供开发组件及应用软件的透明性、高效且细粒度的密钥撤销外，还动态将一些安全检测方法构建为智能合约，实现对开发代码安全性的评估，并作为元数据添加保存。

基于上述研究可知，当前针对开源软件供应链多环节的管理方案主要分为两个方向：一是从设计阶段对开源软件供应链结构进行加强和改进，来实现组件及应用软件的可信开发及可信分发目标；二是结合智能技术，针对开源软件供应链的知识管理、风险监控等进行进一步探索。

5.2 基于知识化模型的风险防控体系

已有学者从风险类型的角度，研究建立风险防控体系。例如，Stacy Simpson 等人提出的“ Software Integrity Controls: An Assurance-Based Approach to Minimizing Risks in the Software Supply Chain”，他们以保障软件的安全性、完整性和真实性为目的建立了软件供应链风险模型，并分析了该领域在保障完整性和真实性方面所面临的挑战。该研究重点以监管链、最小权限访问、职责分离、防篡改和证据、持久保护、合规管理以及代码测试和验证 7 个评估维度建立风险模型，并从供应商筛选、软件开发和软件分发 3 个阶段提出保障软件完整性和真实性的控制策略。然而，该方法对于开源软件供应商筛选的策略较为简单，管理策略无法很好地应对开源合规风险和维护风险。

Shoemaker Dan 等学者同样认为软件供应链风险管理的重点应该是制造过程，而非产品本身，因为软件产品不仅复杂度高而且还是虚拟的。据此，他们在研究文章“ Model-Based Engineering for Supply Chain Risk Management”中提出了一套基于模型的风险管理方法。该方法通过建立模型来理解系统的架构和流程，并基于形式化验证提供安全性和正确性的保障，最后通过控制方法精确执行管理措施。然而该研究只是描述了模型方法可以适用于供应链风险管理，并认为该方法有机会改善因完整性和真实性引入的威胁，缺少对方法的理论和实践性验证。此外，该方法同样无法应对合规和维护性风险。

软件生产方式的改变，是开源软件供应链的特点之一。开源软件供应商的形式多样，包括个人、社区、公司、大学等。生产和维护行为多数为开源供应商自发组织，这导致传统软件供应链风险管理方法无法应对由于组织松散、缺乏合同约束等因素引入的维护性风险。社交属性是通常用于描述开源软件供应商技术习惯的重要特征，可以定量地反映出供应商对供应链引入的维护性风险。比如，Colin C. Venters 等学者就在研究文章“ The Blind Men and the Elephant: Towards an Empirical Evaluation Framework for Software Sustainability”中指出，社交关系丰富的开源软件供应商相对会比社交关系单一的开源软件供应商在供应链维护方面可信度和可靠性更高。

为了验证社交特征对软件产品缺陷率的影响，Bird Christian 等学者在文章“ Putting it All Together: Using Socio-technical Networks to Predict Failures ”中提出一种新颖的社交与技术网络结构模型。该模型主要基于软件之间的依赖关系和开发者－软件之间的贡献关系构建，量化开源软件供应商的社交属性与软件产品缺陷之间的关联关系。通过该项研究工作的结果显示，使用社交与技术网络关联模型可以一定程度上识别维护性风险，然而该工作并未形成系统性的供应链风险管理方法。

Bilal Al Sabbagh 等学者在研究文章“A Socio-technical Framework for Threat Modeling a Software Supply Chain”中同样考虑了社交因素，提出一种社交与技术框架下的供应链风险管理方法，用以对供应链系统整体风险进行管控。该方法首先将系统建模为动态和静态两个子系统，其中动态子系统又分为社交和技术两个子模块，模块之间动态影响，用于描述系统当前的状态，不同状态将决定风险管理的等级；静态子系统定义了一个分层的风险识别模型，当相关层次的行为不符合风险管理预期，或者上下游同层次的管理策略不一致时，都会被认为存在风险。该方法本质上是一个灵活的风险管理框架，理论上在框架范围内通过设计系统状态和相应的风险管理策略，能够处理多种类型的风险，但是缺少实际验证。同时，由于该方法依赖人工较多，在管理较为复杂的软件供应链时，可能存在性能瓶颈。

综上所述，通过前期对供应链体系风险管理方面的工作调研，现有的相关研究工作集中于解决软件供应链的安全性风险和维护性风险。尽管这类工作通过风险模型、关联依赖关系、构建和软件供应商的社交属性来量化识别和应对供应链风险，但是仍然无法充分满足开源软件供应链风险管理的需求，相关研究工作在开源软件供应商评估和开源合规性检测方面仍存在技术缺陷和研究挑战。

5.2.1 风险模型

综合考虑上述研究，构建基于知识化模型的风险防控体系可以起到改善作用。基于知识化开源软件供应链模型的风险模型如图 5-11 所示，共分为安全性风险、合规性风险和维护性风险 3 个子模型。

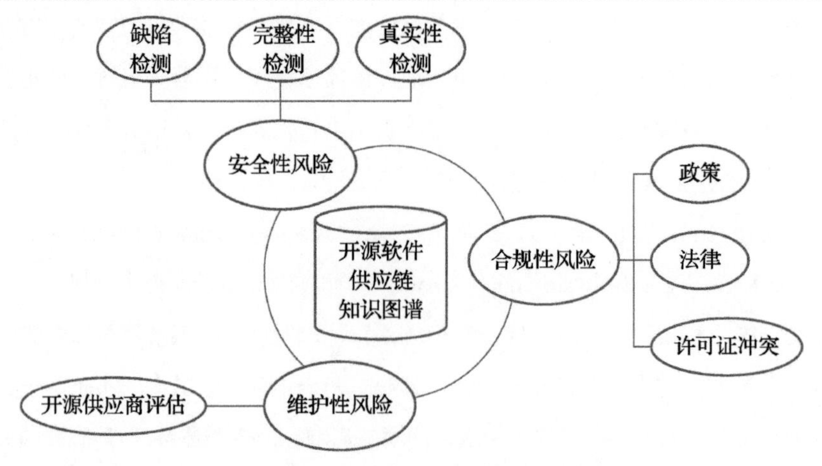

图 5-11　基于知识化开源软件供应链的风险模型

5.2.2 面向安全性风险的管控方法

为了应对复杂多样的供应链攻击方式和可能存在的缺陷问题，开源软件供应链安全性风险的检测维度细分为以下 3 个方面：

- 缺陷检测，主要检测软件自身或通过上游软件引入的缺陷。
- 完整性检测，主要检测软件在生成过程中是否存在恶意行为，例如，在开发工具或上游制品中植入恶意程序。
- 真实性检测，主要检测获取的软件生产过程信息是否存在恶意伪造等行为，例如，盗取贡献者或维护者的合法身份，植入恶意程序并通过记录篡改后的过程信息来消除攻击痕迹。

假设软件产品 P 的直接依赖组成集合为 U，则安全性风险模型可以定义为 3 元组 $T_s(P)=(S,I,A)$，其中：

$$S=\{d\mid d\in D_s, f_s(P)\to D_s\}\cup S_U \tag{5-1}$$

$$I=\{d\mid d\in D_i, f_i(U)\to D_i\}\cup I_U \tag{5-2}$$

$$A=\{d\mid d\in D_a, f_a(U)\to D_a\}\cup A_U \tag{5-3}$$

式（5-1）定义了缺陷检测模型，其中 D_s 表示缺陷的集合；f_s 表示缺陷检测方法；S_U 表示直接依赖包含的缺陷集合，则 S 理解为软件产品 P 自身的缺陷集合与依赖引入的缺陷集合的并集。基于开源软件供应链知识图谱实现缺陷检测方法 f_s，如算法 5-1 所示，首先，通过查询从知识图谱中获取软件产品 P 的缺陷信息；其次，递归查询直接依赖的缺陷信息，直到某一软件产品不再依赖其他任何软件产品，即结束递归遍历。

算法 5-1　缺陷检测方法

输入：开源软件供应链知识图谱 KG，待检测软件产品 P

输出：缺陷集合 S

```
FUNCTION Detect(KG, P):
  S ← Query(KG, P)
  U ← Get_direct_upstream(P)
  FOR i ← 0 TO |U| DO
    S_u ← Detect(KG,U_i)
    S ← S ∪ S_u
  END FOR
  RETURN S
```

式（5-2）定义了完整性检测模型，其中 f_i 表示检测直接依赖完整性的方法，D_i 表示完整性缺陷集合，和缺陷检测类似，完整性检测也需要关注直接上游自身依赖的完整性，即 I_U。f_i 的具体实现主要包含以下 3 个方面。

- 检测直接依赖软件制品的生产过程是否完整，基于开源软件供应链自动机和开源软件供应链知识图谱实现，具体地：1）从知识图谱中获取与软件制品生产相关的事件，如变更申请、变更接受等；2）以自动机可接受状态为检测标准，检测事件序列是否符合；3）若事件序列不被接受，则说明生产流程完整性存在风险。
- 检测过程信息是否完整，过程信息指生产过程记录的，用于对生产过程进行验证的信息，这类信息包括操作执行人及身份信息、使用工具、操作环境、操作执行结果、执行后软件制品的指纹信息，并包含执行人对以上信息签名。这类信息可以保存在开源软件供应链知识图谱相应的事件中，检测查询时，若以上信息不全，则无法进行制品完整性检测，视为存在因完整性引起的安全性风险。

- 基于过程信息检测软件制品是否完整，主要包括3个方面：①验证当前获得的软件制品信息是否完整；②验证签名是否有效；③验证软件制品的信息摘要是否一致。以上任何一条不满足，说明软件制品在传输过程中受到恶意攻击，视为存在完整性风险。

式（5-3）定义了真实性检测模型，其中 f_a 为真实性检测方法，检测直接依赖软件制品生产过程中，相关操作的真实性；D_a 为真实性缺陷的集合；A_U 表示递归的检测依赖的依赖是否存在真实性缺陷。真实性检测方法 f_a 基于过程信息实现：①按需从知识图谱获取依赖上游制品相关的事件，并从中获取过程信息；②基于过程信息中的操作工具和操作环境等信息，在本地相同环境下执行相同操作；③将执行结果与操作人记录的结果进行比对，若结果不一致，则认为该操作不可重现。以检测构建操作的真实性为例，需要首先从知识图谱中查询到对应的构建事件，获取构建工具、构建执行系统、配置参数等环境信息，之后在本地配置相同的执行环境，并再次运行构建操作，最后比对构建后生成软件制品的摘要信息，验证其与知识图谱中保存的信息是否一致（和知识图谱中信息比较，是建立在完整性检测无误的前提下）。导致不可重现的原因，可能是操作人员在操作环境上记录有误，或是操作人员恶意造假，也可能是有恶意人员冒充操作人员修改信息等，这些原因都会造成潜在的安全性风险。

5.2.3 面向合规性风险的管控方法

传统软件供应链和开源软件供应链均需要应对合规性风险，但是侧重会略有不同。引发合规性风险最核心的两个因素是政策和法律，它们通常会限制软件传播和使用的方式。从软件供应商的角度出发，他们会依据当地的政策和法律要求，通过声明使用许可的方式保护自身和使用者双方的权益。

在商业软件和开源软件中，这种许可通常分别以商业许可证和开源许可证的形式体现。在传统软件供应链中，更多是依赖商业软件，因此更注重下游软件开发商在使用上游的组件时是否具备合法版权，且需要能够验证版权的合法性，否则就会有潜在的合规性风险。相应地，在开源软件供应链中，上游软件更多由开源软件供应商提供，主要面临的合规性风险是开源许可证兼容性冲突。这种冲突不仅发生在上下游之间，也会发生在同级供应商之间。前者通常是因为下游厂商自己声明的许可证条款与上游依赖声明的条款存在冲突；而后者是因为下游厂商引入的依赖之间存在冲突。冲突的类型大致可以分为两种：一种是开源许可证之间的冲突，例如，下游选择了 Apache 2.0 许可证，与上游组件的 GPLv2[㊀]许可证不兼容；另一种是开源许可证和商业许可证之间的冲突，例如，下游的商业软件产品中包含组件使用 GPLv2 类似的开源许可，但是最终产品的使用许可中并未遵守 GPLv2 许可的要求。

本节介绍的方法主要从政策、法律和许可证冲突 3 个方面检测开源软件供应链的合规风险。具体地，合规性风险识别方案的研究难点有以下 3 点：①对政策、法律和许可证的理解，需要法律等相关领域的知识；②复杂软件产品的开源软件供应链规模较大，难以通过人工完成；③风险识别所需信息丰富，除了软件制品和相关软件供应商的信息外，政策和法律还受到地理位置等信息的影响。综合考量上述难点，本节利用开源软件供应链知识图谱将上述问题拆解。

首先，需要准备相关的合规信息。具体地，针对丰富的原始信息，可以将已知的相关法律和政策，通过其生效的地理位置与知识图谱中的地理位置实体建立联系。在此基础上，可按以下步骤对目标软件产品进行合规性检测。

1）从知识图谱中查询依赖的软件制品，以及制品的许可证信息。

2）通过制品的维护组织或个人，获取其所有者所在地区的政策及法律信息。

3）递归地对依赖软件制品执行第 1）步和第 2）步，直至遍历完所有相

㊀ GPLv2：第 2 版 GNU 通用公共许可协议（GNU General Public License vertion2）。

关的软件制品，获取一款软件产品完整的合规相关信息。

以此信息集合为基础，本文开展合规性风险检测，主要包括以下 3 个方面。

1）基于已有的知识信息自动识别许可证冲突，具体流程如图 5-12 所示。首先如图 5-12（a）所示，以开源许可证为节点，以许可证之间的兼容关系为有向边，形成兼容关系，图 5-12（b）给出了检测目标的软件制品间上下游依赖拓扑，结合图 5-12（a）可以得到软件产品内部的开源许可证关系，如图 5-12（c）所示。其中实线表示兼容关系，线段虚线表示引入关系，点虚线表示同级供应关系（为了图的简洁性，引入关系和同级供应关系仅画出有冲突的关系），对所生成的关联性，引入关系可以检测纵向冲突，而同级供应关系可以检测横向冲突，若这两种关系的引入，使得原本无兼容通路的许可证实体连通，则认为软件产品中存在潜在的许可证冲突风险，具体检测过程如算法 5-2 所示。

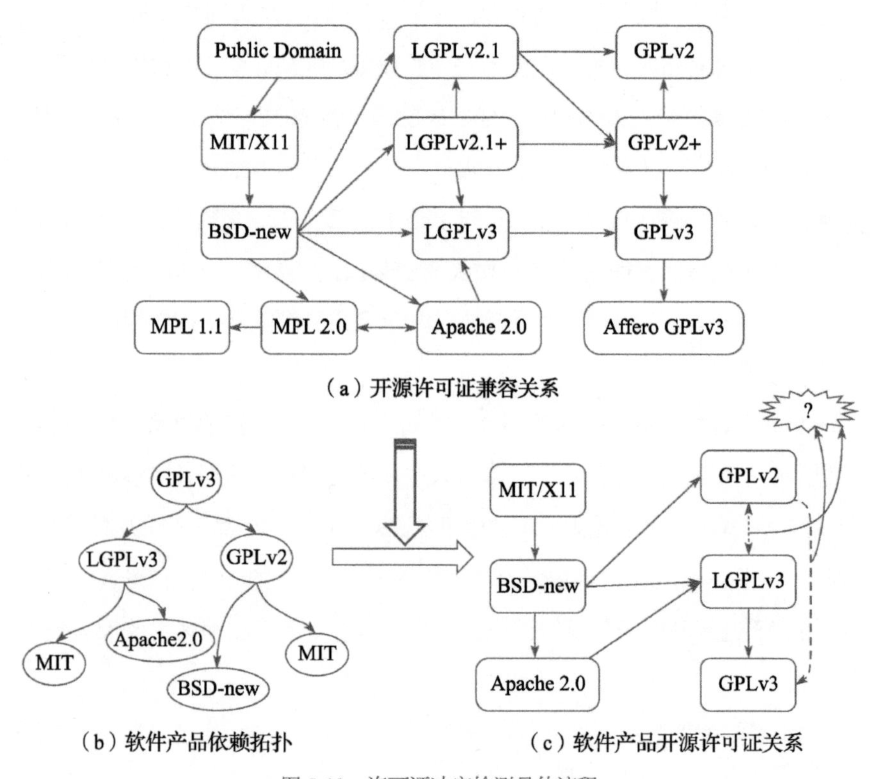

（a）开源许可证兼容关系

（b）软件产品依赖拓扑

（c）软件产品开源许可证关系

图 5-12　许可证冲突检测具体流程

算法 5-2 许可证冲突检测过程

输入：开源软件供应链知识图谱 KG，待检测软件产品 p

输出：许可证冲突集合 S

$G_a \leftarrow Extract\_compliance\_graph(KG)$

$G_b \leftarrow Get\_dependency\_graph(KG, p)$

$G_c \leftarrow Constrcut\_lience\_graph(G_a, G_b)$

FOREACH $edge\, e \in E_c$ **DO**

  IF $has\_path(G_a, e_{from}, e_{to})$ **IS FALSE THEN**

    APPEND e **TO** S

    END IF

  END FOREACH

RETURN S

2）将获取的法律和政策作为规则，检测是否软件产品的使用和分发行为是否违反规则，例如，根据分发对象的限制，判断终端用户的地理位置是否违反软件产品供应链中某一组件的规定。

3）由专业的法律人员开展复审，避免已有知识对法律理解存在偏差，并将新形成的知识更新到知识图谱中，不断提升管控体系的自动化程度。

5.2.4 面向维护性风险的管控方法

开源软件供应商和商业软件供应商的主要区别在于，开源供应商的开发行为是自发组织的，非项目导向的，因此缺乏约束。同时，开源供应商人员组成、规模相对多样，导致各个团体具备的开发能力、维护能力也参差不齐，诸如此类因素都对下游软件产品的安全和供应链正常运行带来一定程度的潜在风险。因此，针对开源软件供应商进行多维度评估对于识别开源软件供应链维护性风险至关重要。虽然 CHAOSS 等项目已经在评估指标方面作出贡献，但是当前指标存在一定程度的冗余，本节介绍的方法从供应链视角对指标进行了整合，并描述基于开源软件供应链知识图谱的指标计算方法。

主要可从 3 个方面对开源供应商进行评估：活跃度、贡献分布和供应链维护，见表 5-5。

表 5-5　开源供应商评估指标

指标		说明	意义
活跃度	代码变更	统计指定时间窗口内的代码行数变更，包括新增和删除的代码行数	有助于衡量一段时间内的代码生产活跃度
	新增变更申请数量	统计指定时间窗口内变更申请的数量	有助于衡量一段时间内的贡献活跃度
	变更申请平均开放时长	统计指定时间窗口内变更申请等待接收或拒绝的平均时长	有助于衡量一段时间内供应商处理变更申请的活跃度
	新增议题数量	统计指定时间窗口内议题的数量	有助于衡量一段时间内用户的反馈活跃度
	议题平均开放时长	统计指定时间窗口内议题被处理的平均时长	有助于衡量一段时间内供应商处理议题的活跃度
	第一次回复响应间隔	统计指定时间窗口内变更申请或需求从创建到第一次收到回复的平均时长	有助于衡量一段时间内供应商的反馈活跃度
	发布频率	统计指定时间窗口内两次发布间的平均间隔时长	有助于衡量一段时间内的生产活跃度
	自动化程度	统计机器人程序在变更申请处理、需求处理和发布中的参与程度	自动化程度可以帮助提升工作效率，提升活跃度
贡献分布	地理位置分布	统计参与开源软件贡献的贡献者、组织的地理位置分布	有助于衡量贡献参与人员和组织的地域分布
	Bus 因子	统计完成 50% 贡献的最小贡献者数量	有助于衡量生产过程中实际的贡献者贡献分布
	Elephant 因子	统计完成指定占比贡献所需最少的组织数量	有助于衡量生产过程中组织参与的贡献分布
	编程语言分布	统计生产使用的编程语言占比	有助于衡量技术组成，预防相关技术生态的风险
供应链维护	上游规模	统计各级供应商的数量总和以及供应链层级	有助于衡量供应链维护成本
	上游更新程度	统计当前使用的上游制品版本和其最新稳定版本之间相差版本数的平均值	有助于衡量供应链维护状态
	上游活跃度	统计指定时间窗口内整体上游活跃度的聚合值	有助于衡量供应链维护状态
	上游贡献分布	统计指定时间窗口内整体上游贡献分布的聚合值	有助于衡量供应链维护状态
	下游规模	统计被下游依赖的总数	有助于衡量下游对维护工作的认可程度

1. 活跃度

活跃度对评估开源供应商的作用是直观的，活跃度越高的开源供应商会更积极地修复反馈的问题，改进自己的产品，也会相应地降低维护性风险产生的可能性。活跃度细分的评估指标大致分为面向代码变更、面向需求反馈等几个方面。

- **代码变更**是软件产品主要的生产活动，因此代码变更的活跃程度能够直接反映开源供应商的生产积极性。可以从变更情况、新增变更申请和变更申请平均处理时长衡量代码变更的活跃度，分别对应了产出数量、产出积极性和产出审核积极性。
- **面向需求反馈**通常以议题的形式呈现，是开源软件改进的重要依据，也是软件功能演进循环的初始点，它的活跃度能够一定程度体现开源供应商对问题响应的积极性，可以从新增数量和处理时长进行评估，前者体现了用户反馈的活跃度，后者体现了供应商响应的活跃度。
- **第一次回复响应间隔和发布频率**是对代码变更和需求反馈活跃度评估的补充。
- **自动化程度**可以和其他指标相互映衬，它一定程度可以作为供应商保持活跃度的基础。

活跃度指标的计算基于开源软件供应链知识图谱实现。其中，代码变更和需求反馈分别对应图谱中变更申请和议题类型的实体，通过查询相关的实体信息和事件信息，即可实现相关指标计算。发布频率，可以根据时间窗口从知识图谱中查询窗口内的发布事件，并通过事件的 sem:hasEndTimeStemp 属性获取发布完成时间，进而可以计算时间窗口内发布的平均间隔。自动化程度需要首先识别机器人类型的贡献者实体，之后统计这些实体参与的事件占项目事件总数的比例，即可得出自动化程度的评估结果。

2. 贡献分布

贡献分布可以在不同维度反映开源供应商的内部组成，包括参与协作的贡献者和组织的地理位置分布、核心贡献者的分布、核心组织的分布以及编程语言的分布。传统软件供应商对下游用户而言是一个整体，在供应商内部完全按照项目安排进行协作。而开源软件供应商内部的协作是自发形成的，主导权通常与声誉、贡献度等因素相关，因此通过贡献分布相关指标评估，可以识别潜在的维护性风险。具体如下。

- **地理位置分布**能反映出开源供应商的国际化程度。供应商内部的地理位置分布越广，且贡献程度越平均，则整个项目越不容易受到某些地理区域事件的影响。
- **Bus 因子**是由 Bowler Michael 于 2005 年提出的，其通过计算开源供应商内部完成 50% 贡献最小的贡献者数量，可以反映出核心贡献者的分布情况。一般情况下，该因子越大，说明供应商内部对某一位或某几位贡献者的依赖就越小，潜在的维护性风险也越小。在计算该指标时，将变更申请、需求反馈以及相应的评审视为贡献的具体形式，并为提交变更申请并被接受、提交需求和审核评论分别赋权 2、1 和 0.5，则某位贡献者的贡献值为其执行以上操作的次数乘以权重后相加的和。在开源软件供应链知识图谱中查询贡献者参与具体事件的数量，即可得到这些行为的次数。
- **Elephant 因子**类似于 Bus 因子，可以衡量供应商内部核心组织的分布情况，和 Bus 因子不同的是，Elephant 因子支持按需选择要评估的比例，如定为 50%，则 Elephant 因子可以衡量完成 50% 贡献最小的组织数量。Elephant 因子由 Colin C. Venters 等多位学者在 2014 年提出。通常情况下，因子越小，意味着开源供应商内部较为依赖个别组织，存在较高的维护性风险。计算 Elephant 因子时，同样采用和 Bus 因子类似的贡献计算方法，在 Bus 因子获取信息的基础上，需要从知识图谱中获取贡献者和组织的关系，然后按照组织对贡献者的贡献值进行聚合。在进行组织贡献值聚合时，可能会存在贡献者同时属于多个组织的情况，可以先得到两个组织下贡献者集合的并集，再通过聚合贡献值得到两个组织贡献值的和，从而避免重复计算。
- **编程语言分布**主要统计供应商内部使用编程语言的占比，有助于和对应的技术生态建立联系，识别生态内潜在的风险。编程语言占比按某种语言对应文件的字节数占整个软件项目总字节数的比例计算，该信息作为 osssc:Repository 的数据属性进行保存，因此编程语言分布指标可以直接从开源软件供应链知识图谱查询获取。

活跃度和贡献分布是基于开源供应商内部的信息进行评估，通过组合不同指标的信息，能够识别软件潜在的风险。以 colors.js 为例，将时间范围限定在该开源项目在发生风险事件前的半年，计算它的活跃度和贡献分布。根据计算结果，该项目的活跃度指标统计结果较差，具体表现在代码变更率不足 1%、变更申请和议题的平均开放时间都超过 30 天等。而在贡献分布方面，该项目在这段时间内的 Bus 因子和 Elephant 因子都为 1，过于集中和依赖个别开发者或组织。

3. 供应链维护

在供应链环境中，风险可能由自身的因素导致，也可能通过上游传播引入。因此，供应链维护相关指标主要通过综合上游供应商的信息来识别潜在的维护性风险。

- **上游规模**主要从数量总和与层级深度两个方面描述上游供应商的统计信息。数量总和能够直观反映维护成本，而层级越深则意味着供应链可见性越差，潜在维护性风险也越高。想要获取某一款软件所有的上游供应商，可以以该软件为起点，沿着依赖关系进行宽度优先遍历，遍历的结果即为该软件的上游拓扑子图。该拓扑子图中节点的数量即为上游供应商的总和，而该子图的最大深度即为供应层级。
- **上游更新程度**统计了所依赖上游制品的更新程度，即当前引入版本较其最新稳定版本相差版本数的平均值。通常情况下，及时更新到最新稳定版本可以最大限度地避免引入风险。因此，该指标计算结果越大，说明潜在风险的可能性越高。该指标的计算基于计算上游规模得到的拓扑子图，利用子图内制品和源码仓库之间的关系，可以找到源码仓库对应所有版本的制品，并可推理出各版本制品间的演化顺序。基于演化关系链，即可获取当前引入版本和最新稳定版本间的版本差，将所有上游的版本差进行累加，最后除以上游规模的数量总和即可得到上游更新程度。

- **上游活跃度**和**上游贡献分布**都是聚合指标，即这两个指标的结果是所有上游供应商活跃度和贡献分布的聚合类统计特征。例如，可以统计所有上游的变更申请等待时长的平均值、3/4 位数和极差，并使用平均值和 3/4 位数之间的差值与极差进行比较。当它们之间的差距超过了一定阈值时，则说明等待时长排在前 1/4 的开源供应商，可能存在变更申请处理不及时等活跃度不足的情况，是引入维护性风险的潜在因素。
- **下游规模**统计当前软件被下游引入的总和。理论上，供应商评估结果越好的软件越容易被采用。因此，该指标数值越高在一定程度上说明当前开源供应商的维护性风险越低。在计算该指标时，可以在知识图谱中检索并累加依赖关系的上游是当前软件的下游软件的数量。

5.2.5 风险应对策略

由于开源软件供应商和传统软件供应商的区别，导致传统的风险处理方法不再适用。开源软件供应链风险难以处理主要体现在以下几方面。

- 传统软件供应商因为商业合同约束，需要在限定期限内响应识别的风险，而开源软件供应商以创新为导向，开发和维护都是自发而非项目导向，这意味着被识别的开源软件供应链风险不能及时得到响应。
- 对于复杂的软件产品，开源软件供应链的规模通常很庞大，其中可能包含成千上万的开源软件制品，导致维护成本巨大，很难由一家商业公司全部承接和维护。
- 软件供应链当中的生产活动主要还是依赖人工，因此很难像一般产品生产那样，可以利用工具实现规模化、自动化生产，这也使得在处理开源软件供应链风险时，非常需要具备相关知识背景专业人员，而另一方面，由于信息透明度、传播度等问题，造成部分有意愿参与并处理开源软件风险的贡献者因为找不到合适的问题而难以加入供应链工作。

因此在处理开源软件供应链风险时，合理优化人力资源分配是关键。受启发于开源软件分布式协作的开发方式，可以以一种协作的方式开展风险处理工作，动员开源社区的力量共同维护开源软件供应链。

基于知识化模型的协作式风险处理如图 5-13 所示，共分为以下 3 个步骤：①基于开源软件供应链知识图谱中已有的知识，推荐风险处理方法，如安全漏洞在披露时通常会包含漏洞修复建议；②针对暂无明确处理对策的风险，以开源软件供应链知识图谱为基础，分别为风险和贡献者分配符合特征的标签，并依据标签的匹配度排序，寻找合适贡献者处理风险；③保存风险处理经验，迭代更新开源软件供应链知识图谱中的知识。

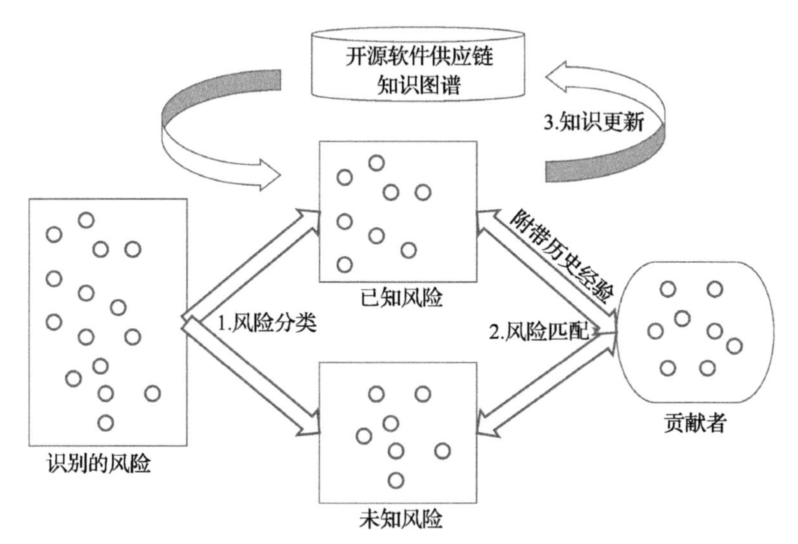

图 5-13　基于知识化模型的协作式风险处理

具体地，在第②步匹配贡献者时，首先从制品仓库和源码仓库获取标签样本，并按照第 4 章所述的方法进行规范化处理。当利用风险模型识别潜在风险时，为风险在知识图谱中创建对应的 osssc:Issue 实体，该实体的标签一部分由创建者指定，另一部分可以从相关的 osssc:Repository 实体标签继承。

贡献者实体的标签可以分为技能标签和领域标签，前者可以根据贡献者以往贡献时使用过的技术进行分配，后者则通过聚合他们参与贡献过的项目的领域标签得到。在此基础上，通过计算匹配标签的占比，即可得到贡献者和风险的匹配度排序，并以此为依据向贡献者推荐合适的待处理风险。

5.3 本章小结

本章主要从风险模型、风险识别与管控、风险应对 3 个方面介绍了 2 种开源软件供应链风险评估体系的建设思路，分别是面向供应链主要环节的风险防控体系和基于知识化模型的风险防控体系。需要说明的是，虽然两种方法分别与面向主要环节模型以及知识化模型适配度更高，但是方法框架本身都是通用的，并不与供应链模型绑定。

第 6 章　开源软件供应链的关键节点识别与维护

开源软件供应链是一个庞大而复杂的系统，受限于当前软件开发和维护的自动化程度，管理和维护开源软件供应链面临着巨大的开销。因此，有必要明确供应链中各个节点维护的优先级，来提升管理和维护的效能。本章首先明确开源软件供应链关键节点的概念，然后对 3 种已知的关键节点识别方法进行介绍。

6.1　开源软件供应链的关键节点

由 1.2.2 节的内容可知，相较于传统的软件供应链，开源软件供应链存在规模大、风险管理成本高等特征，使得准确定位供应链中的关键节点，成为优化风险管理效率亟待解决的难题。传统意义上的关键软件，通常指直接访问系统关键资源的软件。针对开源软件供应链的特征，新一代供应链攻击方式不再是直接攻击传统意义上的关键软件，而更多是瞄准其直接或间接依赖的上游开源软件。因此，在开源软件供应链的视角下，应该将一款软件对其他软件的影响力纳为其关键程度的考量指标之一，即该指标倾向于供应链节点越关键，对其所在供应链系统所面临风险状况的影响也会越大，这种影响既可能是正向的，也可能是负向的。准确定位这些关键软件，有助于决策者优化开源软件供应链风险的管理效率，同时也能帮助工程师们把有限的精力集中在解决更重要的问题上，降低整体系统的维护成本。

在 3.2.3 节中，对目前已知的、较有影响力的开源软件供应链关键节点相关成果进行了总结。既包括有国际知名开源社区维护的 CHAOSS、CII、Criticality score 项目，也包括国内较有代表性的 Gitee 指数。这些项目目前已经得到一定范围的应用，并取得了显著的成果。其中，Criticality score 项目在通用性、应用性、可获得性等方面都是较为优异的，但在评估开源软件供应链关键节点时，仍然存在不足。具体地，该项目在评估开源软件的关键程度时，会考虑“dependents_count”“contributor_count”等在内的共 10 个指标。然而，仅有“dependents_count”1 个指标可以用来评估供应链中软件之间的影响力，导致评估结果的准确性不足。如图 6-1 所示，每个圆圈表示一款开源软件，有向边表示从上游到下游的供应关系。

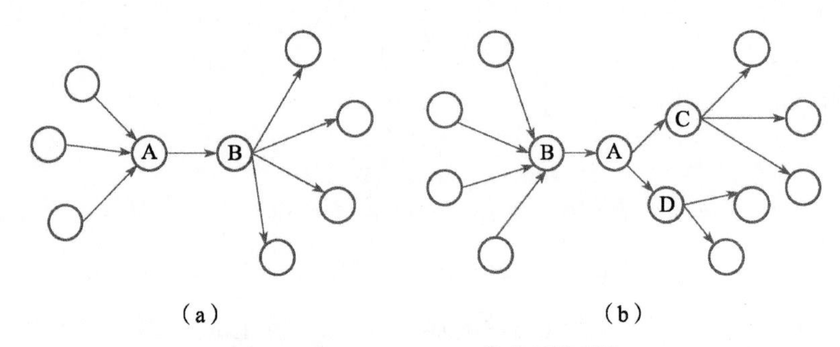

图 6-1 “dependents_count”指标的不足

在图 6-1（a）展示的场景中，根据“dependents_count”指标的定义，能够准确反映软件 B 的关键程度。这种场景下，软件 B 可能是一款复用度较高的软件产品，影响范围较广，因此关键程度较高。但同样是在这个场景中，“dependents_count”很难准确地反映出节点 A 的关键程度。和软件 B 被较多下游软件依赖的特征不同，软件 A 则是依赖了很多上游软件。这一场景下，软件 A 很有可能是一款基础软件供应商提供的产品，这类软件通常会帮助下游软件开发者屏蔽上游的复杂性，对多款软件的功能进行整合和二次分发，并在供应链中扮演重要角色。除此之外，在图 6-1（b）展示的场景中，软件 A 的关键程度同样难以被 Criticality score 项目准确评估，“dependents_count”指标会更倾向软件 C 的关键得分高于 A。但是从供应关系来看，软件 A 起到了桥接供应链上下游的作用。如果该节点失效，将会导致更多的下游节点面临断供风险。

除了指标设计方面的不足，在已有的关键节点相关成果中，缺少有效的量化验证方法，这使得关键软件识别结果无法比较。具体来说，不管是采用 Gitee 指数提出的方法，还是 Criticality score 项目提出的方法，亦或是在这些计算框架下，从 CHAOSS 中筛选和组合新的指标，或设计新的指标，都可以针对目标开源软件最终计算得到其关键程度的量化评分。但是，无法评估究竟哪种指标或哪些指标集合，以及哪种指标集合的聚合方法可以提供更准确的结果。显然，这个问题将严重限制开源软件供应链关键节点识别方向的发展，并迫切需要解决。

6.2 关键节点识别方法

关键节点识别方法通常包括两个部分：**评估指标**和**计算方法**。前者主要用于描述被评估软件的关键特征，后者则是通过数学方法将多个关键特征的观察值转化为最终的量化评分，从而实现对软件关键程度的量化评估。

6.2.1 Criticality score

Criticality score 是 OpenSSF 社区维护的开源项目，其主要目标包括：①为开源软件计算生成一个关键程度评分；②为开源社区生成一个其所依赖的关键软件列表；③作为筛选并改进开源软件安全态势的依据。

1. 评估指标

Criticality score 项目的指标说明见表 6-1。

表 6-1 Criticality score 项目的指标说明

指标名称	描述	采用原因
Created_since	软件创建到现在的时长（月）	创建时间更长的软件更有可能被广泛使用或依赖
Updated_since	软件最近更新到现在的时长（月）	无维护的项目（近期无更新）被依赖的可能性更低
Contributor_count	软件的贡献者（有提交）数量	贡献者参与的丰富程度反映软件项目的关键程度
Org_count	贡献者所属的不同组织数量	反映组织间的交叉依赖
Commit_frequency	过去一年中平均每周的贡献数量	较高的代码流失率一定程度上表明了项目的重要性。此外，对漏洞的敏感性也更高
Recent_releases_count	过去一年中发布版本的数量	发布频率通常反映用户的依赖程度，但并非总是有效
Closed_issues_count	过去 90 天内关闭 issue 的数量	反映贡献者的参与程度
Updated_issues_count	过去 90 天内更新 issue 的数量	反映贡献者的反映程度
Comment_frequency	过去 90 天内每个 issue 的平均评论数量	反映用户活跃度和依赖程度
Dependents_count	软件被依赖的次数	反映软件项目被使用的程度

2. 计算方法

Criticality score 中软件项目关键程度（C_{project}）的定义为：

$$C_{\text{project}} = \frac{1}{\sum_i \alpha_i} \sum_i \alpha_i \frac{\log(1+S_i)}{\log(1+\max(S_i, T_i))} \tag{6-1}$$

式中，α_i 为第 i 项指标的权重；S_i 为第 i 项指标的采样值；T_i 为第 i 项指标采样取值的上限，这里加入上限值主要是为了防止数据倾斜，导致某项指标对最终的计算结果影响过大。Criticality score 项目的参数默认值见表 6-2。

表 6-2 Criticality score 项目的参数默认值

指标名称（S_i）	权重（α_i）	采样上限（T_i）
Created_since	1	120
Updated_since	−1	120

（续）

指标名称（S_i）	权重（α_i）	采样上限（T_i）
Contributor_count	2	5000
Org_count	1	10
Commit_frequency	1	1000
Recent_releases_count	0.5	26
Closed_issues_count	0.5	5000
Updated_issues_count	0.5	5000
Comment_frequency	1	15
Dependents_count	2	500 000

截至2023年6月，Criticality score项目已经支持对托管在GitHub和GitLab平台上的开源项目进行关键程度评估。同时，该项目还预计算了面向C、C++、Python等11种不同编程语言项目中，关键程度排在前200的项目列表，供查询使用。一定程度上，Criticality score项目能满足开源软件关键程度的评估，有助于定位开源软件供应链中的关键节点。但是Criticality score项目的参数取值具有较强的主观性，并且指标的选择对于软件供应链中软件之间的相互影响也考量有限（当前只有dependents_count会观察软件之间的联系），同时对于最终的关键程度排序结果缺乏可解释性。

6.2.2 Gitee指数

Gitee指数设计的初衷是为了定位平台上托管的优质项目，而整体质量越高的开源软件项目，更容易被使用或依赖，从而成为开源软件供应链中的关键节点。因此，Gitee指数能够间接反映软件项目的关键程度。

1. 评估指标

Gitee指数采用二级指标框架，见表6-3，第一级共包含5个大的维度，分别从影响力、代码活跃度、社区活跃度、团队健康度和流行趋势几个方面对开源软件项目进行评估。

表 6-3　Gitee 指数评估指标

一级指标	说明	二级指标	说明
影响力	用来判断开发者是否真正关注过该项目，低 star 数可能是由种种原因被埋没，而长时间无 star，可能这个项目并没有辐射到其他开发者	star 数量	数量越多影响力越大
		fork 数量	数量越多影响力越大
		捐赠状态	布尔值，仅有 0 或 1
		GVP 状态	布尔值，仅有 0 或 1
		推荐状态	布尔值，仅有 0 或 1
		下载量	数量越多影响力越大
		PR 数量	数量越多影响力越大
		issue 数量	数量越多影响力越大
		评论数量	数量越多影响力越大
代码活跃度	项目代码“年久失修”，维护人员可能已经抛弃了该项目，只是忘了清除仓库，这样的项目在全球范围内不在少数，但也有可能是项目已经较为完善，不需要过多的维护	提交频率	近 4 个月的 commit 数量
		版本发布频率	近 4 个月的版本发布数量
社区活跃度	用户对一个项目提了一个 issue，在短时间内就得到回应，这样的感觉是极好的，反映其项目作者与社区普通用户的互动频率	issue 修复量	已处理 issue 的数量
		PR 处理频率	近 4 个月已处理 PR 的数量
团队健康度	如果项目实际的贡献者只有那么几位，关键贡献者从团队退出是经常导致一个软件的停更的原因，该指数与贡献者人数和稳定度相关	成员数量	所有贡献超过 1 次的用户总数
		关键成员数量	所有贡献超过 3 次的用户总数
流行趋势	与项目近期收到用户的关注程度相关。	issue 增长量	近 4 个月被提交 issue 的数量
		提交增长量	近 4 个月 commit 的数量
		评论增长量	近 4 个月 Issue/PR 评论数量

2. 计算方法

计算 Gitee 指数（G）共分为 3 个步骤。

1）计算一级指标 p_i：

$$p_i = \sum_i \omega_i f_i \quad (6\text{-}2)$$

2）对二级指标值进行归一化处理，得到 p_i^*：

$$p_i^* = \frac{p_i - \min(p)}{\max(p) - \min(p)} \tag{6-3}$$

3）计算 Gitee 指数 G：

$$G = 100 \cdot \sum_i \alpha_i p_i^* \tag{6-4}$$

通过上述 3 个步骤，Gitee 指数的取值最终映射为 [0,100]。Gitee 指数使用的默认权重见表 6-4。

表 6-4　Gitee 指数使用的默认权重

一级指标（p_i）	权重（α_i）	二级指标（f_i）	权重（ω_i）
影响力	0.3	star 数量	0.25
		fork 数量	0.3
		捐赠状态	2
		GVP 状态	1000
		推荐状态	500
		下载量	0.35
		PR 数量	0.5
		issue 数量	0.5
		评论数量	0.5
代码活跃度	0.15	提交频率	0.5
		版本发布频率	0.8
社区活跃度	0.2	issue 修复量	0.7
		PR 处理频率	0.3
团队健康度	0.1	成员数量	1
		关键成员数量	3
流行趋势	0.25	issue 增长量	0.5
		提交增长量	0.35
		评论增长量	0.5

Gitee 指数通过二级指标框架，改进了以往依靠 star 数量等单一指标判定开源软件项目质量的不足，能够帮助用户更准确地定位高质量的开源软件。同时，这些软件也是潜在的开源软件供应链关键节点。但是和 Criticality score 类似，计算 Gitee 指数时，相关参数的赋值主观性较强。相较于 Criticality score，Gitee 指数的指标选择在软件之间的影响方面存在不足，同时还涉及 GVP、推荐等平台特有的指标，限制了其使用范围。最后，Gitee 指数同样缺

乏量化的验证方法，计算结果的可解释性有限。

6.2.3 CriticalityRank

当今软件的功能越来越复杂，加上市场竞争激烈导致对快速原型创新的迫切需求，在现代大型软件的开发过程中，鲜有软件是从零开始编码研发。取而代之的是基于开源软件构建通用功能，在此基础之上实现具体的功能需求。通过这种模式实现的软件，也可能被其他软件依赖，依赖关系不断传递，形成一种上下游之间的供应关系。根据 Sonatype 发布的《2021 年软件供应链状况》报告，截至 2020 年底，NPM 生态系统中存在大约有 140 万个软件，它们之间存在约 860 万条依赖关系；而 PyPI 生态包括超过 25 万个软件和约 38 万条依赖关系。在开源组件快速增长的背景下，形成了复杂的开源软件供应链网络。

Alexandra Brintrup 等学者在文章“Topology and Strategy for Supply Network Robustness”中指出，供应链是一种拓扑结构，构成了供应链网络的子图。如图 6-2（a）所示，是一个开源软件供应链网络的示例，其中的节点表示软件，有向边从上游软件指向下游软件，表示供应方向，和依赖方向相反。如图 6-2（b）所示，软件 A 对应的开源软件供应链，构成了图 6-2（a）所示供应关系网络的子图。由此可知，软件已经呈现出明显的网络特征，一款软件的关键程度不再单纯依赖自身的属性，还需要考虑其所处的网络环境。

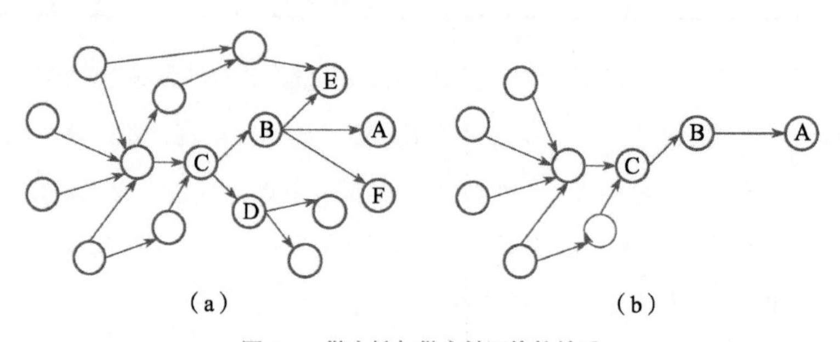

图 6-2　供应链与供应链网络的关系

Criticality score 和 Gitee 指数虽然能够计算被评估软件的关键程度评分，但是由于缺少量化的验证方法，对其得到评分之间的高低差缺少有力的解释，从而导致该评分的实际参考意义不高。基于软件的网络特征，通过量化软件在供应链网络中对其他软件的影响程度，能够相对客观地对其关键程度评分进行验证。

1. 评估指标

CriticalityRank 充分考虑软件的网络特征，在 Criticality score 的指标集合基础上，扩展了 3 个以网络中心性为基础的指标：点度中心线（Degree Centrality，DC）、中介中心性（Betweenness Centrality，BC）和接近中心性（Closeness Centrality，CC）。

（1）开源软件供应链中的点度中心性 节点 v_i 在图 G 中的 DC 定义如下：

$$\mathrm{DC}_G(v_i)=\sum\frac{e_{ij}}{N-1} \tag{6-5}$$

式中，G 为无向图；N 为 G 的节点数；e_{ij} 为 1 时表示节点 v_i 和 v_j 之间有边；连接到节点 v_i 的边的总数称为 v_i 的度。由于供应链网络为有向图，因此点度中心性需要被进一步细分为入度中心性（In-Degree Centrality，IDC）和出度中心性（Out-Degree Centrality，ODC），定义如下：

$$\mathrm{IDC}_G(v_i)=\sum\frac{e_{ji}}{N-1} \tag{6-6}$$

$$\mathrm{ODC}_G(v_i)=\sum\frac{e_{ij}}{N-1} \tag{6-7}$$

式中，e_{ji} 为 1 表示节点 v_j 指向节点 v_i 有边，这些边的数量总和称为节点 v_i 的入度；而 e_{ij} 为 1 表示节点 v_i 指向节点 v_j 有边，它们的总和称为节点 v_i 的出度。在 3.1.2 节中曾提到，Kim 等学者的研究成果中指出，在传统供应链网络中，点度中心性较高的节点包括 3 种：①整合来自不同上游的资源，这类节点入度较高；②面向下游实现资源的再分发，这类节点出度较高；③两者兼具。这类点度中心性较高的节点集合对整个供应链网络中资源流转起调和作用，故称为协调员。相应的，在开源软件供应链网络中，也不乏类似角色的节点。

基础软件，包括操作系统、分布式操作系统，如 CentOS、Kubernetes 等，它们通常的定位是资源管理，将不同的资源（即不同功能的软件组件）整合在一起，屏蔽了上游的多样性和复杂性，简化了下游的使用。这类软件通常在开源软件供应链中承担类似协调员的角色，负责资源整合。然而这类基础软件由于其自身的复杂性，仍然存在一定的使用门槛，为了进一步解决这类问题，软件服务提供商通常会将这些复杂软件包装为更易于使用的服务。下游应用可以通过服务商提供的软件，更简单地访问这些功能。这类服务商提供的软件实际上实现了上游功能的再分发，因此在开源软件供应链中以协调员的身份负责资源分发。除此之外，一些流行度较高的实用工具软件或者应用开发脚手架之类的软件，往往在供应链网络中的出度也会很高。可以看出，以上两类软件在开源软件供应链中均扮演着重要的角色，而 Criticality score 当前关注的指标中，“dependents_count”仅统计了开源软件被依赖的数量，即对应出度中心性，因此有必要扩展入度中心性作为关键程度度量指标。

（2）开源软件供应链中的中介中心性　节点 v_i 在图 G 中的中介中心性定义如下：

$$\mathrm{BC}_G(v_i) = \sum\nolimits_{v_s \neq v_i \neq v_t, s<t} \frac{\sigma_{st}(v_i)}{\sigma_{st}} \tag{6-8}$$

式中，σ_{st} 为 G 中任意两节点间存在最短路径的总数；$\sigma_{st}(v_i)$ 为这些最短路径中包含节点 i 的数量；$s<t$ 为节点 s 必须是节点 t 的上游节点。在复杂网络中，中介中心性刻画某一节点对网络中节点对沿最短路径传输信息的控制能力。已有研究认为，中介中心性高的节点在供应链网络中，扮演着代理人的角色，不仅控制着信息流，还控制着物料的流转。

不论是传统供应链还是开源软件供应链，随着供应层级增多，风险也会随之升高。所以在不考虑其他影响因素的情况下，网络中两个节点间的最短路径，就代表两个节点间最优的供应路径。因此，在开源软件供应链网络中，中介中心性高的软件是更多被下游软件产品依赖的软件，例如通用的基础加密算法库，下游应用除了直接引用外，更多情况下会通过脚手架工具间接引用，所以这类软件本身的出度不会很高。但是几乎所有关注安全性的领域，其下游应用都需要使用相关的功能，这也使得这些领域内的软件产品会直接或间接引用这类软件。由此可见，在开源软件供应链网络中，中介中心性高的软件会对供应链能否正常运转产生较大影响。

（3）开源软件供应链中的接近中心性 节点 v_i 在图 G 中的接近中心性定义为：

$$\mathrm{CC}_G(v_i)=\frac{n-1}{\sum d(v_i,v_j)} \tag{6-9}$$

式中，d 为节点 v_i 和 v_j 之间的最短距离，即接近中心性是一个节点到其他所有节点平均最短距离的倒数。接近中心性高的节点更接近网络的集合中心，更容易获得整个网络的信息。在传统供应链网络中，这类节点距离上游和下游节点的距离都相对近，更短的供应链有利于降低消息失真带来的风险，更容易掌握可靠的信息用于需求预测等，因此这类节点类似导航员一样。

一方面，在开源软件供应链的环境下，接近中心性高的软件有更短的依赖链条，这使得它们自身所面对的风险更低，这也可以作为下游选型的重要参考。另一方面，这类软件距离终端用户更近，更能反映用户的实际需求，不论是上游厂商还是下游厂商，都可以依据这些信息对未来作出判断和决策，降低决策失误带来的风险。由此可见，接近中心性有助于评估软件在开源软件供应链中的关键程度。

2. 计算方法

CriticalityRank 主要从以下两方面验证软件的关键程度。

- 不同的关键节点识别方法之间的比较，关键程度越高的软件，对供应链网络中其他软件的影响越大。
- 同一关键节点识别方法的比较，关键程度越高的软件，对供应链网络中其他软件的影响越大。

为了量化软件对供应链网络的影响，需要解决两方面问题。一方面如何量化地描述软件的当前状态；另一方面，如何对软件之间的影响进行建模。在开源软件供应链的环境下，软件相互之间的依赖关系表现出网络特征，因此对软件产品的评估不应只关注其自身，还需要关注供应链上游带来的影响。以软件健康度为例，软件产品的健康度不仅受到自身属性的影响，还受到其所依赖的上游软件健康度的影响。特征向量中心性（Eigenvector centrality）是复杂网络系统的重要指标，其核心是通过邻居节点的关键程度衡量自身的关键程度。计算特征向量中心性需要依赖邻接矩阵，通过一定的矩阵变换，计算目标可以转化为找到邻接矩阵的特征向量，即特征向量中心性。谷歌公司著名的 PageRank 算法主要用于网页评分，是一种归一化特征向量中心性的实现。该算法的核心思想是如果指向一个网页链接的其他网页链接的影响力总和高，或者这些网页链接中包含若干高影响力的网页链接，那么该网页链接本身同样也具有很高的影响力。受其启发，在软件供应链视角下，软件评分可以从直觉上描述为：软件评分和其直接依赖的上游软件相关，其上游软件的评分越高，其自身的评分也越高。

（1）软件评分定义 PageRank 的核心是通过节点间的连接计算影响力的传播，即当节点 A 指向节点 B 时，那么节点 B 的一部分影响力来自节点 A。与影响力传播类似，在开源软件供应链的环境中，软件评分同样沿着供应方向传播，即当软件 A 作为软件 B 上游时，软件 B 的一部分评分由软件 A 保证。不同的是，软件评分不仅依赖其上游供应软件的评分，同时也受自身属性的影响。据此，开源软件供应链环境下，软件 p 的评分 D 定义如下：

$$D(p)=\begin{cases} af_{DA}(p)+(1-a)f_r(D(q)), & \text{当} U_p \not\subseteq \varnothing,\ q \in U_p \\ f_{DA}(p) & \text{，其他} \end{cases} \tag{6-10}$$

式中，$f_{DA}(p)$ 为基于软件 p 自身的属性得到的评分结果，根据评估场景的不同，该评分可以是可维护性评分、安全性评分、健康度评分等，该函数的返回值为 0～1 之间的实数；U_p 为软件 p 直接依赖的上游软件的集合；f_r 为聚合函数，用于聚合软件 p 直接上游软件的评分，得到软件 p 评分中来自上游部分的分数；a 为软件评估时，自身评分和上游评分的权重分配。当软件 p 不依赖任何上游软件时，即 U_p 为空集时，其评分结果只反映自身的属性。

和 PageRank 算法中影响力的传播方式类似，开源软件供应链环境下，软件评分同样由上游向下游传播。但不同的是，在影响力传播过程中，上游的影响力会先按照下游的数量进行等分，之后再由下游聚合来自不同上游的影响力。这样设计是因为，PageRank 认为网页在指向其他网页的同时，会传递一部分自身的影响力到被指网页。然而，在开源软件供应链中，软件不会因为自己被其他软件依赖，而只传递部分评分到下游。因此，CriticalityRank 在模拟软件评分传播时，上游节点会将自己完整的评分结果传递给下游，而下游则通过聚合函数，计算供应链部分贡献的软件评分。如图 6-3 所示，是软件 A 评分传播的示意，使用算术平均作为聚合函数。图中圆圈表示软件，圆圈内的实数表示软件基于自身属性计算得到的软件评分，圆圈之间的有向边表示供应关系，边上的实数表示上游软件向下游贡献的软件评分。软件 A 的 3 个直接上游软件为 $U_p=\{B,D,E\}$，按照定义，软件 A 从供应链获得的评分等于 $(0.6+0.7+0.2)/3=0.5$，假设 a 取值为 0.5，则该图中软件 A 的评分结果为 $0.8\times0.5+0.5\times(1-0.5)=0.65$。

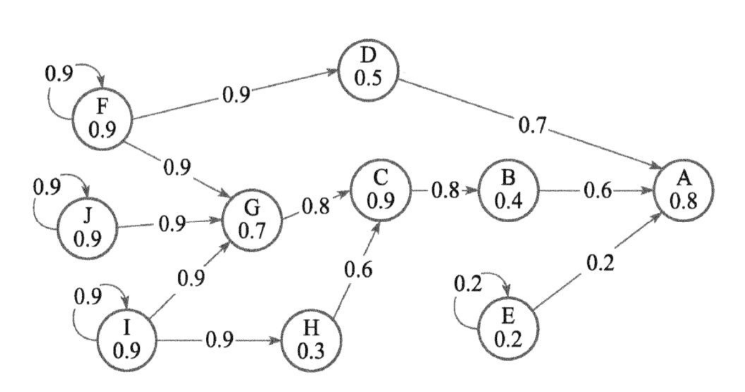

图 6-3　软件 A 的评分传播示意（a 取值 0.5，f_r 使用算术平均）

（2）算法设计　为了方便描述计算过程，将式（6-10）向量化，具体定义如下：

$$D=\begin{cases}aDA+(1-a)A\cdot D, U_p \not\subseteq \varnothing \\ DA \qquad\qquad\qquad ，其他\end{cases} \tag{6-11}$$

式中，$\boldsymbol{D}$ 为一个 $1\times n$ 的矩阵，n 为网络中软件节点的数量，矩阵中每个元素的值为对应软件当前的评分；$\boldsymbol{DA}$ 表示一个 $1\times n$ 的矩阵，矩阵中每个元素的值表示对应节点基于自身属性得到的评分结果。使用 A 表示一个 $n\times n$ 的转换矩阵，通过和矩阵 $\boldsymbol{D}$ 相乘，模拟上游节点的评分聚合。例如使用算数平均作为聚合方式，如果软件 p 依赖软件 q，则 $A_{p,q}=\frac{1}{N_p}$，否则 $A_{p,q}=0$，其中 $N_p=|U_p|$，表示直接上游的数量。根据式（6-11），CriticalityRank 的计算过程如算法 6-1 所示。其中，① $\boldsymbol{D}_0$ 表示矩阵 $\boldsymbol{D}$ 的初始值，$\boldsymbol{D}_i$ 表示第 i 轮迭代后得到的矩阵 $\boldsymbol{D}$；②每次迭代首先得到每个软件其直接依赖软件的评分聚合值，然后通过式（6-11）计算得到本轮迭代的结果；③利用 L_1 范数计算迭代前后结果的差值 δ，当 δ 小于一个预设的阈值 ϵ 时，计算停止。

算法 6-1　CriticalityRank 的计算过程

$\boldsymbol{D}_0 \leftarrow \boldsymbol{DA}$

repeat

　$\boldsymbol{D}_{i+1} \leftarrow \boldsymbol{AD}_i$

　$\boldsymbol{D}_{i+1} \leftarrow a\boldsymbol{D}_0+(1-a)\boldsymbol{D}_{i+1}$

　$\delta \leftarrow \|\boldsymbol{D}_{i+1}-\boldsymbol{D}_i\|_1$

　until $\delta \leqslant \epsilon$

（3）特殊情况处理　考虑到供应链源头的开源软件（source suppliers）不依赖任何其他开源软件，按照式（6-11）定义，这类软件的评分只与自身属性相关。在实现 CriticalityRank 时，不能简单地将这类节点移除，因为其评分将影响其下游软件评分的计算结果。为了统一处理，如图 6-3 中所示，为这类节点添加一条指向自己的边。这样处理之后，可确保开源软件供应链网络中的所有节点都有自己的上游供应节点，即所有节点都满足式（6-11）中 $U_p \not\subseteq \varnothing$ 的条件，可以统一按照算法 6-1 所描述的流程计算。同时，也能保证作为供应链源头的开源软件，其评分计算结果符合原公式中上游为空的情况。如图 6-3 中的软件 F，其评分在本次迭代后为 $0.9\times a+0.9\times(1-a)=0.9$。

（4）关键程度量化验证 量化验证流程如图 6-4 所示，共包含 6 个步骤，其中步骤 1 ～步骤 5 为数据准备阶段，该阶段将产出同一组软件的两组关键程度排序结果（分别基于 CriticalityRank 和另一种方法，图中以 Criticality score 为例）。在第 6 步验证阶段，将以两组排序结果的 Top 5 作为输入，通过调整软件的整体评分并观察其对整个网络的影响，实现对其关键程度的验证。各个步骤的工作具体如下。

- 从 OpenSSF 获取 Python 生态下关键评分前 200 个软件的样本数据集（python_top_200_origin），该数据集中包含原始 criticality score 计算软件关键程度评分所需全部指标的数值[㊀]，可用于离线验算。
- 基于 PyPI 软件包管理器中的依赖关系（保存在开源软件供应链知识图谱中）构建 Python 生态子图 G_q。
- 由于 python_top_200_origin 数据集是以源码仓库为评估单位，而非软件包，因此需要利用 url 属性实现从源码仓库到软件包的对应（对应关系保存在开源软件供应链知识图谱中）。
- 将 G_q 中所有边的方向取反，构成 Python 生态下的开源软件供应链网络 G_q'，根据式（6-10）计算 G_q' 中软件关键程度评分。
- 计算 G_q' 中被标记软件制品实体的入度中心性、中介中心性和接近中心性，作为新的指标扩展 Criticality score，重新计算 python_top_200_origin 数据集中软件的关键程度评分，得到新的关键软件排序（python_top_200_extends）。
- 分别从 python_top_200_origin 和 python_top_200_extends 两个数据集中选择关键程度排前 5 的软件，分别提升和降低这些软件自身的评分，观察 G_q' 中软件评分的统计特征变化，对软件关键程度进行验证。

㊀ https://www.googleapis.com/download/storage/v1/b/ossf-criticality-score/o/python_top_200.csv?generation=1609361528959924&alt=media。

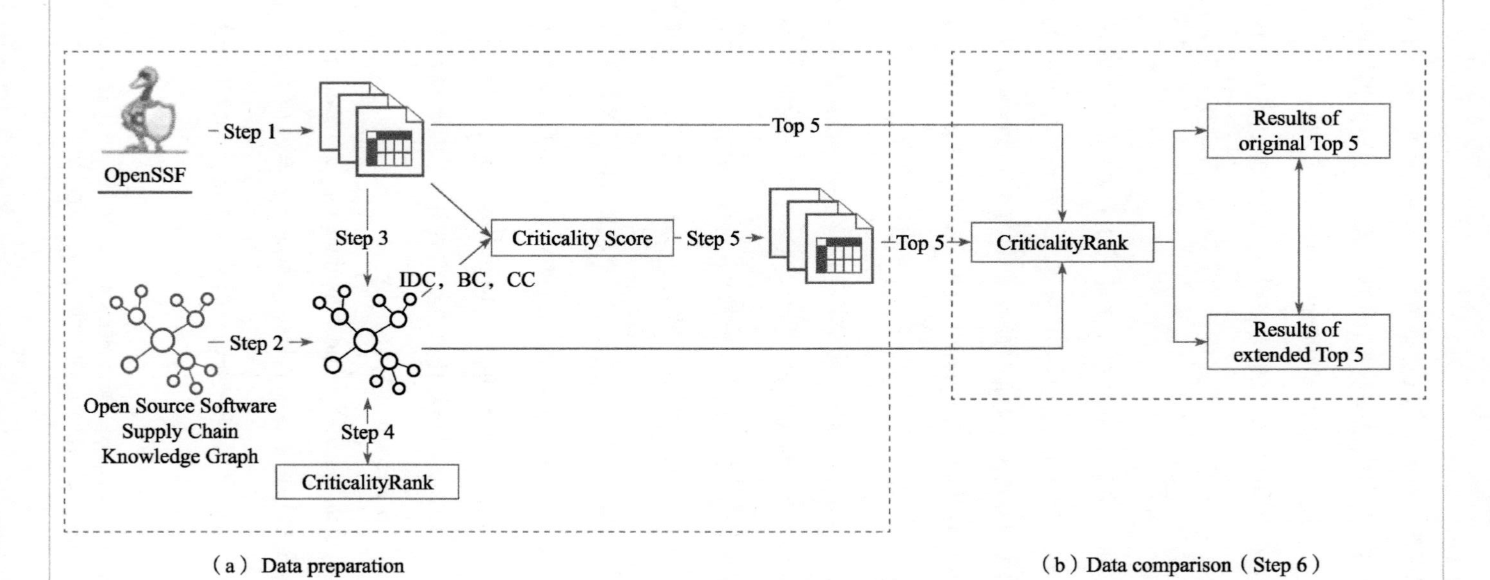

（a） Data preparation

（b）Data comparison（Step 6）

图 6-4　软件关键程度量化验证流程

相较于 Criticality score 和 Gitee 指数，CriticalityRank 充分考虑了当前软件表现出来的网络特征，一方面基于网络中心性原理引入新的指标，这些指标能够更好地度量软件之间的相互影响；另一方面，通过量化软件之间的影响，实现对软件关键程度的验证。但是要实现 CriticalityRank，需要首先掌握目标软件所在生态的完整拓扑，这将导致较高的实现成本。

6.3 本章小结

本章重点围绕如何定位开源软件供应链中的关键点展开。首先明确了开源软件供应链中关键节点的定义，可以简单概括为，对开源软件供应链系统影响越大的软件越关键，这些软件在供应链流转中对应的节点即为关键节点。然后对 Criticality score、Gitee 指数和 CriticalityRank 三种识别方法进行了介绍，并对它们的优劣进行简单总结。

第 7 章　供应链软件评估和筛选

前述章节更多是站在供应商的角度，讲述如何管理开源软件供应链。事实上，消费者也在开源软件供应链中扮演着重要的角色。本章从消费者视角出发，探讨究竟什么样的软件才是符合供应链标准的软件。之后从评估指标体系建立、评估方案生成和评估模型评价 3 个方面介绍目前关于供应链软件评估和筛选领域研究的最新进展，以及所面临的挑战。

7.1 供应链软件

随着集市开发模式的流行与发展，开源软件呈现爆发式增长的趋势。在大数据、人工智能、云计算等新兴领域中，开源协作已经成为主要开发模式。从操作系统到中间件软件，再到应用软件、设备固件，在开发、编译和测试的过程中使用开源代码的比例越来越高，而且软件供应链的开源化趋势越来越明显。

软件的开源化以及云原生技术的快速发展加剧了软件供应链的复杂度和不确定性，频频发生的安全事件反映了开源软件供应链的脆弱性。为了应对这种脆弱性，国家层面开始制定开源软件供应链管理相关的法律政策。例如，在 2021 年 4 月，CISA 和 NIST 联合发布的报告“Defending Against Software Supply Chain Attacks”描述了软件供应链风险的概况，并建议厂商和用户使用 C-SCRM 和 SSDF 两个框架来识别、评估和缓解供应链风险。相关社会组织也提出相应的措施来减少开源软件供应链的潜在风险，例如，由 Linux 基金会、Joint Development 基金会和 OpenChain 项目共同制定的 ISO/IEC 5230:2020 标准已经被核准成为国际标准。除了来自国家层面以及社会组织层面的开源软件供应链规范，部分企业也出台了各自相应的管制措施，例如，谷歌公司在 2021 年 6 月提出的 SLSA 框架，旨在防御常见的供应链攻击、确保软件供应链完整性。

当前软件供应链管理的标准或规范更多是专注于从开发者、生产者的角度，以安全开发生命周期（Security Development Lifecycle，SDL）为基准保证软件开发和部署过程的安全性，缺少从消费者角度出发进行审视。Sonatype 发布的《2022 年软件供应链状况》报告显示：有约 12 亿个易受攻击的开源软件包，每个月都会作为开发者项目中的依赖项被下载；其中有 95% 是作为间接依赖项被下载的；而这些易受攻击且被错误采用的开源软件包中，有 96% 是可以避免的。这表明并不是所有开源软件都可以作为构建供应链的备选，而是需要符合一定"标准"的开源软件。在本书中，将基于指标体系和评估方法筛选出符合一定标准的开源软件子集称为开源供应链软件。2022 年开源年度报告问卷调查显示，87% 的受访者认同"需要一种方式综合客观评价开源项目"这一观点。其中，有开源参与经历的受访者认同比例会更高，如开源项目的维护者这一受访群体，其认同比例达 93.5%。由此可以看出，对于软件供应链管理而言，确定和制定第三方组件安全准入标准和评估体系是重要的一步。只有在源头上保证开源软件的可靠性，管理者才能进一步建立安全可信赖的组件库，从而有效地开展开源治理工作。

现代软件的互联网特性以及复杂的供应关系使得传统软件的评估模型不再适用。这些评估模型在评估供应链软件时缺乏对供应关系的考量，无法对软件进行全面精准的评估。对此，一些标准研究机构和软件基金会相继提出了评估标准或指南，如国际组织 OpenSSF 在 2023 年发布了报告"Concise Guide for Evaluating Open Source Software"；国内的中国信息通信研究院和中国电子技术标准研究院也在 2022 年分别发布了《开源项目选型参考框架》

和《开源项目成熟度评估标准》。然而，这些标准或指南只是提出了评估关注的问题或者相关的评估维度，都未提供具体的评估方案。Wheeler 在文章“ How to Evaluate Open Source Software/Free Software (OSS/FS) Programs”中，总结了业界和学术界提出的几种开源软件评估方法，但这些方法或者仅适用于特定目的，或者需要大量的人工干预，使其很难在实际工作得到应用。从 Hauge 等人的文章“ An Empirical Study on Selection of Open Source Software-Preliminary Results”中可以看出，相关从业者通常更愿意根据同事的熟悉度或者推荐来选择相关的 OSS。综上所述不难看出，当前工业界中，从业者对现有的开源软件评价方法缺乏系统的认知，而学术界对该领域存在的研究问题不够明确。因此，需要对当前的研究现状进行系统性梳理，对当前的研究问题和方法进行及时更新，进而对未来的相关研究起到理论指导意义并促进该方向的进一步深入发展。

7.2 供应链软件评估需要解决的问题

有效评估和筛选开源供应链软件已经成为软件工程领域重要的研究方向之一，基于已有的开源软件评估标准及模型，本书进一步总结出该方向需要解决的三个主要问题，见表 7-1。问题一是如何建立指标体系，包括供应链软件评估指标的定义和指标相关属性值的获取方法；问题二是如何制定评估方案，包括评估指标的权重设计方法以及在此基础上采用何种算法得出评估结论；问题三是如何对评估模型的进行评价，包括模型自身性能的评估与模型结果精度评价。

表 7-1　研究问题及说明

问题	说明
供应链软件评估指标体系	梳理现有评估模型关注的指标体系，明确指标的获取方式
供应链软件评估方案	梳理现有评估模型评估方法，包括权重设计方案、结果计算方法
供应链软件的评估模型评价	属性的来源和全面性，评估程序描述充分性和评估程序复杂度，有无工具支持评估，是否有使用案例等

如图 7-1 所示，传统的供应链软件质量评估流程通常分为评估属性定义、评估属性测试、评估指标权重设计、评估结果计算、模型结果评价、评估报告撰写 6 个步骤。开源供应链软件的评估流程可以继续沿用该框架，但是由于开源供应链软件呈现的新特点、面临的新问题以及相关科学技术的发展，评估流程中涉及的具体内容和方法需要进行相应的调整。

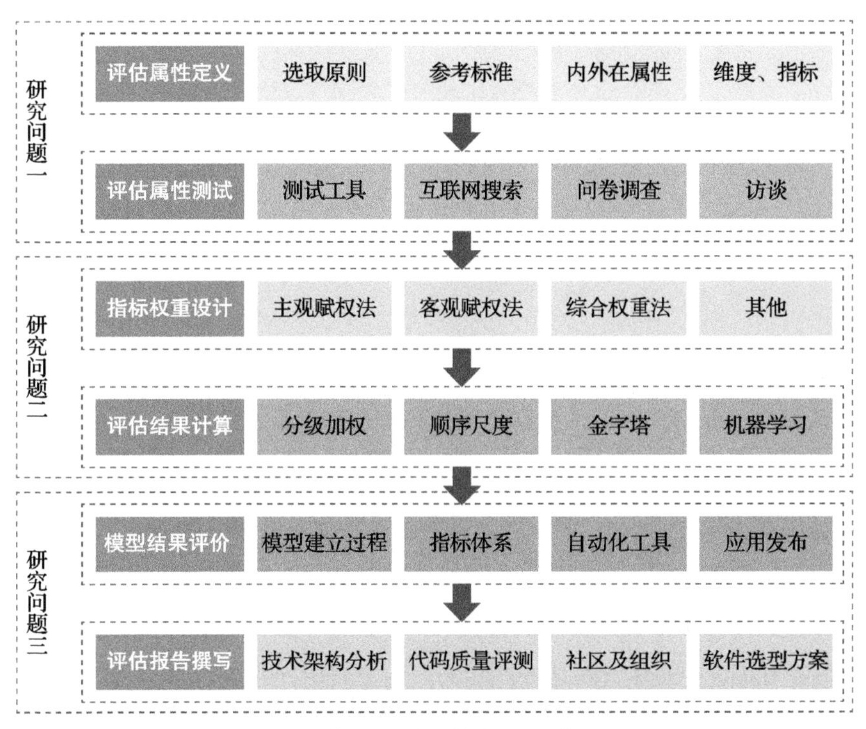

图 7-1　传统的供应链软件质量评估流程

7.3 供应链软件评估指标体系

为了适应供应链软件发展过程呈现的新特征以及行业出现的新特点，供应链软件的指标体系应该随之不断地进行调整与完善。通常情况下，指标相关最重要的任务可以总结为如何定义指标与如何度量指标。

7.3.1 评估属性定义

评估属性的选取与定义是供应链软件评估体系中的第一步，是实现供应链软件评估和筛选的基础。评估属性的选取通常应遵循典型性、可评测性、简明性、完备性与客观性等原则。从来源进行分类，已有的软件评估指标大致可以分为国家 / 国际标准、开源开放组织评估标准、业界常用标准和学术界提出的研究性评估模型。

1. 国家 / 国际标准

国家软件质量评估标准（GB/T 16260—2006）标准列出了软件产品六大质量特性，包括功能性、可靠性、易用性、效率、维护性和可移植性，并在此基础上细化为 27 个子特性。国际标准 ISO/IEC 25010 由 ISO/IEC 9126 演变发展而来，相比 ISO/IEC 9126，前者新增了两个主特性。具体包括功能性、信息安全性、互用性、可靠性、可用性、效率、可维护性、可移植性 8 个主特性和 31 个子特性。

2. 开源开放组织机构标准

Li 等人发表了一项调查报告“Exploring Factors and Metrics to Select Open Source Software Components for Integration: An Empirical Study”，以了解从业者在开源软件选择中认为重要的属性。结果显示，从业者普遍认为开源软件的维护状态是一个重要的属性。相较于企业提出的评估模型中的指标特征，开源基金会更侧重考虑软件的维护及社区的运营发展。Apache 基金会通过代码、许可证与版权、发布、质量、社区、共识共建，以及独立性这 7 个维度对项目的成熟度进行评估。Linux 基金会下的 CHAOSS 项目，按不同领域分为通用指标、多样性和包容性指标、演变指标、风险指标和价值指标 5 类指标专注于分析来定义社区健康的程度。开放原子开源基金会的毕业标准包含代码与文档、流程、许可证与版权、发布、质量、社区、共识建立、中立性、成熟度、其他 10 个信任因子。OpenSSF 发布的《开源软件评估简明指南》从维护性、安全性等相关的 9 个问题评估潜在的开源软件依赖安全性和可持续性。Gitee 综合多年来的经验，提出了包含影响力、代码活跃度、社区活跃度、团队健康、流行趋势几个维度在内的 Gitee 指数。中国信息通信研究院制定的《开源项目选型参考框架》定义了开源项目在许可证合规性、软件安全性、软件活跃度、技术成熟度、服务支持力和软件兼容性 6 个方面（包含 18 个具体的指标）应遵循的具体规范。中国电子技术标准化研究院开源项目成熟度评估标准从项目影响力、项目健康度、项目基础设施、安全 4 个维度划分，包含 12 个细类和 47 个指标项对开源项目开展标准符合性评估。

3. 企业主流评估模型

随着开源软件的应用发展，业内也已经涌现出了一批规范的开源软件成熟度评估方法，它们的评估指标普遍参考了 ISO/IEC 9126 和 ISO/IEC 25010 标准，同时纳入一些自身开源软件的“开源”特性。C-OSMM 模型的衡量标准由两方面构成：一是产品本身的性能，主要通过量化指标来反映，包括可用性、接口、可靠性等；二是产品的应用指标，主要用于反映用户未来对软件的需求，其主要考核要素为软件集成度和兼容性。N-OSMM 模型从软件的可用性、支撑度、集成度、操作说明、辅助培训、专业服务 6 个方面来评估产品关键要素的成熟度。OpenBRR 和 QSOS 引入了社区、许可证相关的指标，OpenBRR 模型侧重开源软件部署中重要的因素，包括功能、品质、性能、支持、社区规模、安全等 11 个特征。QSOS 模型从项目特征和项目风险两大维度进行评估，其中项目特征指标包括软件的类别、许可证类型、社区类型，项目风险指标包括功能完整性、服务供应商、用户。OMM 相较于其他模型加入了若干描述软件开发过程的指标，该模型定义了以下 12 个信任因子：产品文档、产品认可度、开发标准、项目进度表的应用、测试计划的质量、参与人员的管理、许可证、技术开发环境、缺陷数目和错误报告、可维护性和稳定性、开源软件的贡献度及第三方评估结论。

4. 学术研究模型

国内外一些学者从不同角度提出了一些开源软件的评估度量标准。王大翊等学者提出了一种《基于活力分析的开源软件轻量级评估方法》，从实际评估手段角度分解为 3 类属性：产品活力、功能及特性、软件质量。陆华等学者从软件开发团队和软件产品自身性质入手提出《面向互联网的开源软件自动化评估证据框架分析》，针对软件项目实现度量和分析。陈若愚等学者提出了《基于项目成熟度评估的开源软件立项评估方法》，从需求成熟度、项目组成熟度、关注度 3 个角度对项目进行成熟度评估。Vieri del Bianco 等人在文章“Quality of Open Source Software: the QualiPSo Trustworthiness Model”中提出从可信度（Trustworthiness）维度，包括影响用户对可信度感知的因素，以及有助于“构建”可信度产品的客观特征对开源软件进行评估。Ioannis Samoladas 等人在文章“The SQO-OSS Quality Model: Measurement Based Open Source Software Evaluation”中提出基于源代码和社区演化过程两个维度的 SQO-OSS 质量模型。Marcus Ciolkowski 从产品质量、过程成熟度和底层 OSS 社区的可持续性出发，发表文章“Towards a Comprehensive Approach for Assessing Open Source Projects”，对开源项目进行综合评估。

7.3.2 评估属性度量

供应链软件评估需要建立一套完整的软硬件评估环境，根据不同评估对象及其属性的特点，设计和定义测试工具与方法来量化评估这些属性的值。目前已有的相关工作可以总结为两个方面：属性测量和属性量化。

1. 属性测量

与传统软件不同，供应链软件评估属性分为两个分支，一个是软件内部属性，即软件自身拥有的性能，如功能性、兼容性等；另一个是软件外部属性，包括与软件相关的社区建设、项目管理、法律风险等。由于内部属性和外部属性的指标的数据类型存在差异，数据获取方式也不同。

以图 7-2 展示的供应链软件评估指标体系为例，安全性和合规性两个维度的内在属性主要借助各种评测工具，通过各种测试手段对软件进行技术分析，通过代码扫描和功能测试得出客观的测试报告。SBOM 是提升软件供应链透明度的重要手段，是解决开源软件安全与合规问题的基础，它通过组件供应商、组件名称、组件版本、组件标识符、依赖关系和时间戳等字段建立特定组件与漏洞库、许可证库之间的关联。当组织或个人消费者希望实施最佳安全实践时，完整而准确的 SBOM 可以帮助他们更好地理解与开源组件相关的安全风险和许可证合规信息，有助于避免和应对安全漏洞和许可证条款违约。当前众多 SCA 工具，以及面向开源安全合规的开发实践指南，比如，OpenSSF 和 CNCF 提出的软件供应链最佳实践，都集成了 SBOM 分析功能，为安全合规方面的属性测量提供了可用的工具和方法。

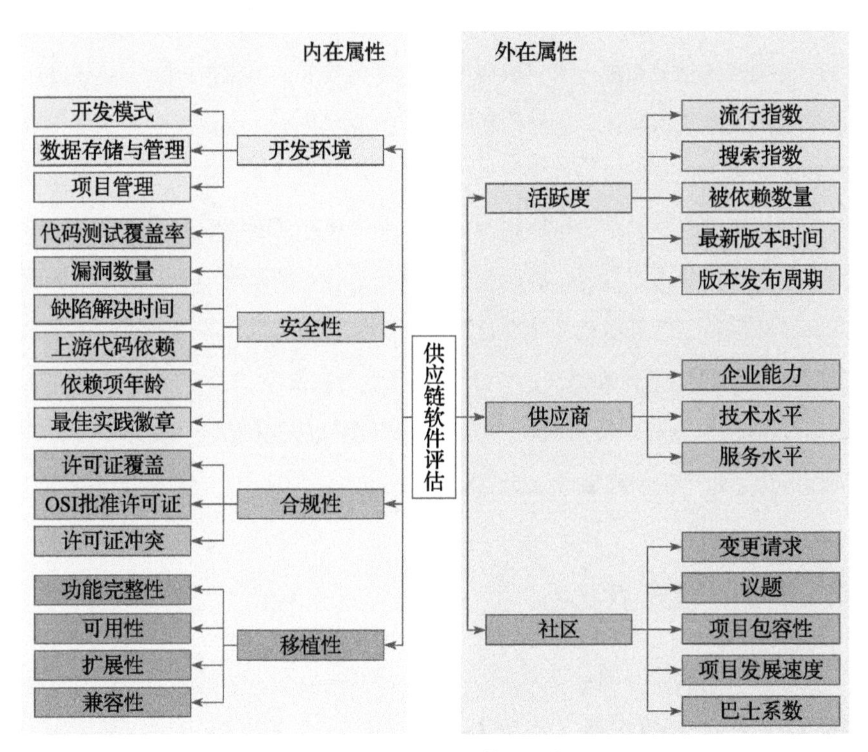

图 7-2　供应链软件评估指标体系

活跃度和社区相关的指标通常表明了开源组件受关注的程度及运营维护状况，相关外在属性的测量数据则可以通过公开报告或开放数据接口获得。而开发环境和移植性两个维度下的指标通常缺乏开放的结构化测量数据，需要通过查阅软件的开发文档和使用说明得出描述性结论，并进行相对主观的评分评级。供应商开发团队由于差异性较大，相关评估属性的值通常需要通过在线调查甚至线下访谈等手段进行测量。

2. 属性量化

在完成指标属性指标值的测量之后，需要对一级要素（属性）和相对应二级要素（指标）的表现进行量化。通常对于评估模型而言，输入的指标必须是可量化的，可量化指标可以通俗地理解为能用定量的数据来描述测量值的指标。若指标不可量化，则需要通过预处理等方法，将属性指示值转化为可定性的。定量指标是侧重于结果性质的、可量化的评估指标，如安全性、活跃度及社区的相关指标。为了取得更好的量化效果，定量指标通常需要通过数值变换进行二次量化，如进行数值区间的规范化等。定性指标通常量化难度较大，更侧重于对过程性质属性的评估，如开发环境、移植性、合规性及供应商的相关指标。这些指标通常根据文档描述和问卷调查的形式获取相对主观的评价，并通过打分、编码等方式进行量化。杨宇科等学者在《一种面向开源软件特征的开源软件选择方法研究》中，提出了一些用于描述开源软件基本特征的量化计算方法。W. J. Sun 等学者在文章“A Quality Model for Open Source Software Selection”中为选择开源软件提供了质量评价的因素，同时给出了每个子特征的具体量化方法。

7.4 供应链软件评估方案

评估方案的研究主要关注如何在现有评估指标体系的基础上，利用聚合算法得出最终的评估结果。传统的评估方法主要采用综合评价法，如层次分析法。这种方法一般采用离散的度量区间尺度对指标观测值进行评估，该尺度通常与最终评估级别的划分保持一致，同时需要人为主观或者客观地设计指标权重。例如，在 7.3 节中提出指标体系的 7 个评估属性维度下，每一个维度包含的指标可以根据最终量化值划分为“优、良、中、差”4 个等级；进一步通过加权聚合各指标评估结果的方式，得到每个维度的评估结果；最后，加权聚合各个维度的评估结果，并将结果映射到“优、良、中、差”4个等级，得出开源组件的综合评分，见表7-2。

表7-2　指标测量与量化示例

指标类型	指标	测量值	量化值	评级
定量	流行指数	Star:1K, Fork:500	Star+Fork=1.5K	优
	⋮	⋮	⋮	⋮
	巴士系数	4	4	良
定性	开发模式	达标	9分（满分10分）	优
	⋮	⋮	⋮	⋮
	技术水平	基本达标	7分（满分10分）	良

随着信息技术的快速发展，也有不少学者提出了新的评估技术，如基于机器学习的方法等。本节将从权重设计和结果计算两个方面，对当前主流的评估方案进行总结梳理。

7.4.1　指标权重设计

在有评分的项目评估规范中通常需要为属性/指标定义它们的权重标准，权重标准的设计往往对最终评估结果起到决定性作用。指标权重的设计主要有主观赋权法和客观赋权法。

1. 主观赋权法

主观赋权法通常是集中专家的集体智慧，由有关专家通过研究决定。这类方法工作效率比较高，权重通常分层设计，每一个属性类有自己的权重，属性类中每个子属性或二级属性也有自己的权重。然而，这种方法存在随意性较大的问题，通常很难找到客观的评价标准。常见的方法包括层次分析法、模糊分析法、权值因子判断表法、德尔菲法、二项系数法、环比评分法、最小平方法、序关系分析法等。

2. 客观赋权法

客观赋权法的权值由实际的数据确定，通过模型或者其他计算方式产生。

通常这类方法中，权重没有层次设计，客观性更强，但是依赖于实际的问题域，通用性和决策参与性较差，有时难以反映评价的导向性。常用方法包括主成分分析、因子分析、熵值法、变异系数法、均方差法、回归分析法等。

3. 权值计算原理

无论是主观赋权法还是客观赋权法，按照计算的原理可以分为 4 类，如图 7-3 所示。第一类是利用数据的相对大小信息进行权重计算，代表方法有 AHP 层次法和优序图法；第二类是利用数据的熵值信息进行权重计算，如熵值法；第三类是利用数据的波动性或者数据之间的相关关系情况进行权重计算，代表方法有 CRITIC 权重、独立性权重和信息量权重；第四类则是利用数据的浓缩原理，通过方差解释率进行权重计算，代表方法包括因子分析和主成分分析法。

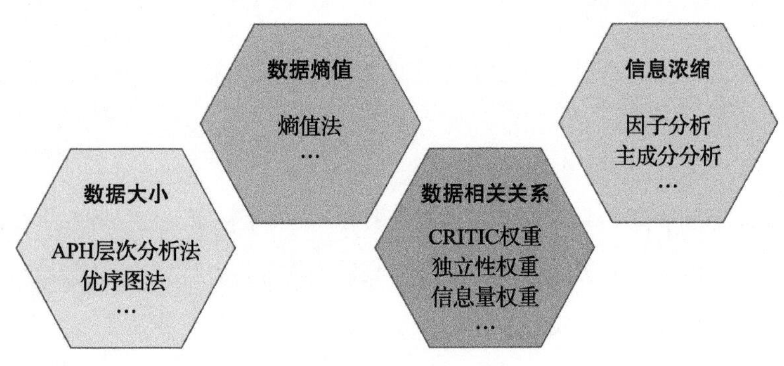

图 7-3　权重设计的方法

根据已知的研究成果，主观赋权法仍然是当前权重设计的主要方法，国内外软件评估学者大多尝试在主观赋权法的基础上进行改进。蔡一晓等学者发表了《金融开源软件成熟度的可变权重模型和改进方法》，并在金融领域开源软件上进行了验证。汪天祥等学者将主观和客观两类权重信息相结合，在《综合权重的可变模糊识别模型在水质动态评价中的应用》中提出一种综合权重计算法来确定指标的权重，提高了评估结果的科学性和可靠性。Li 等学者发表的文章“An Improved Comprehensive Evaluation Model of Software Dependability based on Rough Set Theory”中采用传统的模糊综合评价方法从专家的判断中获得主观权重，利用粗糙集理论从统计数据中确定客观权重，然后将主观权重与客观权重相结合，得到了一个相对合理的权重。Wei等人在文章“The Research and Appliance of Multilayer Fuzzy Comprehensive Evaluation in the Appraisal of Software Quality”中采用多层模糊综合评价方法建立了软件质量通用评价模型，对软件质量评价进行数字化。

7.4.2 评估结果计算

在定义属性、度量属性及属性赋权之后，进一步地，需要采用一定的聚合算法对软件产品的综合评分进行计算。计算方法通常和指标权重的设计方法密切相关，目前主要有加权求和、顺序尺度、金字塔、机器学习4种计算模型。

1. 加权求和模型

分级加权求和是最常见的、基于权重设计的软件综合评价评估模型，它实行评估属性的分级运算，每一级属性有自己的区间尺度和权重体系。通过自底向上地逐级计算，最终得出软件的量化评估值，见表7-3。计算过程分两阶段设计：第一阶段，计算属性类（一级属性）评分值，将每个子属性（指标）评分和其相关的权重值代入公式取得该属性类的评分值；第二阶段，计算开源软件评估结果，以第一阶段计算得到属性类评分加权和的形式呈现。在已知的研究中，普遍采用加权平均作为聚合方法，然而这种方法存在缺陷。主要表现在人为干预过多，权值的设计以及区间尺度的划分主观性过强。

表7-3 区间尺度评估度量示例

一级属性	二级属性	权重	1分	2分	3分
开发环境	开发模式	0.20	未达标	基本达标	达标
	⋮	⋮	⋮	⋮	⋮
	项目管理	0.30	未达标	基本达标	达标
⋮	⋮	⋮	⋮	⋮	⋮
社区	变更请求	0.25	（0.5,1]	[0.2,0.5]	[0,0.2）
	⋮	⋮	⋮	⋮	⋮
	巴士系数	0.20	（0.5,1]	[0.2,0.5]	[0,0.2）

由于缺少开源供应链软件评估的开放基准数据集，当前国际主流的开源软件成熟度评估模型如 OSMM、OpenBRR、QSOS 等均采用分（层）级加权求和法对软件进行评估。N-OSMM 采用直接加权求和的计算模式，即将每个关键要素得分与其相应的权重相乘，并通过累加聚合得到产品的总成熟度。OpenBRR 和 QSOS 采用分阶段加权求和评估，对软件的评估分为 4 个阶段，采用迭代的方式对软件进行鉴定与选择。

2. 顺序尺度模型

不同于加权聚合，顺序尺度评估是一种基于配置文件（属性阈值）的评估算法，旨在通过用最小的人为干扰来测量和评估软件的属性。该方法的计算过程分为两个阶段：第一阶段是定义评估属性与指标；第二阶段是数据收集和对测量结果的聚合。其中，第二阶段的聚合方法使用了基于配置文件的评估方法，目标是提供一个顺序尺度的结果（如好、一般、差）。模型将一级评估属性分解为更细粒度的指标（二级属性），每个分解的指标都需要进行量化定义，且都有相应的配置文件。表 7-4 展示了一个使用顺序尺度模型进行评估的示例，表中的 value 值对应前述的配置文件，代表了每个类别所需的最小或最大测量值。一级属性通过二级指标所构建的 value 向量进行评估，要使软件最终评估结果为“好”，其每一个一级属性也必须被描述为“好”。

表 7-4　顺序尺度评估度量示例

一级属性	二级属性	等级			
		Excellent	Good	Fair	Scale
开发环境	开发模式	value	value	value	Less is better
	⋮	⋮	⋮	⋮	⋮
	项目管理	value	value	value	Less is better
⋮	⋮	⋮	⋮	⋮	⋮
社区	变更请求	value	value	value	More is better
	⋮	⋮	⋮	⋮	⋮
	巴士系数	value	value	value	Less is better

这里使用的方法不同于层次分析过程，它没有要求所有指标的区间比例尺度，而是统一在顺序尺度上提供结果。该方法假设所有指标都是同等重要

的，不建议在各种指标上使用权重，进一步有效地降低了人为干预。聚合过程是通过所有给定配置文件迭代使用特定的超越关系（配置文件进行比较）来完成的，用户可以根据其自身需求修改这些配置文件，例如，具有安全意识的用户可以为每个配置文件定义更高的默认值。Samoladas Ioannis 等人在文章“ The SQO-OSS Quality Model: Measurement Based Open Source Software Evaluation”中提出的模型就是这类方法的代表。

3. 金字塔模型

金字塔模型是一种分等级定性和定量评估模型，将所定义的评估属性，即该模型中的信任因子（Trustworthy Elements，TWE），分解为一个或多个目标。进一步地，每个目标再细化为一个或多个具体实践，按照金字塔形结构进行分级评估。每个 TWE 是一个开发目标的集合，集合中的目标都具有相关性。而每个具体目标是由两个或两个以上的具体实践组成，这样就形成了类似树形结构，如图 7-4（a）所示。为了达到具体目标，所有关于目标的具体实践必须达到所设置的标准，当一个 TWE 达到所有的具体目标时，就认为该 TWE 达到了要求。评估分为初、中和高级 3 层，自底向上逐步进行评估。只有初级层的所有因子满足后，才可以进行中级层评估；只有初级层和中级层的因子全部满足要求，才可以进行高级层的评估，如图 7-4（b）所示。

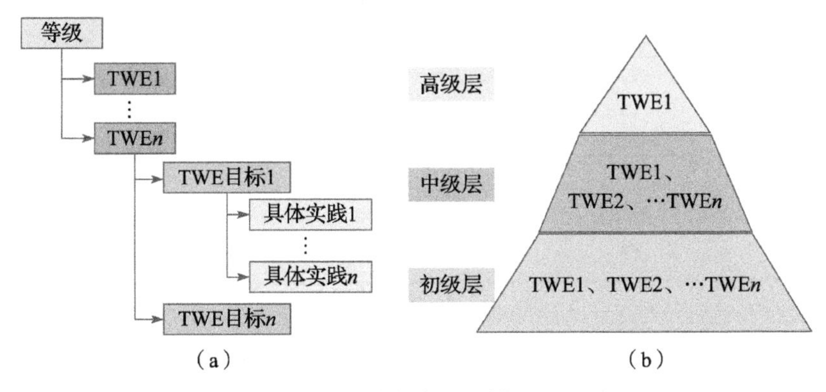

图 7-4 金字塔模型结构图

金字塔模型起源于 CMMI 模型，但是 CMMI 并不适合于开源软件质量的评估，QualiPSo 借鉴 CMMI 体系结合开源软件开发的特点提出了 OMM 模型。这种评估模型信任因子的相对重要性主要通过调查问卷、电话访问等形式获取并迭代确定，因此不需要对其单独设计权重。

4. 机器学习模型

不同于前 3 种计算模型，机器学习模型的计算方法不再是简单的线性求和，而是采用更加复杂的非线性拟合算法，如利用决策树、神经网络等进行评分。它不需要对指标进行比例尺度或顺序尺度度量，但大部分模型需要对属性特征进行编码以消除量纲的影响。通常情况下，离散型属性会采用独热（one-hot）编码，而数值型属性则需要首先进行归一化或标准化，得到规范化的特征描述。之后，将特征输入模型，即可由模型自动从数据集中“学习”权重，具体示例见表 7-5。以神经网络模型为例，这类模型的构建主要包括确定神经网络结构、参数初始化、前向传播和反向权值调整等几个步骤。这种将评估结果计算与权重设计合二为一的方法，可以有效解决传统软件评估方法存在的主观性等缺陷。

表 7-5　机器学习模型属性编码方式示例

一级属性	二级属性	数据类型	示例	编码方式
开发环境	开发模式	离散型	优、良、差	独热编码
	⋮	⋮	⋮	⋮
	项目管理	离散型	优、良、差	独热编码
⋮	⋮	⋮	⋮	⋮
社区	变更请求	数值型	10	归一化或标准化
	⋮	⋮	⋮	⋮
	巴士系数	数值型	0.8	归一化或标准化

已有一些学者面向传统软件评估提出基于机器学习的评估模型，并对评估结果进行了验证。杨根兴等提出了《基于前向单隐层神经网络的软件质量评价方法》，郑鹏以 ISO/IEC 9126 为软件质量度量标准，建立了《基于 LM-BP 神经网络的软件质量综合评价》，为软件质量综合评价提供了一种新的方法。Al-Jamimi 等人在文章“Machine Learning-Based Software Quality Prediction Models: State of the Art”中，研究了影响软件质量的参数量化方

法以及利用机器学习技术来预测软件质量。Reddivari 等人在文章“Software Quality Prediction: An Investigation Based on Machine Learning”中从可靠性和可维护性方面出发，对 8 种基于机器学习的软件质量评估技术进行了评价。在开源软件评估领域，Sonatype 发布的《2022 年软件供应链状况》报告中，选用 OpenSSF Criticality、OpenSSF Security Scorecard、Libraries.io SourceRank 等项目中的评估属性及 MTTU（Mean Time to Update）和流行度（Popularity）两个通用属性作为特征，训练得到几个机器学习模型并用来预测哪些项目是脆弱的（即项目的缺陷较多，是容易受到攻击的）。通过分析结果发现，综合考虑上述多维质量指标的组合，可以有效识别“脆弱”的项目。

7.5 供应链软件评估模型评价

根据 Polancic 等人在文章“Comparative Assessment of Open Source Software Using Easy Accessible Data”中总结出一个理想的评估模型应该至少具备的性质有以下几点：①可重复性，同一评价者对相同的产品进行重复评价，结果应该保持一致；②可复现性，不同评估者对同一产品按照相同的评估规范进行评估，产生的结果应保持一致；③公正客观性，评估不应该偏向于特定的结果，而是真实客观的。除了参照以上特征，为了模型能够更好地指导实践应用，应该建立一套评估模型的评价体系。从 Adewumi 等人的文章“A Review of Models for Evaluating Quality in Open Source Software”和“A Systematic Literature Review of Open Source Software Quality Assessment Models”中可以看出，对模型性能优劣的评价应该至少覆盖对指标体系、建立过程、自动化程度、实用性等几个维度的评估。

以产业界评估模型为例，按照起源可以分为 4 类：第一类，源自纯传统的软件质量模型（如 ISO/IEC 9126），代表模型有 C-OSMM、QSOS 和 SQO-OSS；第二类，起源于传统软件质量模型和当代开源软件质量模型的混合，代表模型有 OpenBRR；第三类，源自纯现代的开源软件质量模型，代表模型有 QualOSS；第四类，源自能力成熟度模型 CMMI，代表模型有 OMM。见表 7-6，简要对比了几种评估模型。从横向来看，C-OSMM 包含产品和应用两类指标，可以通过客户的反馈来定期进行更新，但是没有指定评估过程的最终输出分数的计算模式，主要为客户提供咨询服务。N-OSMM 评估过程相对简单且有评估工具可用，但是没有迭代的过程。OpenBRR 模型具有开放性、灵活性和标准化，面向的目标人群也更加广泛，但是评估本身高度主观，整个过程相对复杂，提供自动化的前景很小。QSOS 模型由 4 个迭代阶段组成，并提供一个称为 O3S 的工具支持，但是 QSOS 的纳入标准相对较多，且评分标准不如其他模型灵活。OMM 模型考虑了软件过程的评估属性，与 CMMI 相比，OMM 实施相对简易方便。许洪波等人的工作《基于 OMM 的开源软件质量自动评估的研究》也证实，OMM 模型中多数的信任因子可以实现自动评估，更适合开源社区的评估。从纵向来看，几种模型评估的复杂度由简单逐渐变得复杂，大多数模型评估过程有相应的工具支持，且所有模型均已在实践生产中得到应用。

表 7-6　主流评估模型的评价与比较

标准 / 模型	指标来源	评估复杂性	工具支持	发布使用
C-OSMM	ISO/IEC 9126	简单	否	是
N-OSMM	ISO/IEC 9126	简单	是	是
OpenBRR	C-OSMM，N-OSMM	一般	否	是
QSOS	ISO/IEC 9126	一般	是	是
OMM	CMMI	相对复杂	是	是

由李兴奇等学者在文章《综合评价结果的区分度度量新方法》中发表的工作可知，在具体实践验证过程中，除了对模型自身的特性进行评价，还需要对模型评估的结果度量和验证，对其准确度、可信度和区分度进行必要的分析。例如，可以选取一个基准模型（如线性回归模型），通过对比多种模型，并使用极差法、平方差法等多种方法来衡量不同模型之间的差异，进而选择最佳模型。

在所有评估、计算和分析工作结束后，应该根据用户的需求撰写供应链软件评估报告（选型报告）。报告内容可以按照通用的软件评估报告模板来完成，包括以下几个部分：①技术架构分析；②软件代码质量评测；③软件可测试性；④易用性研究；⑤可用性评测；⑥社区及项目组织；⑦法律风险；⑧软件选型方案；⑨相关资料附录等。也可以按照供应链软件评估指标体系建立的维度来撰写，以本书推荐的指标体系为例，评估报告可以包含软件开发环境、软件安全性、软件合规性、软件移植性、软件活跃度、供应商和社区等。此外报告还应该包含模型的评价和验证情况。

7.6 面临的问题与挑战

根据上述对供应链软件评估背景问题的介绍，结合对供应链软件评估现状的调研，本节对现阶段供应链软件评估所面临的挑战、未来研究方向及研究内涵进行总结，见表 7-7。

表 7-7 供应链软件评估的问题挑战和未来研究方向

问题与挑战	未来研究方向	研究内涵
标准化不足	开源与标准协同发展	属性定义的标准化 属性测量的标准化
评估维度不均衡	多维度全方位评估	拓宽评估维度 整合多维度评估
方法模型单一	复杂数据挖掘技术	知识谱图技术 机器学习技术
需要人为干预	自动化评估	开发自动化工具 构建一体化评估平台
缺乏基准	模型验证及其采用	应用范围与领域 工业验证

7.6.1 研究难点与挑战

开源软件独特的开发和运作模式，使得用户可以通过代码分析了解软件内部的质量情况。Sung Won Jun 等人的研究文章“A Quality Model for Open Source Software Selection”就指出，这种独特的开发运营模式也会影响软件的质量状况和相关的评估方法。

（1）使用描述 / 规格获取困难 当前软件产品的研发对开源软件的依赖不断提升，在生命周期的各个阶段都有可能引入开源软件，以保证研发效率。然而，对于大部分开源项目来说，缺乏合理且详细的最新用户文档。

（2）封闭且结构良好的软件制品 开源软件通常依赖互联网进行协同开发和管理，代码大多托管在 Sourceforge、CodePlex、BitBucket、Google Code、GitHub 等公共代码仓库中。通过互联网可以公开获取到项目运作的相关数据，用来支撑供应链软件评估的分析。然而，由于开源软件主要由个人或小组开发，且相关信息仅通过在线社区或网站进行传播。如果数据不公开，例如，数据来源于企业内部的存储库或是专有的第三方数据供应商，收集评估所需的信息通常很困难。

（3）测试不足 大部分开源软件并非用于商业目的，贡献者没有责任测试其产品的性能或缺陷，因此对开源软件的测试通常是不够的。Adewumi 等人就在文章“A Systematic Literature Review of Open Source Software Quality Assessment Models”中指出，由于评估属性的选择和测量没有统一的标准和规范，使得用户在选择和度量开源软件时存在分歧。

由于存在上述评估的难点，导致供应链软件评估面临以下挑战。

（1）标准化不足 中国电子技术标准化研究院在 2022 年发布的《开源与标准协同发展研究报告》中指出，当前关于供应链软件的要求分散在多个标准中，评估标准制定仍在起步阶段，存在诸多问题。一方面体现在当前相关标准的制定过程较为零散，开源标准层出不穷，另一方面体现在当前大量开源领域人士更愿意凭“事实标准”说话。

（2）评估维度不均衡 当前，关于供应链软件的评估研究主要集中在安全性、合规性及社区活跃度等维度，对供应链软件开发环境、功能性、移植性等维度的研究相对较少。此外，在不同维度下的评估指标还存在交叉重合的情况，缺乏多维度且全面的综合性评估研究。

（3）方法模型单一 当前，软件评估方法虽然可以分为基于层次分析、基于调查分析和基于数据挖掘技术等几类。但在实际应用中，还是以基于调查分析和层次分析的模型为主，较为单一。此外，在权值设计方法方面还是以主观赋权法为主，总体缺乏创新。同时，也一定程度上限制了评估结果的客观性。

（4）需要人为干预 DevOps的出现打破了开发与运营之间的壁垒，并且进一步推动了软件开发过程的自动化。然而，在当前的供应链软件评估框架中，各个步骤之间几乎是割裂的。属性测量和权值设计等方面仍然需要人为干预，导致无法和自动化程度较高的DevOps流程相匹配。此外，已有的开源治理工具主要集中于开源安全领域，在合规性、可维护性等其他方面缺少支持。

（5）缺乏基准 当前，虽然有一些针对开源软件评估模型方向的研究，并且在一定范围内得到了应用。但由于缺乏开放的基准，导致无法评估和比较各模型评估结果的可靠性。

7.6.2 未来研究方向

1. 开源与标准协同发展

标准化是开源治理的重要手段，也是供应链软件评估的重要方法，标准化对开源的价值不仅体现于统一产业界认识，如开源术语、元数据、许可证等方面。同时，还体现在保障社区的健康与软件供应链的稳定。在开源软件供应链领域，标准目前主要集中在供应链安全方向，例如，从2021年开始，拜登政府发布了一项行政命令，规定了包括软件在内的所有供应链安全；英国国家网络安全中心在2018年11月发布《供应链安全指南》，提出归属于4个方面的12条安全细则；GB/T 36637—2018是我国第一个ICT产品服务供应链安全国家标准，弥补了ICT产品服务供应链安全风险管理的空白。在供应链软件评估方面，无论是评价模型还是孵化标准，属性的定义都没有一个用户可接受的“黄金标准”。属性的测量同样缺少统一的规范标准，缺乏相应的国家或行业标准。未来需要相关标准机构、企业以及组织共同合作制定开源软件的数据采集标准、属性定义和测试标准及模型建立标准，逐步形成大规模的开源供应链软件基准数据集。

基于开源标准构建评估体系，有助于更好地服务开源生态建设。在开源软件供应链背景下定义供应链软件评估相关标准时，需要考虑以下两个方面：一是需要从软件的开发生命周期出发进行更细粒度的评估；二是可以通过引入面向软件供应链的知识图谱等技术，全面梳理开源生态下各类实体间复杂的关联关系。在供应链软件评估标准制定过程中，应关注如何计算、评估及测量各种指标，同时评估指标背后的价值，参考步骤如图 7-5 所示。

1）参考国家软件质量评估标准，开源基金会项目孵化标准，归纳和整理开源软件特性，确保标准的完整性。

2）了解开源软件评估项目的流程与方法，为制定标准提供可实践的思路。

3）选取业界和学术界开源软件评估模型作为参考依据，保证评估标准的制定有充分的理论支撑。

4）围绕供应链软件的特点及不同应用行业的特点，调整和补充现有评估条件，确保评估标准的制定有充分的实践和应用场景。

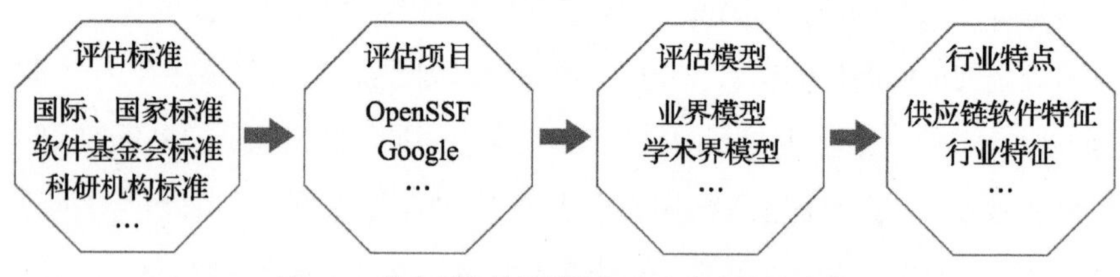

图 7-5　供应链软件评估指标定义参考依据分类

2. 多维度全方位评估

传统商业软件评估模型主要关注软件的自身安全和质量，缺乏对整体软件产品合规性、涉及社区及供应关系的考量。因此，对于供应链软件的评估，传统的评估模型及标准有一定的借鉴和参考价值，但不完全适用。由于开源软件供应链概念的提出相对较晚，当前已有研究主要聚焦于开源软件供应链风险管理（Supply Chain Risk Management，SCRM）。关于供应链软件评估的研究相对比较发散，主要集中在供应链软件安全风险、合规性、社区、活跃度几个维度，综合评估的相关研究较少，已有研究成果归类见表 7-8。在中国知网中检索摘要包含“开源软件”和“评估模型”的文献，仅有 23 条记录；在 IEEE 数据库检索摘要包含“ open source software”和“ evaluation model”的文献，仅有 304 条记录（会议论文 265 篇，期刊论文 34 篇，早期发表文章 5 篇）。

表 7-8　供应链软件评估已有研究成果归类

研究方向	研究内容	相关研究
安全风险识别与评估	漏洞识别 风险评估	Champion Kenett
合规性检测与评估	许可证兼容性检测 许可证合规性评估	Xu Alex
社区、活跃度评估	团队协作 项目发展	Madey Xu Christley

当前，供应链软件呈现出开源化的新特征，并面临着安全、合规等风险挑战。软件供应链的相关参与实体，包括供应商、工具、社区、开发平台等，都可能为软件供应链安全引入风险。因此，针对供应链软件的评估不应该局限在某个维度，而是需要基于开源标准整合不同的维度，以进行全方位、多维度的准确评估。

3. 更复杂的数据挖掘技术

在开源协作的软件开发新模式下，软件系统的构成越来越复杂：应用软件依赖大量的第三方组件，同时第三方组件又依赖更多其他的第三方组件，形成了依赖嵌套。开源软件全面渗透至软件供应链体系中，需要引入更复杂的数据挖掘技术，以准确识别软件中的开源成分（包括开源源代码成分、开源二进制成分、引用依赖的开源组件成分等）。通过这种方式最终形成开源成分清单，做到对软件开源成分的可知可控。知识图谱是一种揭示实体之间关系的语义网络，构建开源软件知识图谱，探寻相关的开源软件供应链管理方法是当前研究的热点方向之一，如谷歌公司发起的项目GUAC。具体来说，使用知识图谱精确绘制开源组件依赖链条，可以防止安全风险随着依赖链条逐层传播，这是进行开源安全风险防范的基础。另一方面，也可以面向知识图谱定义相关的评估指标，全面收集相关信息并进行准确的语义表达，为执行进一步的挖掘和分析提供良好支撑。

机器学习是涉及统计学、逼近论、概率论、凸分析等多领域的交叉学科。它利用某种算法指导计算机利用已知数据得出最佳的模型，并利用此模型对新的数据（或情境）进行判断。在供应链软件评估方向，机器学习目前主要应用于开源软件漏洞挖掘。在未来的研究中，可以考虑通过机器学习模型从数据中学习到属性的权值标准，从而避免分级加权模型带来的缺乏客观性等诸多问题。此外，通过基于时间序列和统计分析的机器学习模型，可以建立开源软件整个生命周期不同阶段的数据特征及变化趋势，并通过相关性或关联性分析挖掘影响软件可靠性的关键指标。进一步地，可以通过收集已知流行供应链软件相关的特征数据，整理并优化形成可用于开源供应链软件评估的基准数据集，用于机器学习模型评测。随着大规模开源软件数据集的形成，这种基于机器学习的供应链软件评估方法将会慢慢成为主流。

4. 自动化评估

当前开源相关的治理工具主要集中于开源安全领域，按功能可将其分为漏洞扫描（安全审计）工具、依赖性分析工具、透明度（软件成分）分析工具及网络威胁检测工具几类。虽然这些开源安全测试工具可以直接进行代码级分析评测，但要实现不同工具生成信息的整合是一项复杂且耗时的任务。开源软件供应链是一个动态的系统，因此用于供应链软件评估的也需要具备动态响应的能力。因此，实现数据的自动化采集、分析挖掘、建模及模型的验证分析，并最终得出评估结果是非常必要的。

目前，针对开源软件相关数据的采集和分析，开源社区相继开发出一些工具和平台。木兰开源社区孵化了开源生态数据基础设施型开源项目OpenDigger，该项目由 X-lab 开放实验室发起，用于收集并整理开源生态中广泛的软件活动数据，并提供包括度量指标、评价模型、分析工具、开放数据、数据接口等在内的多个服务，以期促进开源软件生态的持续健康发展。为了进一步方便用户查看评估结果，该项目面向 GitHub 用户打造了浏览器插件 Hypercrx。该插件将多个可交互的图表组件插入到 GitHub 页面中，使用户在 GitHub 内就能了解到相关开源项目和开发者的评估结果。Apache DevLake 是一款开源的研发效能数据平台，可以有效地将散落在软件研发生命周期中不同阶段、不同工作流、不同 DevOps 工具的研发数据留存、汇集并转化为有效洞见，提供一站式的数据归集、分析及可视化能力。然而，这些工具或平台产生的数据尚未得到有效整合，难以提供开放服务或是形成开放的基准。因此，未来有必要构建一体化的数据平台，能够自动化地融合不同来源的异构数据，并通过统一且蕴含丰富语义的形式对外提供服务。

5. 模型验证及其采用

已知的评估模型，在实际应用时首先需要人工定义属性和权重，且缺乏详细的操作指南。同时，由于实施复杂评估标准所需信息的缺失，以及缺乏对评估结果的验证等因素，都会对评估结果的可靠程度造成严重的影响。因此，学术界提出的大部分模型仍然停留在理论方法阶段，尚未得到强有力的验证，限制了它们在软件项目开发中的实际应用。调查数据也显示，开发人员更乐于倾听他人的经验，或通过邮件列表、论坛等途径搜索，并最终选择采用度更广泛的开源软件，而很少依赖上述评估模型。未来，一方面应该注重优化评估模型的操作方法，同时需要在工业环境中进行严格和广泛的验证，从而增强其在工业界中应用的可行性；另一方面，应该健全模型的评价体系并形成基准，实现对模型更加客观的评估和验证，从而推动模型的改进和优质模型的广泛传播。

Adewumi 等人在文章“A Systematic Literature Review of Open Source Software Quality Assessment Models”中的调查表明，大多数模型都没有指定应用领

域。对于那些具有特定应用领域的模型，更多关注的是数据密集型软件的质量，而针对系统级计算密集型软件的评估模型相对较少。Hauge 等人在文章“ An Empirical Study on Selection of Open Source Software-Preliminary Results”中采访了来自 16 家挪威软件公司的开发人员，发现开源组件的选择具有情境性质，即项目特定的属性显著限制了选择的结果。Lewis 等人在文章“ From System Requirements to COTS Evaluation Criteria”中的研究表明，往往需求和评估标准之间存在匹配度缺失。未来，一方面，需要关注和定义模型的应用领域和应用场景；另一方面，应该更关注通用模型的定义。

7.7 本章小结

随着开源协作模式下软件供应链的发展，开源软件已经广泛存在于供应链中，这也使得软件供应链变得更加复杂。针对开源供应链软件评估面临的问题，企业、基金会、科研机构等多种组织都予以高度关注，并投入人力研究和改进。然而，开源供应链软件评估相关的研究仍处在初级阶段，需要在实践中不断地探索与改进。本章对软件供应链和开源软件评估展开调研，并总结了开源供应链软件评估的三大任务。以任务为指引，对当前的研究进展进行总结，并指出了面临的问题与挑战。同时，探讨了未来的研究方向，为建立一套“标准”的开源供应链软件评估体系提供理论支持。

第 8 章　开源软件供应链基础设施的建设

近年来，软件及信息技术产业的发展十分迅猛，基于开源软件进行开发已成为新一代软件开发模式。与此同时，国内开源软件供应链风险事件却频频发生，使用开源软件所面临的威胁也日益突出。为了应对开源软件供应中的风险，解决开源软件可靠供应的问题，需要突破软件领域关键核心技术，在多个供应链之间将开源软件组织起来，建设一个能够支持采集存储、开发测试、集成发布和运维升级等全方位服务的通用平台，并最终形成满足各行各业需求的公共基础设施。本章将基于对开源软件供应链基础设施建设的需求分析，以“源图”为例，介绍一种基础设施建设思路，包括总体设计、数据基础设施及一体化服务基础设施 3 个方面。

8.1 需求分析

为了将更多的开源软件纳入供应链管理，同时应对大量国外开源软件引入而带来的持续性风险，整合更多的关键技术和核心算法，以支持更广泛的科研和产业的业务需求，中国科学院软件研究所连同中科南京软件技术研究院于 2021 年正式启动开源软件供应链基础设施建设项目，该项目的首要目标是建设国内首个开源软件供应链重大基础设施平台“源图”，实现对开源软件供应链的风险评估与管理，彻底厘清我国在开源软件方面的风险，及时发现不可控的供应链节点、评估等级并进行防范化解，并依托国内开源社区，发动更多的开源爱好者投入开源软件生态建设。

8.1.1 开源软件供应链基础设施的功能性需求

1. 开源软件推荐

软件推荐的目的是帮助用户进行信息过滤和筛选，为用户提供符合个性化需求且感兴趣的软件。这一功能需要覆盖大数据、智能制造、人工智能等多种应用领域，并包含不同子功能，如根据行业标签进行推荐和根据功能描述进行推荐等。根据行业标签进行推荐是指用户可以根据开源软件供应链基础设施提供的行业标签获取专门针对某一行业的软件推荐，如“金融”行业。而根据功能描述进行推荐则表示用户可以通过向开源软件供应链基础设施输入针对某种功能的描述性语言，来获取与该功能相关的软件推荐。例如，用户可输入“人脸识别”以获取可实现“人脸识别”功能的软件推荐结果。

2. 开源软件分析

软件分析的目的是帮助用户了解不同软件在各个方面的信息，为支持他们后续的应用需求提供支持。这一功能也适用于多个应用领域，包括软件依赖关系分析、开源软件安全性分析、开源软件合规性分析，以及开源软件维护性分析等。软件依赖关系分析可以挖掘开源软件依赖的上游依赖和下游依赖，从而更好地了解软件的整体结构。例如，用户可以通过输入软件 A 的名称，获取所有软件 A 依赖的且依赖于软件 A 的软件。开源软件安全性分析则是对漏洞、缺陷等与安全性相关的维度信息进行评估和分析，以提高开源软件的安全性能。例如，用户可以通过输入软件 B 的名称，获取软件 B 中所有漏洞的详细信息，包括漏洞编号、漏洞描述、CVSS 分数、修复建议等，以及软件 B 的缺陷、完整性、真实性检测结果。同时，由于多个不同的漏洞被组合利用时可能会造成更为严重的后果，因此还会为用户提供已经被信息安全类报道证实的漏洞利用链，以及基于此推理出的潜在漏洞利用链的相关信息，如漏洞C与漏洞D可能形成一条漏洞利用链，以提醒用户注意防范和处理。开源软件合规性分析是指对开源软件的政策、法律、开源许可证冲突进行分析。例如，用户可通过输入软件E的名称，获取E所使用的开源许可证的详细信息、其所有者所在地区的政策及法律信息及许可证冲突检测结果。在这些信息的基础上，用户还能够了解自己可以在何种程度上使用、改造及再分发软件E的代码，避免使开发的软件产品存在合规风险。开源软件维护性分析是指对开源软件的持续运行的能力进行评估。例如，用户可通过输入软件F的名称，获取软件F的活跃度、贡献分布、供应链维护等指标相关的数据。基于这些数据，用户可对软件F本身及上游的供应商信息进行综合评估，识别出其潜在的维护性风险。若风险相对较高，则应避免在软件开发等过程中使用该功能。总体而言，该功能可以帮助用户更全面、清晰地了解软件，使用户能够根据自身需求和开源软件存在的风险程度选择适当的措施。

3. 开源软件供应链管理

开源软件供应链管理的目标是一体化管理开源软件供应链，涵盖包括供应链检索、供应链推荐、供应链构建、供应链风险处理方法推荐及供应链可视化等功能。用户可以通过在开源软件供应链基础设施中输入描述来检索所需的开源软件供应链信息，其中包括上游社区、源码、二进制包、包管理器、存储仓库、开发者、维护者等。例如，用户可输入openEuler以获取构成openEuler操作系统的开源软件供应链。该供应链推荐包含多种不同子功能，可按关键度和风险级别进行推荐。根据关键度级别进行推荐是指开源软件供应链基础设施可以基于用户输入的供应链系统的名称，识别并评估其中软件的关键程度，从而为用户推荐其中关键的软件（如基础软件、核心软件）或组件。这一子功能可以在开源软件供应链关键节点识别算法的基础上实现。系统、软件的开发人员可以在推荐结果的基础上将它们国产化，这对规避维护性风险具有重大意义。例如，给定一个操作系统A，若能够知晓操作系统A中都有哪些基础软件、核心软件，就可以针对这些软件进行战略部署。同时，针对推荐结果优先进行风险处理有助于提高供应链的风险管理效率，使更加重要的问题能够得到更加高效的解决。根据风险级别进行推荐是指开源软件供应链基础设施可以向开发与运维人员推荐软件供应链中的高安全风险、高合规风险以及高维护风险的软件，以满足供应链风险管理的关键需求。这一子功能可以在开源软件安全性分析、开源软件合规性分析以及开源软件维护性分析的基础上实现。

供应链构建是指开源软件供应链的自动化生成。例如，若用户想要开发一个 Web 端系统，可以通过供应链构建对可用于开发 Web 端系统的供应链进行获取，包括数据库、前后端框架等软件及与它们相关的全部信息。供应链构建需要以供应链推荐的结果为有效支撑，能够在一定程度上满足用户构建定制化系统的需求。

供应链风险处理方法推荐是指开源软件供应链基础设施可以基于开源软件供应链知识图谱中的知识为用户推荐供应链中风险的处理方法，如漏洞修复建议等，这一子功能可以在开源软件分析得到的综合结果的基础上实现。

供应链可视化能够帮助用户更好地理解和管理开源软件供应链。通过展示开源软件项目的不同组成部分之间的关系，用户可以更清楚地了解每个节点的功能和作用。此外，供应链可视化还可以提供数据分析和决策支持。通过对开源软件项目的数据进行可视化，用户可以发现潜在的问题或风险，并采取相应的措施加以解决。同时，供应链可视化还可以揭示出合作伙伴之间的依赖关系，从而有助于优化资源配置和协调工作。

8.1.2 开源软件供应链基础设施的非功能性需求

1. 性能需求

为方便用户高效使用，开源软件供应链基础设施的响应时间应尽可能短，可在 1 ～ 2s 内返回用户需要的结果。同时，由于设施的目标用户众多，因此应能支持上千名用户并发使用，且保证性能不受影响。另外，设施的数据应做到实时更新，导入时间不应过长。

2. 安全性需求

应为用户设置不可随意更改数据的权限。同时，设施本身应做好安全性保障，以防遭遇黑客攻击。设施的数据应当有备份，以防数据遭到破坏和丢失。设施应能记录运行时所发生的所有错误，同时也可记录用户的关键性操作信息。

3. 可用性需求

设施应该便于用户操作，而且操作流程必须合理。此外，设施还应具备一定的容错能力，并且提供统一规范的提示信息。用户也应该能够自定义一些重要参数。

4. 其他需求

设施应便于访问。

8.1.3 开源软件供应链基础设施的目标用户

开源软件供应链基础设施的目标用户主要包括以下 3 类人员（既可以是个人，也可以是包括企业、政府等在内的组织群体）。

1. 开发人员

据国际知名 IT 研究与顾问咨询公司 Gartner 表示，大多数的现代软件都是通过“组装”而非“开发”得来的。同时，另一家知名研究和咨询公司 Forester 也进行了统计，发现 80% ～ 90% 的商业软件开发人员在其应用程序中使用了开源软件。开发者们逐渐认识到，分享和合作是促进软件技术进步的重要方式。而开源软件的优势在于其源代码是公开可见的，允许任何人查看、修改和共享。这种形式的共同创作能够加速新功能和错误修复的发布，并且有助于减少重复劳动。此外，开源软件还有许多其他好处。对于用户来说，他们可以自由地使用、分发和修改开源软件。这使得用户能够根据自己的需求进行定制，并且不必依赖一个特定供应商或版本。同时，可公开查看代码也意味着更高的安全性，因为独立审查可以帮助发现潜在漏洞或后门。对软件行业来说，参与开源项目带来了更多机会和收益。由此可见，在现代软件开发中，开源软件代码已经成为必不可少的基础，开发模式也发生了根本的改变。

在开发过程中，选取合适的开源软件或组件很重要。同时，还需要注意的是，虽然它们提高了开发效率，但也存在风险。例如，代码中可能会含有漏洞或后门，攻击者可以借此窃取开发人员的隐私数据；代码所使用的开源许可证可能存在合规风险；在缺乏正向激励的情况下，开源软件或组件还可能会因供应商缺乏维护意愿而遭到断供。基于开源软件供应链基础设施，开发人员可先通过开源软件推荐功能筛选出符合要求的开源组件范围，根据对范围内组件的开源软件安全性分析、开源软件合规性分析及开源软件维护性分析等结果的综合考虑，进一步筛选出较为优质的、可供使用的开源组件进行软件开发。同时，在系统开发的过程中，开源软件供应链管理中的供应链检索、供应链构建功能也可为开发人员提供可选的开源软件及相应信息，便于他们开展后续的研发工作；供应链推荐既可以帮助开发人员明确系统中哪些是最为关键的软件或组件，为后续将它们国产化奠定基础，也可以帮助开发人员掌握哪些是风险级别较高的软件或组件，以避免在开发过程中使用它们。

2. 运维人员

运维人员需要负责软件生命周期中的运行维护工作，主要包括部署软件、保障服务的稳定运行及日常的更新维护等。因此，若运维人员足够了解软件系统或服务中所使用的开源软件或组件的详细信息，就可以更好地预防和应对可能会遇到的意外情况，为产品质量提供保障。基于开源软件供应链基础设施，运维人员可通过开源软件安全性分析、开源软件合规性分析，以及开源软件维护性分析对开源软件或组件的风险进行综合评估。同时，运维人员还可以分别利用开源软件供应链管理中的供应链推荐和供应链风险处理方法推荐功能，获取系统、软件中风险级别较高的开源软件或组件及漏洞、缺陷等的解决方案，从而进一步优化和改进系统及软件性能，降低它们自身存在的风险。

3. 使用人员（普通用户）

当普通用户想要下载、安装并使用开源系统或软件时，通常都会因为选择众多而感到迷茫。但是像开发人员一样，他们可以利用开源软件供应链基础设施，在获得专门针对某一行业或某一功能的软件推荐后，通过综合分析结果快速全面地了解各种不同维度的信息并进行评估，最终选出最符合需求的软件。在这个过程中需要注意应尽量选择可信赖的平台和资源来获取信息和推荐。此外，如果普通用户想要详细了解某一系统的供应链信息，可以先通过供应链检索功能获取其开源软件供应链的全部信息，之后再基于这些信息对系统的风险性做出综合评估。如果普通用户想要对系统或软件的信息产生更为具象的认知，可以通过供应链可视化对其数据进行直观的展现。

8.2 基础设施设计

开源软件供应链基础设施的目标是建立全球最大的开源代码知识图谱和开源软件供应链体系，推动开源软件及其供应链的自主可控与安全可靠供应，为国内关键设备、系统、行业产业提供高质量、低风险的开源软件供应链，逐步形成维护与指导开源生态健康发展的能力，有效支撑国内各行业与开源应用场景，保障我国开源软件供给安全和产业创新发展。2021 年 9 月发布的“源图 1.0”初步完成了对开源软件供应链知识图谱的构建，引入了软件依赖关系分析、开源软件维护性分析、开源软件安全性分析、开源软件合规性分析等功能。而在 2022 年世界互联网大会乌镇峰会开源技术生态创新发展论坛上正式发布的“源图 2.0”已经集成了超千万的开源项目，并在“源图 1.0”的基础上增加了开源软件推荐、供应链检索、供应链推荐、供应链构建、供应链风险处理方法推荐及供应链可视化等功能。2023 年“源图 3.0”发布，标志着开源软件供应链基础建设取得了重要阶段性成果，为国内开源软件可靠供应链构建提供了强有力的支撑。截至 2024 年底，开源软件供应链知识图谱的实体数量已超过 2 亿，关系数量超过 57.4 亿条，实现了 3600 种开源许可证的冲突关系图谱构建，发现超过 59 万个项目存在合规性风险。除此之外，“源图 3.0”覆盖了操作系统、大数据、金融、人工智能等 12 个行业场景。以工业软件供应链为例，“源图 3.0”建立了超 1.9 万个工控物联网固件的固件分析数据集，共发现漏洞 22 万余次，其中高危漏洞约占 20%。在对国家关键基础设施领域风险检查方面，发现漏洞、病毒等安全威胁 1500 余个。未来“源图”还将探索更多的行业应用场景。

8.2.1 总体设计

作为开源软件供应链基础设施建设的核心，“源图”的整体架构如图 8-1 所示。

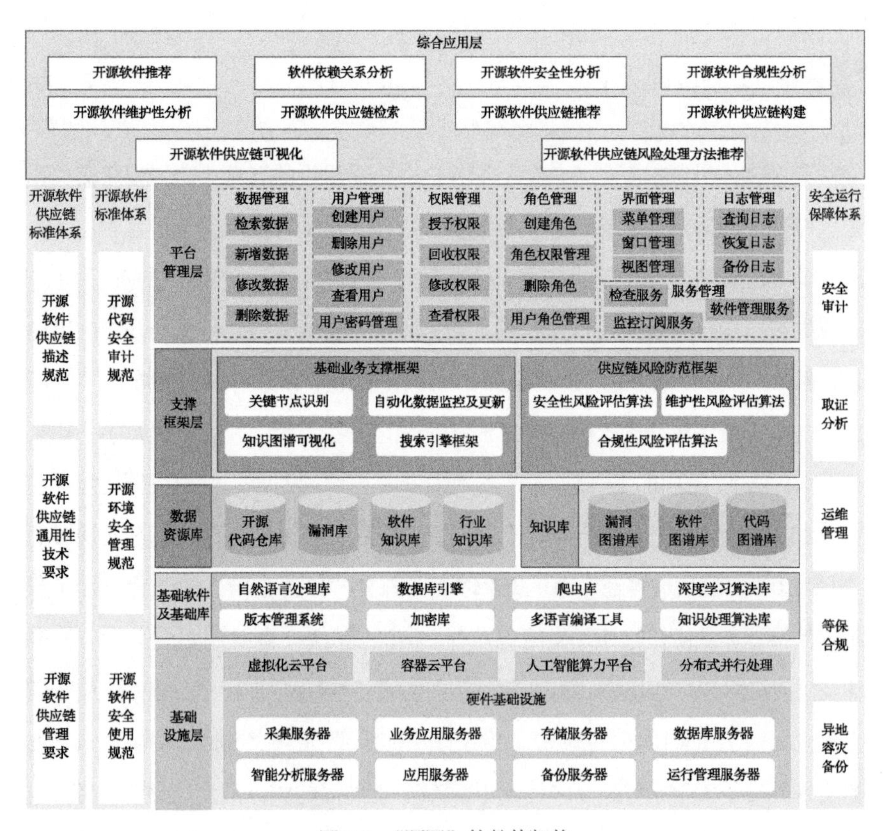

图 8-1 “源图”的整体架构

“源图”包含了基础设施层、基础软件及基础库、数据资源库、知识库、支撑框架层、平台管理层及综合应用层 7 个基础层级，以及开源软件供应链标准体系、开源软件标准体系和安全运行保障体系 3 个辅助体系，它们共同保障了“源图”的正常运行。架构图中各部分的具体功能如下。

1. 基础设施层

基础设施层是平台的运行基础，由 IT 基础设施提供商为平台建设与运营提供虚拟化的计算资源、网络资源、存储资源，为其他基础层级的功能运行、能力构建及服务供给提供高性能的计算、网络、存储等基础设施。其中既包括了由存储服务器、备份服务器、运行管理服务器等组成的硬件基础设施，以及虚拟化云平台、容器云平台、人工智能算力平台等依赖于硬件和软件资源的服务。

2. 基础软件及基础库

基础软件及基础库主要用于提供基础软件及基础库服务，包括标准化的系统功能及功能接口，由一系列的基础服务软件构成，包括爬虫库、自然语言处理库、深度学习算法库、多语言编译工具等。

3. 数据资源库

数据资源库由构建开源软件供应链知识图谱所需的原始数据资源构成，可以根据客观世界的类别属性，将其视为开源代码仓库、软件知识库、行业知识库及漏洞库的集合。

4. 知识库

开源软件供应链知识图谱是整个开源软件供应链基础设施建设的核心，维护了海量开源软件供应关系及软件实体相关信息，为供应链风险管理提供了有力的数据支持。开源软件供应链知识图谱持久化存储在知识库中，是利用自然语言处理等方法对数据资源库中的数据进行处理后得到的。因此，可以根据数据资源库的分类方式，将知识库视为软件图谱库、代码图谱库等的集合。知识库是实现开源软件供应链知识化风险管控框架的基础，通过利用知识库中的数据可以有效实例化开源软件供应链的知识化模型。

5. 支撑框架层

支撑框架层是平台的核心框架，该层在知识库基础上进一步实现了平台管理层及综合应用层所需的算法及能力，为平台管理层和综合应用层提供了强大的支撑。支撑框架层包括基础业务支撑框架及供应链风险防范框架。基础业务支撑框架由知识图谱可视化技术、搜索引擎框架、关键节点识别算法、自动化数据监控及更新等组成；而供应链风险计算框架由安全性风险评估算法、合规性风险评估算法、维护性风险评估算法等组成。该层为开源软件供应链知识化风险管控框架提供算法支撑，是实现风险识别和管控及关键软件识别两个模块的基础。

6. 平台管理层

平台管理层是平台整体架构中的关键部分，起着承上启下的纽带作用。它不仅需要全面整合下层资源（包括强大的大数据处理能力、开放的开发环境工具等），还需要向上支持综合应用层的开发部署。同时，它还与安全运行保障体系共同承担了整个系统的在线运行、维护和管理。平台管理层由数据管理、用户管理、权限管理、角色管理、界面管理、日志管理及服务管理组成。数据管理包括新增数据、删除数据、修改数据及检索数据。用户管理包括创建用户、删除用户、修改用户、查看用户及用户密码管理（设置密码、修改密码和查看密码）。权限管理功能涵盖了授予权限、回收权限、修改权限及查看权限。角色管理功能主要是为了更好地管理用户权限，包括创建角色、角色权限管理（授予、回收、修改及查看角色权限）、删除角色及用户角色管理（授予、撤销、修改和查看用户角色）。界面管理的主要功能包括菜单管理、窗口管理、视图管理等。菜单管理提供新增、修改和删除菜单的功能；窗口管理则支持窗口布局模式修改、窗口排列形式修改及窗口切换等操作；视图管理可以修改视图配置、搜索视图及切换视图类型等。另外，日志管理主要实现日志信息的管理，包括查询日志、备份日志、恢复日志等。服务管理主旨是为用户提供一体化的交互体验，包括检查服务、软件管理服务及监控订阅服务。平台管理层各部分之间的交互合作共同实现了对下层数据、算法等的统一调配，从而全面提升了平台的管理效率。

7. 安全运行保障体系

安全运行保障体系旨在保障平台各项业务的正常开展，确保平台的正常运行，规范平台日常操作及维护阶段安全要求。安全运行保障体系包括取证分析、运维管理、等保合规、异地容灾备份等功能模块。

8. 开源软件标准体系

开源软件标准体系的目的是提供与开源软件相关的各种安全规范，以提高开源软件及其环境的安全性并增强抵御攻击的能力。该体系由三个规范组成：开源代码安全审计规范、开源环境安全管理规范，以及开源软件安全使用规范。截至 2024 年，“源图”已经发布并支持《信息技术安全 - 开源软件安全使用规范》（T/CFAS 0001-2019）、《信息技术安全 - 开源环境安全审计规范》（T/CFAS 0002-2019）、《信息技术安全 - 开源代码安全审计规范》（T/CFAS 0003-2019）等多项标准管理规范。

9. 开源软件供应链标准体系

开源软件供应链标准体系旨在提供与开源软件供应链相关的标准与要求。它由三个部分组成：开源软件供应链描述规范、开源软件供应链通用性技术要求和开源软件供应链管理要求。截至 2024 年，“源图”已发布并支持《开源软件供应链 - 可靠性技术要求》（T/CFAS 0006-2020）、《开源软件供应链 - 通用性技术要求》（T/CFAS 0007-2020）、《开源软件供应链 - 描述规范》（T/CFAS 0008-2020）等多项标准规范。

10. 综合应用层

综合应用层是面向用户的实际建设层，是对信息处理的重要环节。该层有效整合了平台管理层、支撑框架层、安全运行保障体系具有的能力，以及开源软件供应链标准体系、开源软件标准体系提供的规范与要求。不同用户登录后可以通过该层实现一系列基于平台的应用，包括开源软件推荐、软件依赖关系分析、开源软件安全性分析、开源软件合规性分析、开源软件维护性分析、开源软件供应链检索、开源软件供应链推荐、开源软件供应链构建、开源软件供应链风险处理方法推荐及开源软件供应链可视化等。从开源软件供应链知识化风险管控框架的角度来看，该层是以开源软件供应链模型构建模块、开源软件供应链风险识别和管控模块，以及开源软件供应链关键软件识别模块提供的数据模型及算法为基础实现的。

8.2.2 数据基础设施

中国信通院2019年发布的《数据基础设施白皮书》中指出，社会已经迎来了继农业经济、工业经济之后的数字经济时代，数据已经成为数字经济时代最核心的生产要素，如同农业时代的土地、劳动力，工业时代的技术、资本一样。海量数据蕴含了巨大的价值，但也给存储系统带来了前所未有的挑战，包括存储扩展性不足、存储成本高昂、数据孤岛、数据供应不足等。而新型数据基础设施可以帮助解决这些难题，实现数据存储智能化、管理简单化和价值最大化。

数据基础设施是传统IT基础设施的延展，它以数据为中心，深度整合计算、存储等资源，是以充分挖掘数据价值为目标所设计建设的数据中心IT基础设施。在开源软件供应链重大基础设施平台中，数据基础设施由基础设施层、基础软件及基础库、数据资源库、知识库、支撑框架层，以及平台管理层中的数据管理组成。区别于传统的硬件设施，基础设施层引入了多样性计算，使单一的计算能力转变为多样性的计算能力，从而可以匹配各种不同类型的数据，并提高了计算效率。在存储方面，数据基础设施也由单一类型存储过渡到了多样性融合存储，有助于应对存储效率低、管理复杂等问题。数据资源库及知识库主要构成了数据存储的软件设施，是开源软件供应链基础设施的数据中心。知识库中存储的开源软件供应链知识图谱，它包括了软件制品、源码仓库、开源许可证、贡献者、组织等多种实体类型，形成了巨型的知识网络。该知识图谱承载了开源软件供应链相关的核心信息。基础软件及基础库主要为数据的采集及计算提供软件支撑。其中，支撑框架层主要服务于数据的计算及使用，而平台管理层中的数据管理则是面向数据的管理及使用设计的。整个数据基础设施的数据处理流程如下。

（1）原始数据采集 以基础软件及基础库中的爬虫库等为工具，爬取开源软件供应链知识图谱的数据源，并将获取的数据存储在数据资源库中。

（2）原始数据处理 使用基础软件及基础库中的自然语言处理库、深度学习算法库等工具，对存储在数据资源库中的原始数据进行计算处理，得到可以构成开源软件供应链知识图谱的知识数据，并将其存储在知识库中。Neo4j 是最受欢迎的属性图数据库之一，常被用于存储图类型的知识数据。以 Neo4j 为例，在创建的图中，每个实体都有唯一标识（ID）并由标签（Label）分组。同时，每个关系都通过唯一的类型表示。Neo4j 使用的存储后端专门为图结构数据的存储和管理进行定制和优化，逻辑上互相关联的节点在物理地址也指向彼此，因此能够更好地发挥出图结构形式数据的优势。

（3）知识数据处理 通过支撑框架层中提供的各种算法与技术，对开源软件供应链知识图谱数据进行不同的计算处理，得到的结果可满足综合应用层设计的多样化应用场景。

（4）知识数据管理 平台管理层中的数据管理模块，可以满足对开源软件供应链知识图谱的知识数据及其计算加工后的数据结果进行各种管理操作，包括知识的更新、移除、编辑、发现等。

需要强调的是，上述流程中，每一步都离不开基础设施层的保障。整个流程涵盖了数据接入、存储、计算、管理和使能 5 个领域，通过汇聚各方数据，提供了“采 – 存 – 算 – 管 – 用”全生命周期的支撑能力，将数据资源转变为了数据资产。

数据基础设施具有 5 个特征：融合、协同、智能、安全与开放。融合指“一横一纵”的融合模式，横向融合是数据全生命周期存储的融合，纵向融合是数据处理与数据存储的垂直优化；协同指支撑异构数据源的协同分析；智能指贯穿数据基础设施每个环节的智能化能力支撑；安全指提供平台安全、数据安全、隐私合规等全方位的安全防护体系；开放指打造开放的数据生态环境，通过技术及行业的开放性吸引更多的参与者以保持生态活力。因此，与传统的IT基础设施相比，数据基础设施在推动数据共享方面更具优势，从而能够创造更大的价值。

8.2.3 一体化服务基础设施

开源软件供应链重大基础设施平台模式是一个交互的体系。通过对数据的采集与处理，平台内部形成了专业化的知识库。在不断整合各方资源的过程中，数据基础设施得到了发展与壮大，为面向各类用户提供丰富的平台服务奠定了基础。而一体化的服务基础设施可以帮助用户获取包括供应链构建、供应链检查、供应链检索、监控订阅等在内的一站式服务，使用户可以获得更加全面的体验。在这一过程中，用户与平台形成的良性互动还可以为平台融入更多新的数据，依靠数据共享衍生出更多服务，吸引更多用户使用平台，在实现数据增值的同时也可进一步提升平台的服务质量。因此，构建一体化服务基础设施对于整个开源软件供应链基础设施的建设而言具有重大意义。

1. 一体化服务基础设施建设策略

基于用户需求搭建多方共赢的平台生态圈，并持续推动生态圈的价值提升，是开源软件供应链重大基础设施平台建设的基本逻辑。构建一体化服务基础设施应当重点关注以下内容。

（1）充分了解用户需求 用户需求并不是一成不变的，可能会由单向、直线式逐渐转变为多边、网状式。因此，需要时刻把握“满足各类用户需求”的这个大方向，充分体现以多边用户需求为模式设计的出发点和落脚点，将用户使用应用或体验服务的实质理解为其需求实现的过程。若能利用整合的资源能力满足用户的需求，就可以搭建以平台为基础的开源生态系统。

（2）以服务管理为设计重点 平台需要制定能够纳入各类用户群体的运营策略，成为价值的整合者、多边用户的连接者及共赢生态圈的主导者。这个策略就是通过不断完善服务管理机制，在满足每一方使用者不同需求的同时，吸引更多新用户加入。具体方法为根据已有用户的需求，设计相应的服务模块，并通过用户互动和反馈不断改进功能，使其更加多样化。

（3）打造多方共赢生态圈 开源软件供应链基础设施是中国科学院软件研究所联合了企业、高校、科研院所等社会力量共同建设的。若想将平台战略发挥到极致，最重要的是打造一个多方共赢的生态环境，并在平衡中成长。平台需要妥善经营所有参与者之间的联系，并建立一个紧密相连的网络关系，从而实现他们共同成长和获利。

2. 一体化服务基础设施设计

在开源软件供应链重大基础设施平台中，一体化服务基础设施由基础设施层、基础软件及基础库、数据资源库、知识库、支撑框架层、平台管理层及综合应用层组成。其中，平台管理层包含数据管理、用户管理、权限管理、角色管理、界面管理、服务管理等功能模块。一体化服务基础设施的具体功能目标如下。

1）能够采集、存储平台所需数据，并能对采集到的数据进行处理、加工、分析与管理。

2）用户能够自由选择希望体验的应用，导航直观、操作简单易上手。

3）能够返回满足用户需求的结果，例如，当用户选择了开源软件安全性分析这一选项，并输入某一软件的名称及版本号时，返回该版本软件的漏洞、缺陷等与安全性相关的维度信息及分析结果。

4）能够对通过算法生成的结果进行检查，并在核验无误后将其作为新的知识存入知识库。

5）能够为开发者类用户提供软件全生命周期的管理能力，包括对源码进行必要的检测，以及对检测通过的源码按需执行构建、测试、打包和发布等步骤。

6）能够通过订阅机制为用户提供订阅服务的机会，且不同类型的用户可以获得个性化的监控服务。

7）具有良好的可扩展性，且能够随时依据用户产生新的需求增加新的应用、服务等。

3. 一体化服务基础设施的具体功能

（1）业务支持类功能

- 数据处理：数据基础设施提供的数据处理功能。
- 交互设计：制定用户操作界面的流程与方式，覆盖平台支持的全部应用。坚持以用户体验为中心设计原则，通过直观、简洁的界面，以及方便快捷的操作给予用户良好的使用体验，降低平台的使用门槛。
- 数据支持：根据用户选定的应用场景、输入的关键词信息等，调用并返回经过特定算法及技术处理后的知识数据。

（2）辅助服务类功能

- 数据检查：对平台计算后所返回结果的完整性、准确性、及时性、可用性等方面进行自动化检测并辅以人工检查，对通过质量检验的结果进行标记并将其作为知识存入开源软件供应链知识图谱，扩充知识数据储备。
- 软件管理：对软件全生命周期进行管理的核心是对任务进行管理。因此，可通过工作流引擎实现高效的任务管理，任务类型主要包括编码任务、构建任务、测试任务、打包任务、发布任务等。发布任务旨在对软件的发布过程进行管理，以保障发布过程的规范化、可视化及可追溯性。
- 监控订阅：通过发布 / 订阅模式使用户能够自动获取自己所关注的应用及服务的最新状态；通过用户管理、权限管理、角色管理为不同的用户设置不同的监控权限，包括对应用、数据等的监控。

- 平台架构：满足大数据存储、计算、应用、扩展等功能；支持企业、高校、科研院所等不同组织机构与平台对接；实现平台软硬件功能动态扩展。

8.3 本章小结

本章首先分析了开源软件供应链基础设施建设的实际需求，主要包括功能需求、非功能需求及目标用户。然后，分别对开源软件供应链基础设施的总体设计、数据基础设施，以及一体化服务基础设施进行了介绍。

第 9 章　开源软件供应链的呈现与应用

对不同行业场景下的开源软件供应链进行可视化呈现，不仅可以方便用户对供应链数据进行动态监控，还可以辅助用户从复杂、大量、多维度的数据中快速挖掘有效信息，为后续的应用提供支撑。本章将主要描述开源软件供应链管理的可视化呈现的方法及供应链的典型应用场景，并会在最后对“开源软件供应链点亮计划”进行简单介绍。

9.1 供应链管理的可视化呈现

开源软件供应链知识图谱是一个超大规模的图谱，可视化技术可将抽象的数据映射为图形元素，并辅以人机交互手段，帮助用户有效地理解、查询和分析图谱数据。国内外学者已经针对知识图谱可视化进行了大量的研究工作，涉及多种可视化技术与可视化查询模式，相关工作大体可以分为以下 3 个方面：

（1）知识图谱的可视化表示技术　此类方法主要关注如何以视觉形式呈现知识图谱中不同类型的数据。

（2）大规模知识图谱的可视化技术　大规模的图谱数据为普通用户理解、查询和分析图谱带来了不小的挑战。针对这一问题，Xin Wang 等学者在文章“ KGVis: An Interactive Visual Query Language for Knowledge Graphs”中，提出了交互式可视化查询语言 KGVis 等解决方法。

（3）知识图谱间的联合可视化查询分析 当查询涉及多个知识图谱的数据集时，就需要进行跨数据集的联合查询。

知识图谱的数据模型是图数据模型的继承和发展。它基于图结构，顶点表示实体，边表示实体之间的联系，能够自然地刻画出现实世界中事物之间的广泛联系。目前，主流的知识图谱数据模型有两种：资源描述框架（Resource Description Framework，RDF）图模型和属性图模型。RDF 是 W3C 主导制定的标准数据模型，使用机器可以理解的方式描述信息，便于实现语义网中机器之间的信息交换。

设 U、B 和 L 分别代表 URI、空顶点和字面量的无限集合，并且互不相交，三元组 $(s,p,o)\in(U\cup B)\times U\times(U\cup B\cup L)$ 又称 RDF 三元组，其中，s 表示主语，p 表示谓语，o 表示宾语。RDF 图 G 是有限个三元组 (s,p,o) 的集合。

从本质上来讲，RDF 图是一个有向标签图。与普通有向标签图相比，RDF 图的特殊之处在于，允许一个三元组中的谓语作为另一个三元组的主语或宾语，反映在有向标签图中，即边也可作为顶点。

属性图是关联数据基准委员会（Linked Data Benchmark Council，LDBC）采用并推进标准化的数据模型。属性图的形式化定义如下。

属性图 $G=(V,E,\lambda,\delta)$，其中，① V 是顶点的有限集合；② $E\subseteq V\times V$ 是有向边的集合，如 $e=(v_1,v_2)$ 表示顶点 v_1 到顶点 v_2 的有向边；③设 L 是标签集合，函数 $\lambda:(V\cup E)\to L$ 为顶点或边赋予标签，如 $l\in L$，$\lambda(v)=l$ 表示 l 是顶点 v 的标签；④设 P 是属性集合，Val 是值集合，函数 $\delta:(V\cup E)\times P\to \text{Val}$ 为顶点或边关联属性，如 $p\in P$，$a\in \text{Val}$，$\delta(v,p)=a$ 表示顶点 v 的属性 p 的值为 a。

与 RDF 图模型相比，属性图模型具备对顶点属性和边属性内置的支持，表达方式十分灵活，便于表示多元关系，在查询计算方面具有较大优势。目前，属性图模型被图数据库业界广泛采用，包括著名的图数据库 Neo4j。

9.1.1 知识图谱的可视化表示技术

知识图谱的可视化表示技术包括基于节点–链接、基于邻接矩阵等类型。基于节点–链接的可视化技术是图的常用表示方法。通常使用点或圆圈等可视元素表示节点，即知识图谱中的实体；边表示节点间的链接，即实体间的关系。力导向布局算法是基于节点–链接的可视化表示最常见的布局算法之一，其优点是可以清晰地展现出图中的社区结构及节点之间的关联关系。此类算法的思想是节点–链接图中的节点间存在引力与斥力。若节点之间的引力大于斥力，则会被调整到更近的位置；反之，则会被调整到较远的位置。力导向布局算法也被称为“弹簧算法”，目前最广泛使用的是FR算法。虽然节点–链接图能够提供良好的网络结构概览，但在有限空间内展示时空间利用率较低，能够展示的节点数较少。它适合具有稀疏、网络或树结构的知识图谱可视化表示，但不适用于稠密的知识图谱。对于密集的节点和边的表示，会造成较重的视觉负担。

邻接矩阵也是一种表示图的常用方法，在表示含有复杂关系的知识图谱时，它可以有效地规避基于节点–链接的可视技术存在的边交叉问题及节点重叠问题，使数据更具可读性。在邻接矩阵图中，通常使用行向量和列向量表示节点，交叉元素可反映节点之间的关系，包括有无关系及关系的权重等量化信息。然而，邻接矩阵无法直观展示图的拓扑结构及其中存在的隐含关系，因此不适用于路径匹配类的查询任务。

9.1.2 大规模知识图谱的可视化技术

Josep Maria Brunetti等学者在文章“Formal Linked Data Visualization Model”中提出，在不同数据集间定义抽象层以实现关联数据集间的动态可视化，并提出了关联数据可视化模型（Linked Data Visualization Model，LDVM）。Juan Gómez-Romero等学者则基于LDVM，在文章“Visualizing

Large Knowledge Graphs: a Performance Analysis”中提出了大规模知识图谱可视化的系统架构，如图 9-1 所示。其中主要分为 5 个阶段，分别为数据检索、图形构建、度量计算、节点布局和图形渲染。首先通过数据检索操作从知识图谱中获取数据，如 RDF 三元组，然后通过不同的可视化技术，如节点 – 链接图，得到二元组形式的图 $G=(V,E)$，之后根据数据中蕴含的信息运用不同的模型计算节点的大小、颜色等信息，得到 $G=(V',E')$，并通过不同的布局算法，如 FR 模型，得到 $G=(V'',E'')$，最后经过图形渲染使结果显示在用户的界面上。数据检索的主要方式即为查询。

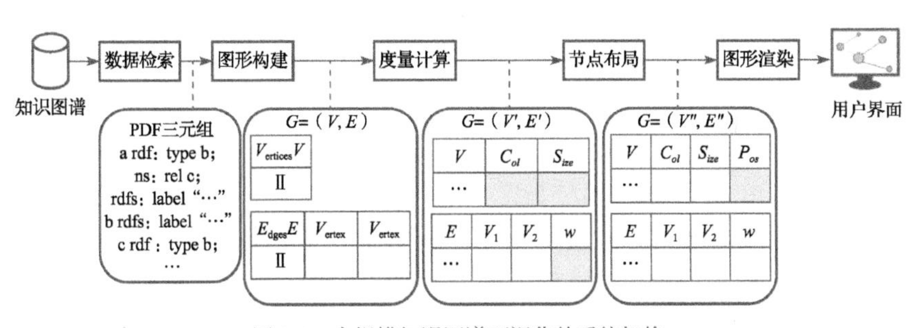

图 9-1　大规模知识图谱可视化的系统架构

9.1.3 知识图谱的可视化查询

查询是数据库最基本、最常用、最复杂的操作。数据库的查询通常使用查询语言表示，例如，结构化查询语言（Structured Query Language，SQL），一种被广泛使用的数据库标准语言。然而，由于知识图谱的数据模型各不相同，不同数据模型的知识图谱需要使用不同的查询语言进行数据的操作和管理。SPARQL 是 W3C 制定的 RDF 图数据模型的标准查询语言，其在语法上借鉴了 SQL。它用于对 RDF 三元组进行查询，通过图匹配的方式获得需要查找的内容。面向属性图的查询语言主要为 Cypher 和 Gremlin。Cypher 是由 Neo4j 公司于 2015 年提出的一种声明式图数据库查询语言，具有丰富的表现力，允许高效地查询和更新图数据。Gremlin 是 Apache Tinkerpop 框架中使用的图遍历语言，其执行机制类似于将一个人置身于图中，让其沿着有向边从一个节点到另一个节点进行导航式的游走。上述查询语言均属于结构化文本查询语言，用户需要通过一定的专业学习与训练才能使用，因此对普通用户而言并不友好。基于这一点，Zloof 等学者在文章“Query-by-Example: A Data Base Language”中提出了一种按示例查询（Query by Example，QBE）的新方法，这种查询方法对用户更友好，允许动态查询，而无须编写包含字段名称的查询条件。Haag 等人还开发了可视化查询语言 QueryVOWL，它为本体可视化 VOWL 的图形元素定义了 SPARQL 映射，使得用户可以更轻松地使用 SPARQL 语言查询。Wang 等人提出了基于知识图谱的交互式可视化查询语言 KGVis，它将中间结果存储在查询模式中，实现了查询模式和查询结果之间的灵活双向转换。KGVis 支持在构造查询模式的过程中对数据进行实时查询，方便用户查看中间结果以确保查询模式的正确性。近年来，LDBC 都在推进属性图数据模型及图查询语言的标准化工作。

图 9-2 展示了知识图谱可视化查询的典型架构。终端用户通过如智能手机等移动设备向网络层发送查询任务请求，网络层对知识图谱进行查询处理与数据请求，大规模知识图谱可视化的 4 个主要步骤都在网络层实现，最后网络层将渲染好的图形反馈到终端用户的移动设备上。

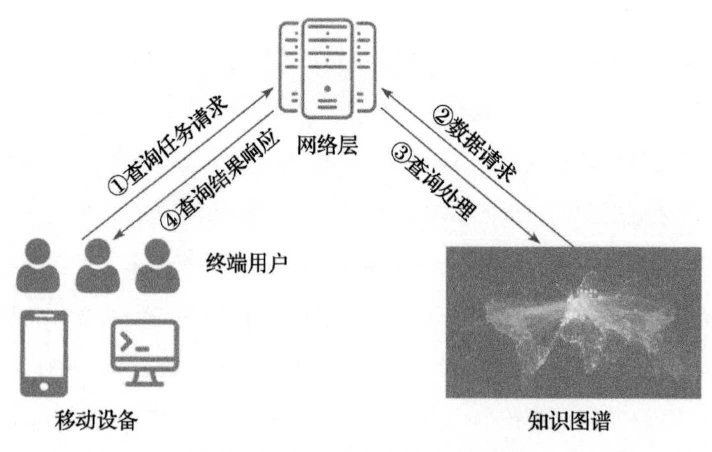

图 9-2　知识图谱可视化查询典型架构

知识图谱可视化查询系统是基于各类知识图谱数据模型设计开发的工具，可帮助用户更好地了解和查询知识图谱。根据查询结构及交互逻辑，知识图谱可视化查询系统可以被分为 3 类：基于关键字的可视化查询系统、基于过滤的可视化查询系统和基于模板的可视化查询系统。

基于关键字的可视化查询是搜索引擎中最常用的方法。系统会根据用户输入的一个或多个关键字进行检索并返回相似的查询结果。Jayaram 等人在文章“ Querying Knowledge Graphs by Example Entity Tuples”中基于关键字查询方法提出了知识图谱上基于实体元组的查询系统 GQBE。GQBE 系统以用户输入的实体元组作为关键字，计算实体元组构成的加权隐藏最大子图，通过计算查询结果与关键字的相似度对查询结果进行排序，返回相似度较高的查询结果。虽然用户的输入以及对知识图谱背景知识的需求得到了简化，但实现的只是简单的元组模式查询，并不能满足复杂的图模式查询。同时，用户只能输入实体作为查询的关键字，实体间的关系则需要通过算法进行计算。而实体间存在的关系种类往往是多样的，因此这一类型的系统使用受到了一定的限制。

基于过滤的可视化查询也是分面搜索（分面浏览），在很多领域都得到了应用。它的特点是持续过滤用户的筛选条件，反复细化查询结果，使得其符合用户的查询需求。José Moreno-Vega 等学者在文章“ GraFa: Scalable Faceted Browsing for RDF Graphs”中提出了异构大规模 RDF 图的分面浏览系统 Grafa，该系统通过预先查询并存储下一步查询结果，并将非空关系或属性以选项的形式提供给用户选择。基于过滤的查询方法通常以实体或类型作为查询的起点，适用于星形查询模式。

基于模板的可视化查询系统是基于 QBE 的思想发展而来的。与基于关键字的可视化查询方法相比，它不需要通过算法去预测用户查询意图对应的查询模式；同时，它也与基于过滤的可视化查询方法只能支持较为简单的星形查询模式不同。Pienta 等人在文章“ Visage: Interactive Visual Graph Querying”中提出的可视化自适应图形引擎（ Visual Adaptive Graph Engine,

VISAGE）是一种交互式可视化图形查询方法，通过数据驱动指导图形查询的构建，使用户能够指定不同具体程度的查询，从具体和详细（如 QBE）到抽象（如使用任何类型的"通配符"节点）再到纯结构匹配。VISAGE 引入了图自动完成功能，支持多种不同的节点类型和属性。之后，Pienta 等人在文章"VIGOR: Interactive Visual Exploration of Graph Query Results"中，又在 VISAGE 的基础上提出了图查询结果的交互式可视化探索系统 VIGOR，并在 DBLP 提供的知识图谱及网络安全数据集上进行了实验。除此之外，正则路径查询（Regular Path Query，RPQ）也是图数据上一类重要的查询。给定一张边上带标签的有向图、一个正则表达式，正则路径查询返回图中以满足该正则表达式的路径相连接的源 – 目标节点对集合。其中，"满足"定义为路径所含的边按序组成的标签序列（即字符串）存在于该正则表达式定义的正则语言中。目前，主流的图数据查询语言 SPARQL 1.1 和 Cypher 均支持了正则路径查询。不过，由于正则路径具有一定的实际意义且构造难度较大，因此通常需要由学者预先进行定义，然后以模板的形式提供给用户进行查询。Wang 等学者在文章"ProvRPQ: An Interactive Tool for Provenance-aware Regular Path Queries on RDF Graphs"中提出一种交互式可视化正则路径查询工具 ProvRPQ。用户可以在正则路径查询的结果上进行交互式探索，通过点击查看中间的完整路径信息。Yang 等人在文章"SPARQLVis: An Interactive Visualization Tool for Knowledge Graphs"中，为多个 SPARQL 端点开发了一种交互式可视化查询工具 SPARQLVis，支持关键字、过滤以及正则路径查询。Xu 等人在文章"KG3D: An Interactive 3D Visualization Tool for Knowledge Graphs"中提出了一个交互式可视化查询工具 KG3D，能够在三维空间中查看知识图谱，并自动将查询转换为 SPARQL 语句。同时，该工具支持连接查询和模式匹配。在生物信息领域，基于模板的可视化查询方法也引发了学者们的关注。Qiao 等人在文章"Querying of Disparate Association and Interaction Data in Biomedical Applications"中，利用基于 RDF 的生物医学交互和关联数据表示开发了一个查询框架，该框架可以灵活规范和高效处理图形模板匹配查询。基于此，框架实现了对生物医学数据库的综合查询，支持发现各种生物实体之间的复杂关联模式，包括生物分子、生物过程、生物和表型。

9.1.4 开源软件供应链管理的可视化呈现

开源软件供应链管理相关的可视化需求主要包含以下几类。

- 图查询应用：以图数据库为主的图谱可视化工具，提供图数据的节点/边信息查询、子图探索等交互操作。
- 图分析应用：对关系类数据进行可视化展示，帮助用户快速了解软件依赖等问题。
- 智能化建设：通过知识图谱向用户普及人工智能技术的意义与用途，让用户体会到图谱的可解释性。

在图可视化的技术选型与架构设计方面，"源图"选择以 D3.js 作为基础框架，以满足用户个性化的需求和交互方式。D3 的全称是 Data-Driven Documents，是一个 JavaScript 的函数库，用于在 Web 浏览器中创建交互式数据可视化。D3.js 可以提供力导向图位置计算的基础算法以及布局干预手段，灵活度较高，功能拓展十分方便。因此，"源图"以此为基础封装了图谱可视化解决方案——chain-graph。以下是对 chain-graph 的一些功能细节的介绍。

1. 布局策略

D3.js 提供的力导向图模块（d3-force）实现了用以模拟粒子物理运动的速度 Verlet 数值积分器。在不做过多干预的情况下，会根据节点与边的关系模拟物理粒子的随机运动。D3.js 的力导向图提供的力学调参项主要包括向心力、碰撞力、电荷力、定位力等。chain-graph 能够将力学参数调整的模块独立出来，并梳理出一些常用的参数预设，在很多场景的布局优化起到支撑作用。

2. 视觉降噪

在可视化过程中，可能会有大量的图数据元素，这会导致信息杂乱，并让用户感到困惑。为了提升用户的使用体验，提高其使用效率，需要防止文字、节点和边等元素内容混杂在一起，降低视觉噪声。在“源图”中，主要针对文字部分进行了处理，它们主要用于描述节点和边的含义。虽然文字能提供非常重要的信息，但当节点或边的数量增加到一定程度后，文字很容易重叠。这使得信息难以被快速识别出来，不仅无法有效传递信息，反而会影响用户的视觉体验。因此，需要对文字进行遮挡检测，根据文字的层叠关系，调低置于底部的文字透明度，使得多层文字重叠后，置于顶层的文字依旧能被快速识别。然而，这种方法的时间复杂度会随着节点的增多而逐渐不可控。针对这一问题“源图”采用栅格划分的方式进行优化：对画布进行栅格划分，并确定节点所在的一个或多个栅格，在进行碰撞检测的时候，由于不同栅格内的节点一定不会发生碰撞，只需要与同栅格的节点对比，从而有效解决了因节点过多引入的开销问题。

3. 交互功能

交互功能可以帮助用户找到自己关心的信息，是图谱可视化过程中十分重要的一环。“源图”实现了一些基本的交互功能，包括拖动、缩放等画布操作；元素锁定、悬浮高亮、单双击、折叠/展开、节点拖动、边类型更改等元素（节点和边）操作；子图搜索、更新重载等数据操作。其中，子图搜索是基于关键字的查询实现的，用户可通过输入关键字得到相应的查询结果。后续可能会再针对搜索引擎算法进行进一步完善。除此之外，源图还实现了一些特殊场景的交互功能，如路径锁定和聚焦展现。路径锁定功能可以让用户先选取不同的节点，然后对节点之间的合适路径进行自动计算及锁定展现，方便用户观察不同节点之间的关联关系。聚焦展现是指当用户关注某个图谱区域时，可以对其重新布局，使节点排布尽量分散，方便查看文字内容；而没有关注的区域时，则可以通过默认布局来节省画布空间。通常情况下，当用户深入到场景细节中时，他们实际关注的节点数量其实并不多，因此需要帮助用户从大量的节点和边中筛选出他们关心的数据并清晰地呈现。

“源图”围绕操作系统、大数据、金融、人工智能等行业场景构建了超大规模的开源软件供应链知识图谱。它有效降低了开源软件检索、获取和维护的门槛，为包括国产操作系统厂商、设备厂商等在内的不同用户群体提供了支持。可视化技术和可视化查询为用户直观呈现了供应链的相关数据，给用户带来了具象化的体验，有效降低了用户使用“源图”的门槛，提升用户体验。

9.2 典型应用案例

9.2.1 在 openEuler 开源社区的应用

1. 需求场景

随着近年来开源软件的蓬勃发展，开源软件已经成为现代化信息产业不可或缺的一部分。在现代化软件开发过程中，开源协作的软件开发模式使得软件开发供应流程由较为单一的线条转变为复杂的网络形态。在盘根错节的开源软件供应关系中，软件安全问题层出不穷，总体安全风险趋势显著上升。

备受关注的 Apache Log4j2 漏洞爆发事件以及在 2020 年 12 月发生的 SolarWinds 事件，都属于典型的软件供应链安全事件。Apache Log4j2 是一个基于 Java 语言的开源日志框架，在业务系统开发中被广泛使用。Apache Log4j2 零日漏洞（Log4Shell、CVE-2021-44228）是因其“Lookup”机制存在解析问题而导致的 JNDI 注入漏洞。该漏洞的触发条件简单，危害性却极大。攻击者可以通过向程序输入特定的攻击字符串来触发该漏洞，用以执行恶意代码。据统计，在世界最大代码托管平台 GitHub 上，共有 60 644 个开源项目发布的 321 094 个软件包存在与 Apache Log4j2 相关的安全风险，这意味着许多项目可能受到潜在漏洞或安全隐患的威胁。SolarWinds 公司是一家知名的管理和监控软件供应商，在全球范围内为超过 30 万名客户提供支持。这些客户来自 190 个国家及地区，包括美国十大电信运营商、美军五大部队、美国国务院、美国国家安全局及美国总统办公室等。2020 年 12 月 SolarWinds 遭遇供应链攻击并被植入木马后门程序，导致包括美国关键基础设施、军队、政府在内的 18 000 多家企业客户全部受到影响，成为当年最严重的供应链安全事件。

openEuler 是数字基础设施的开源操作系统，可广泛部署于服务器、云计算、边缘计算、嵌入式等各种形态设备，应用场景覆盖 IT、CT 和 OT 等。一旦将其作为底层信息基础设施，其中的安全漏洞将会造成广泛的影响。在 openEuler 开源社区不断发展壮大的同时，其安全建设也面临着诸多挑战，包括漏洞基数规模庞大、漏洞获取途径繁杂、漏洞感知时效性低、漏洞处置效率缓慢等。良好的开源环境离不开安全，而漏洞感知更是安全生态建设中重要的一环。因此，对相关开源软件及其供应链进行安全风险分析，快速发现安全漏洞并及时响应，对保障软件供应安全和高质量创新具有重大意义。

2. 应用方案及成果

面对上述严峻的漏洞问题，亟须完善开源软件漏洞感知能力。构建从安全数据到安全知识的通路，有助于开源社区实现高效的漏洞处置工作。在漏洞感知能力的建设过程中，核心的性能指标包括开源软件包覆盖率、漏洞数据准确性及漏洞感知时效性。其中漏洞数据的准确性涉及漏洞的误报和漏报情况，如果能够将这两种情况控制在合理范围内，就能够极大程度提高开发人员的工作效率，无须关注外网漏洞披露情况，从而全身心地投入软件创新。而时效性的可控，则会极大缩短漏洞暴露窗口期，是实现漏洞高效处理的关键能力。根据调研与分析，建立完善且高效的漏洞感知系统主要面临如下问题和难点。

（1）开源软件包命名差异化严重 在感知能力建设工作中，发现需要追踪的漏洞数据源中公布的漏洞受影响组件和不同开源社区中的软件包名称差异较大，如 apache-commons-compress 开源软件包，其在 Debian 和 Ubuntu 系统中的软件包名称为 libcommons-compress-Java，在 Redhat 系统中的软件包名称为 apache-commons-compress，在 NVD 的 CPE 中记录的受影响组件名称为 commons_compress，而在 openEuler 中的软件包名称为 commons-compress。这种软件包名称的差异，将直接导致其他开源操作系统社区中公布的该组件的漏洞，无法通过系统自动关联到 openEuler 开源社区的软件包，导致漏洞感知系统对开源软件覆盖率无法满足要求。

（2）漏洞数据缺少准确性校验环节 针对已感知到的漏洞数据，需要进行数据校验，以避免数据错误的情况发生。如图 9-3 所示，以 CVE-2016-4249 为例，该漏洞在 NVD 中公布的信息显示影响 Adobe 厂商的 Flash Player 组件，但是该漏洞只影响 Windows 操作系统中的 IE 浏览器和 Edge 浏览器，并未提及影响 Linux 相关发行版操作系统中相应的 Flash Player 组件。所以，如果此类漏洞被感知系统直接判定为影响各个 Linux 发行版操作系统社区的话，就会产生误报。

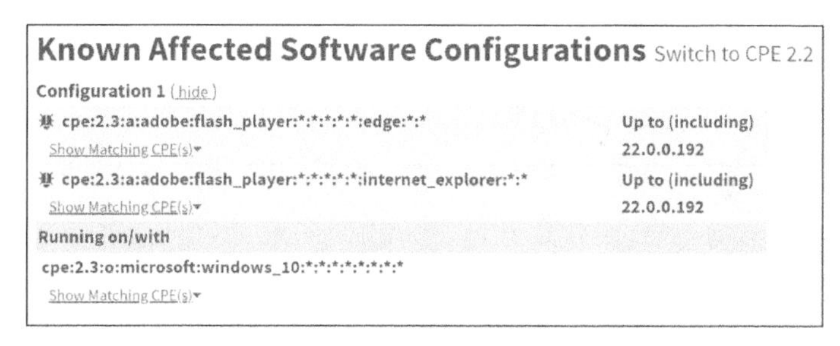

图 9-3 漏洞的特定影响平台情况

（3）从非格式化数据到格式化数据的窗口期 如图 9-4 所示，以 NVD 为例，其中公布的漏洞数据大多都会明确包含漏洞影响组件的格式化信息（CPE 数据）。然而，最新披露的漏洞由于尚未进行下一步分析，其公布的数据中不包括 CPE 数据，有效信息甚至可能只有漏洞描述和参考链接。其 CPE 数据的公布时间可能是首次披露时间的几个小时后，也可能是几天后，这极大影响了漏洞感知的时效性。

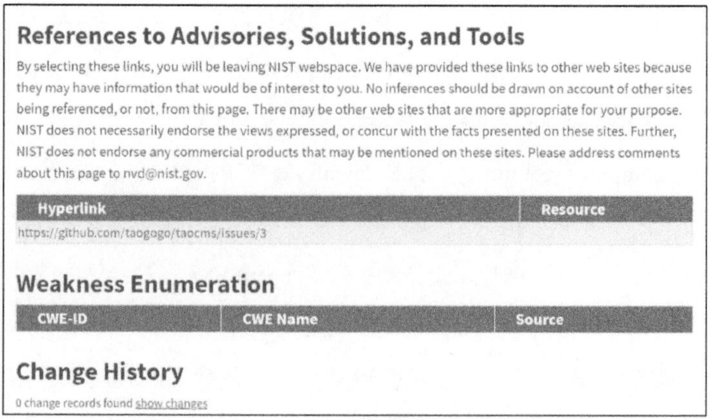

References to Advisories, Solutions, and Tools

By selecting these links, you will be leaving NIST webspace. We have provided these links to other web sites because they may have information that would be of interest to you. No inferences should be drawn on account of other sites being referenced, or not, from this page. There may be other web sites that are more appropriate for your purpose. NIST does not necessarily endorse the views expressed, or concur with the facts presented on these sites. Further, NIST does not endorse any commercial products that may be mentioned on these sites. Please address comments about this page to nvd@nist.gov.

Hyperlink	Resource
https://github.com/taogogo/taocms/issues/3	

Weakness Enumeration

CWE-ID	CWE Name	Source

Change History

0 change records found show changes

图 9-4　NVD 中最新漏洞暂无 CPE 信息

为解决以上问题与挑战，“源图”基于开源软件供应链知识图谱构建了开源软件可靠供应链漏洞态势感知平台。首先，平台通过开源软件供应链知识图谱本体结构定义规范漏洞态势要素，并结合扫描工具、网页爬虫等方式获取开源软件的漏洞情报；其次，通过信息提取等技术获取开源软件漏洞情报中的有效信息；最后，通过信息融合、置信度标记以及软件追踪等技术对漏洞数据进行过滤，实现开源软件漏洞关联映射。相较于传统的安全漏洞库，开源软件可靠供应链漏洞态势感知平台可以实现更早的漏洞感知及信息推送，降低开源软件的威胁风险。同时，平台还可基于 openEuler 相关开源软件的依赖关系进行推理，在开源软件供应链知识图谱的基础上进行漏洞影响范围的预测，通过验证预测信息来补全漏洞影响范围，从而精确地找到漏洞源头位置。开源软件供应链知识图谱中漏洞相关的数据主要来自各个漏洞数据库，如 NVD、CNVD、CNNVD 等。

2022 年 1—12 月，开源软件可靠供应链漏洞态势感知平台共为 openEuler 社区贡献了 3944 条漏洞数据，平均每月推送漏洞数量占 openEuler 社区当月总漏洞数量的 93.4%。每个月的漏洞推送量与其他用户在 openEuler 社区手动提交的漏洞数量的对比如图 9-5 所示。

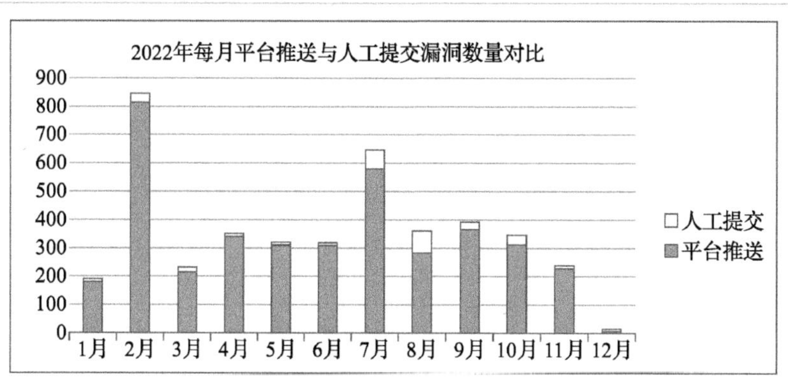

图 9-5　漏洞数量对比情况

除此之外，对开源软件可靠供应链漏洞态势感知平台的开源软件包覆盖率、漏洞数据准确率及漏洞感知时效性 3 个指标进行评估。

（1）开源软件包覆盖率　覆盖率指平台能够感知 openEuler 全量软件包的比例，计算方式如下：

$$覆盖率=\frac{已跟踪软件包数量}{\text{openEuler}软件包总量}\times 100\%$$

截至 2023 年初，开源软件可靠供应链漏洞态势感知平台可实现对 openEuler 中 7077 个软件包的安全情况进行跟踪，覆盖率达到 89.76%。其中，有 2668 个软件包存在漏洞，占全部可跟踪到的软件包数量的 37.70%。与此相比，传统漏洞库只能对 openEuler 中不到 12% 的软件进行漏洞情况检测。

（2）漏洞数据准确率　漏洞数据准确率指标可判断平台对漏洞数据处理的精准程度，其计算方式如下：

$$准确率=\frac{已推送漏洞数-标记为不影响\text{openEuler}漏洞数}{已推送漏洞数}\times 100\%$$

在漏洞自动审核技术（如图 9-6 所示）的加持下，开源软件可靠供应链漏洞态势感知平台推送漏洞的准确率已经超过 92%，能够精准筛选出有误的漏洞数据。

（3）漏洞感知时效性　时效性指标是衡量平台感知能力建设的重要指标，计算方式如下：

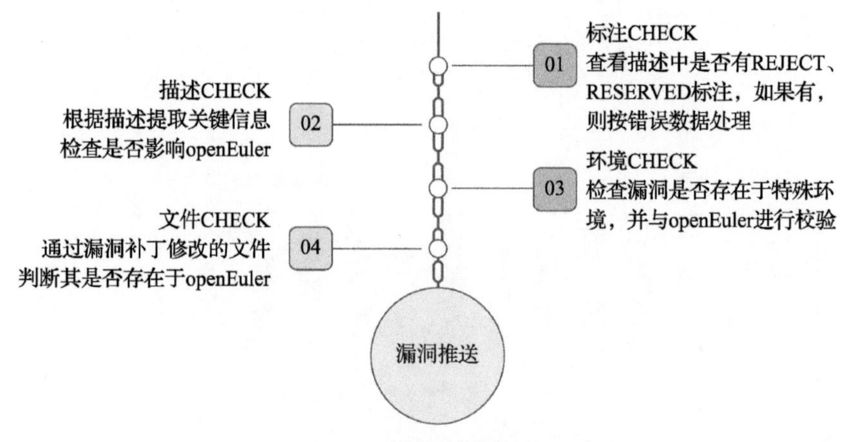

图 9-6　漏洞自动审核技术

时效性 = 漏洞推送至openEuler时间 – 网络公布漏洞影响openEuler时间

开源软件可靠供应链漏洞态势感知平台利用自然语言处理技术，自动分析漏洞情报内容，并将其格式化成标准数据结构，确保漏洞数据感知的时效性小于 24h。具体来说，漏洞一经发布，该平台可以在 24h 内对软件中是否存在漏洞进行判断，而传统漏洞库通常需要 1 ～ 2 天才能做出判断。相关示例如图 9-7 所示，其中时效性指标为 24h，图中所示的 4 个 CVE 漏洞均在发布 5 ～ 10h 内就完成了感知和推送，满足时效性要求。

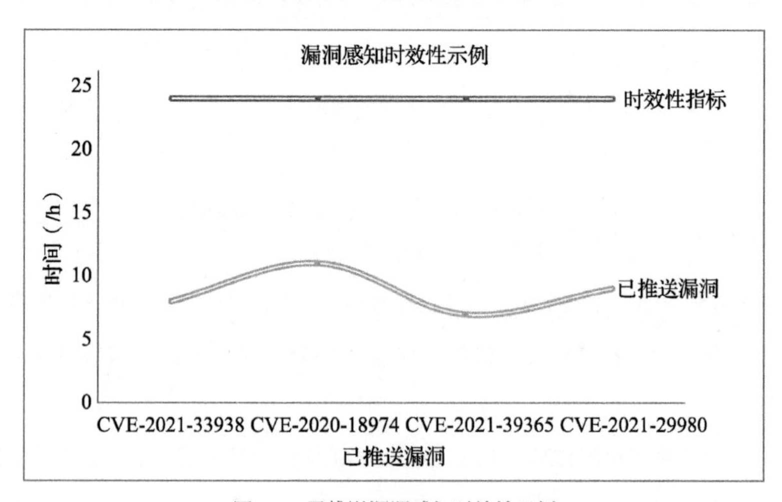

图 9-7　已推送漏洞感知时效性示例

在 openEuler 开源社区安全生态建设中，开源软件可靠供应链漏洞态势感知平台可帮助 openEuler 社区在漏洞处置工作中极大地节省人工参与比例和提高漏洞感知能力。

3. 应用展望

（1）持续感知开源软件漏洞威胁 在快速发展的高科技时代，计算机应用于生活的各个场景中。作为计算机系统的核心与基石，操作系统的安全性尤为重要，需要尽可能地减少其中存在的漏洞。针对社区开发侧的安全管理工作，核心是提高对漏洞的能见度，保证所维护软件的漏洞感知能力。因此，提高漏洞感知能力的时效性及覆盖率是首要工作，这也能最大程度上避免漏洞漏报的情况。其次，在保证时效性和覆盖率的前提下，应尽可能保证漏洞数据的准确性，避免因误报而导致的无效工作。

（2）提升平台漏洞感知能力 在社区安全能力建设中，漏洞感知能力是基础工作之一。除持续感知开源软件漏洞威胁以外，还可以实现与感知能力相关的高级功能，例如，对漏洞补丁数据的进行感知，以及对开源软件上游组件安全公告的跟踪。

- 漏洞补丁感知能力建设：在开源社区的安全能力建设中，感知到漏洞后最重要的问题就是如何快速修复漏洞。通过对上游组件的官方公布的漏洞补丁数据进行感知，即可在较短时间内完成对漏洞的修复工作，提高漏洞处置效率。
- 开源软件上游安全公告跟踪：以漏洞 CVE-2021-44228 为例，该漏洞影响组件 Apache Log4j2 的官方安全公告时间是 2021 年 12 月 10 日，而第三方漏洞数据库 NVD 的 CPE 公布时间为 2021 年 12 月 13 日，存在 3 天的时间差。此时若仅以后者为漏洞感知的主要数据源，则会导致 3 天漏洞暴露窗口期的出现，进而对开源社区的安全性产生极大影响。因此，后续可针对重要软件进行其上游组件官方安全公告的跟踪工作，以保证社区能够第一时间响应安全漏洞问题。

（3）实现安全漏洞科学化管理 漏洞管理并不仅限于漏洞的感知，感知只是整个漏洞管理过程中的一个步骤。在后续的开源社区开发侧安全漏洞管理能力建设中，需要通过漏洞感知、漏洞评估、漏洞修复和漏洞生命周期跟踪等多个漏洞管理流程，严格把控漏洞的整个生命周期，实现对漏洞的科学化管理。

9.2.2 在 PyPI 开源制品仓库的应用

1. 需求场景

Python 是如今最流行的编程语言之一，正在被应用于各种领域，如机器学习、自然语言处理、医疗技术和网页程序开发等。PyPI 为 Python 提供了一个由第三方包管理者编写的代码共享平台。截至 2024 年底，PyPI 中包的数量已超过 60 万个，成为广泛使用第三方包的主要来源。因此，PyPI 是 Python 生态系统的重要组成部分。

包管理者可以使用名为 setuptools 的工具在 PyPI 上分发代码。PyPI 官方并不会对分发的代码提供相关的自动化检测机制，只依靠 PyPI 管理者进行人工检测。开发者将包的名称提供给包管理器工具 pip 便可以安装扩展包。而在这个过程中，pip 只是根据名称在 PyPI 中搜索软件包，识别并解析其依赖项，下载所有必需的组件，并将它们安装在最终开发者的计算机上。它既不需要验证开发者身份，也不需要对扩展包进行任何认证。由于缺乏恶意代码检测机制，且开发者仅需要提供软件包名称就可以实现全自动化安装，从而导致 PyPI 成为恶意软件包传播的主要途径之一。

大多数地区的开发者在使用 PyPI 官方镜像源下载时，往往会遇到下载速度较慢甚至下载失败的问题。为了解决这个问题，一些同步镜像源应运而生。目前常见的同步镜像源包括阿里源、豆瓣源、清华源等。许多企业或者高校通常会选择使用自己制作的镜像源下载并安装第三方扩展包。镜像源大多采用增量覆盖机制进行同步，增量覆盖机制的一般使用方式都不会删除多余的文件。若官方镜像源的管理者删除了恶意扩展包，但镜像源管理者未采取相关措施来删除它，那么该恶意扩展包将会在镜像源中存在很长一段时间。由此可见，增量覆盖机制的自身缺陷和对同步镜像源管理不当，会导致恶意扩展包在同步镜像源中的留存时间远长于其在官方镜像源中。

开源生态“投毒”攻击是指攻击者利用软件供应商与最终用户之间的信任关系，在合法软件的开发、传播和升级过程中进行劫持或篡改，从而达到非法目的的攻击类型。许多开源软件存储库在设计时注重了方便快捷，却忽略了恶意代码检测机制，导致开源生态“投毒”攻击现象日益严重。如图 9-8 所示，在 PyPI 供应链中，通常存在包维护框架、注册表维护框架、应用程序开发框架和最终用户等环节，攻击者利用终端应用开发者对注册表维护框架和包维护框架的信任，在贡献开发者、包开发服务器、官方注册表应用程序和同步注册表应用程序等环节中将恶意代码插入第三方组件，以实现对终端用户的投毒攻击。

2. 应用方案及成果

基于“源图”实现面向 Python 开源生态“投毒”攻击现象的持续监测。该工作大致可以分为两部分，一是检测官方源中存在的恶意包，并将检测出的恶意包上报给 PyPI 官方，二是检测 PyPI 中存在有第三方插入代码执行后门的扩展包。

对于 PyPI 中恶意包的检测，现有的静态分析工具普遍存在高误报或高漏报问题。为了解决这个问题，“源图”的恶意包分析工具采用了一种递归式静态分析方法，通过对比被检测的包和相似性程度最大的良性包来进行分析和判断。如图 9-9 所示，通过该恶意包分析工具，成功检测出 PyPI 官方仓库中托管的多个包含恶意代码的恶意包，存在巨大的安全隐患，包括窃取隐私信息、数字货币密钥、种植持久化后门、远程控制等一系列攻击活动。检测发现恶意软件包的详细信息见表 9-1。截至 2022 年底，已成功向 PyPI 官方上报 8 个恶意包，并收到了 PyPI 官方感谢信。

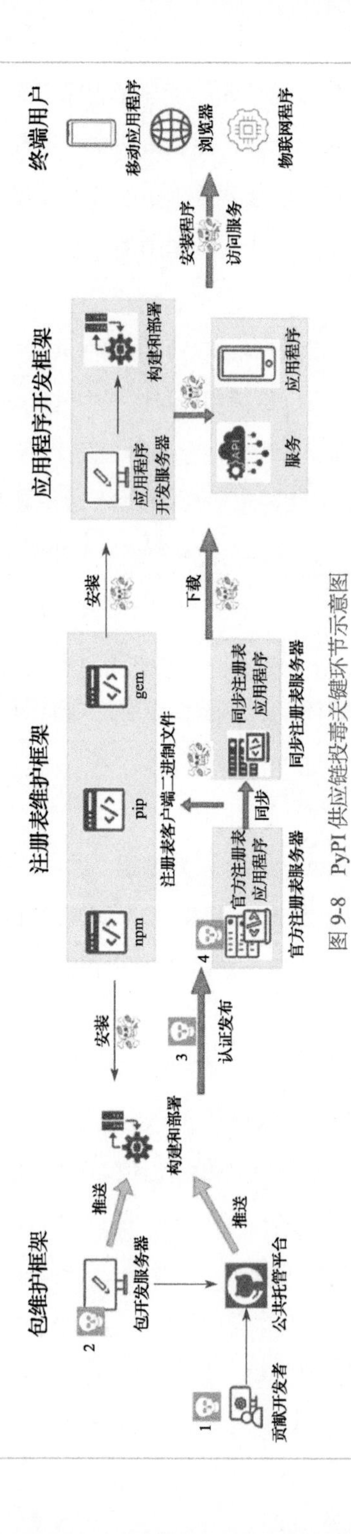

图 9-8 PyPI 供应链投毒关键环节示意图

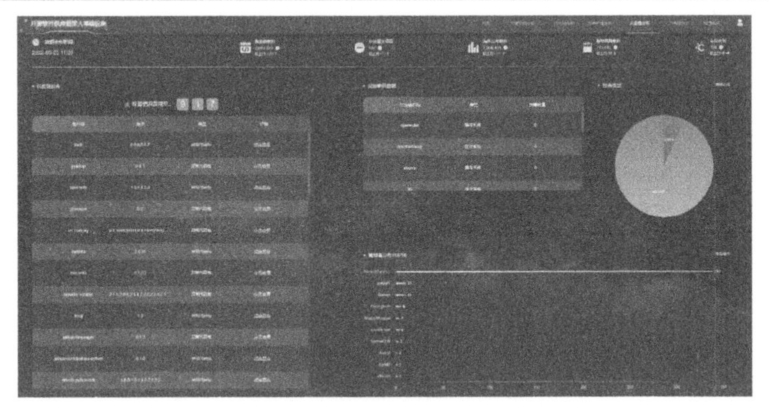

图 9-9　开源软件供应链基础设施 – 恶意包分析工具

表 9-1　恶意软件包的详细信息

名称	版本	管理者	位置	描述
csitools	999.9.0	serb-akamai	setup.py	窃取用户信息
dbattery-python-api	999.9.0	serb-akamai	setup.py	窃取用户信息
eaa-commons	999.9.0	serb-akamai	setup.py	窃取用户信息
yow_utils	999.9.0	serb-akamai	setup.py	窃取用户信息
portal-api	999.9.0	serb-akamai	setup.py	窃取用户信息
backdoorxrat	0.0.1 0.0.2	KanekiX	BackdoorXRat/BackdoorXRat.py	安装后门
gethttpanand	0.0.1	ananddanana	pythonlibtest/_init_.py	窃取用户信息
pythonlibtest	0.0.3	ananddanana	pythonlibtest/_init_.py	窃取用户信息

对于第三方插入的代码执行后门的扩展包的检测，可以通过“源图”的供应链分析模块实现，如图 9-10 所示。经过检测，共发现了 707 个被成功“投毒”的开源项目，其中 85 个发布于 Python 官方扩展包仓库，622 个发布于公共代码托管平台（GitHub、GitLab）。截至 2022 年年底，已将 707 个被“投毒”成功的开源项目反馈给了 CNVD、CNNVD 等安全漏洞管理机构，其中有 114 个漏洞已获得正式编号，包括 88 个 CVE 漏洞和 26 个 CNVD 漏洞，均被评为高危漏洞。其中，56 个漏洞已面向公众公开，截至 2023 年初，占全球已公开 PyPI 投毒相关漏洞的 93.3%。这证明了基于“源图”的投毒漏洞发现方案具备技术优势。

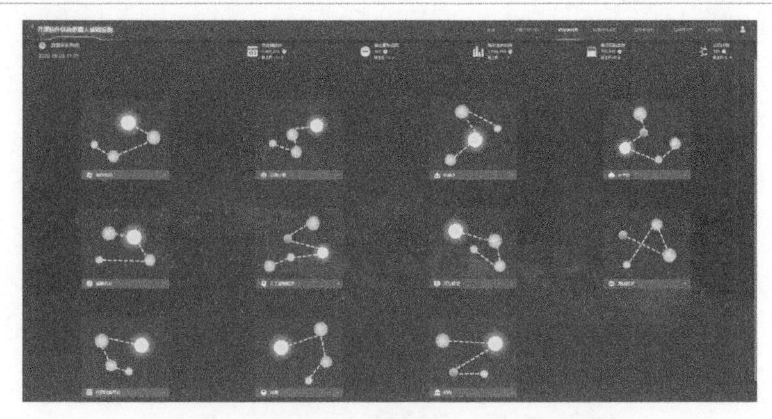

图 9-10　开源软件供应链基础设施 – 供应链分析模块

3. 应用展望

基于开源软件供应链基础设施对全网开源生态“投毒”攻击现象进行持续监测，已获得初步进展，但在当前的应用与研究中，仍然面临一定的挑战。

（1）针对投毒代码隐匿方式的研究　传统恶意软件通常采取代码混淆或加壳的方法实现恶意代码的免杀。然而，投毒攻击使用源代码作为恶意代码的载体，传统的恶意软件分析方法已经不再适用。因此，未来将开展针对新型开源代码投毒隐匿方法的研究。

（2）针对投毒隐藏触发方法的研究　开源代码投毒的触发方式包括安装时触发、运行时触发、调用时触发等。目前针对运行时触发的研究较多，此类投毒攻击也较容易通过动态代码调试的方式发现。调用时触发需要调用特定的 API 才可以触发，因此难以通过自动化动态分析的方式触发。这一点在未来同样值得进一步展开研究。

9.2.3 开源软件供应链点亮计划

为了防范和化解使用开源软件时可能存在的质量、知识产权、可靠供给等风险，中国科学院软件研究所已于 2020 年启动“开源软件供应链点亮计划”（简称“点亮计划”）。“点亮计划”包含“开源之夏”（Summer of Open

Source)、开源维护人员招募计划等多项活动，旨在鼓励高校学生积极参与开源软件的开发和维护，促进优秀开源软件社区的蓬勃发展，解决关键开源软件面临的许可、质量、维护和技术支持等基础问题。通过发动全社会力量参与开源软件供应链的建设，从技术、人才、社区等多个方面改善供应链节点自主可控程度，从而提升供应链整体的可靠性。

经过几年的努力，“点亮计划”取得了一系列重要进展。在开源软件供应链基础设施建设方面，中国科学院软件研究所通过实施“点亮计划”对重点与难点问题进行了集中性突破。不仅识别出了近 4000 个具有使用风险的软件，还在星数大于 1000 的 15 000 多个项目中检测出了超过 9000 个许可证使用不一致的项目，以及近 4000 个许可证使用冲突的项目。而在开源协作及开源教育方面，“点亮计划”联合了各大开源社区，针对重要开源软件的开发与运维开展合作，吸引了全球的开发者共同参与。同时，该计划搭建了高校开发者与开源社区的沟通桥梁，鼓励国内外高校学生加入优秀开源社区，积极参与开源软件的开发维护，促进国内开源生态的蓬勃发展。“点亮计划”涉及了 Linux、Apache 等国际开源基金会支持的开源项目，以及华为等国内企业贡献的开源项目，涵盖了包括操作系统、分布式系统、编程开发、内核、容器虚拟化、大数据、人工智能、云计算等众多软件产业重点方向。

“开源之夏”活动的定位对应谷歌公司发起的“编程之夏”（Summer of Code），截至 2023 年起已经连续举办四届，成为国内影响力最大的高校开源活动，持续为开源社区培养优秀的后备开发者，输送骨干人才。四年间，活动的各项数据对比见表 9-2。以 2023 年为例，开源之夏活动联合头部企业、基金会、高校等维护的开源社区 133 家，发布项目 593 个，覆盖操作系统、人工智能、大数据、Web、内核与编译器、分布式、云原生、RISC-V 等热门技术方向，吸引全球 592 所高校的 3475 名学生参与，相较于 2020 年首届增长近 17 倍。历经 9 个月，共计 418 个同学通过了结项考核，累计产出合并请求（Pull Request，PR）1236 个，成果随各开源软件新版本发布并在华为、阿里巴巴、字节跳动、京东、腾讯、网易等企业落地应用。

表 9-2 “开源之夏”2020—2023 年各项数据对比

年份	2020 年	2021 年	2022 年	2023 年
开源社区	42	109	124	133
项目任务	388	877	502	593
开发者导师	246	545	502	593
参与学生	288	1854	1800	3475
所在高校	129	447	385	592
中选数量	185	681	449	504
结项数量	151	529	350	418

具体来说，可以从 5 个方面列举一些 2023 年“开源之夏”活动的代表性产出，包括科研项目支持、社区技术突破、典型应用牵引、基础设施完善及高端人才输送。

（1）科研项目支持 Buddy Compiler 科研项目中，两位学生在 2023 年“开源之夏”中完成了对接 TorchDynamo 到编译器前端的工作，打通了大语言模型 LLaMA 2 的端到端推理流程，为 Buddy Compiler 融合 PyTorch 和 MLIR 生态打下了坚实的基础。同时，该工作有望为重大项目多级编译优化框架实现面向大语言模型的优化。

在 PolyOS 科研项目中，针对聚元 PolyOS 图形化支持所配套的 Qt5 文件库，参与学生通过将相关 Qt5 工具链、Qt 测试例程，以及字体支持等嵌入 RISC-V 架构系统中，实现了自定义 meta-layer 的需求。在此基础上，通过 kas menu 命令即可实现一键安装对应系统，同时支持聚元 PolyOS 通过图形化的方式实现编译选项的定制。这项工作填补了聚元 PolyOS 社区的图形化支持的空白，促进了 PolyOS 的使用和推广。

在 RVSmartPorting 科研项目中，参与学生面向 RISC-V 软件迁移工具核心技术，顺利完成了 C/C++ 代码推荐、软件包打包配置文件检查及在线代码扫描服务等方面的开发任务，提高了软件迁移适配 RISC-V 架构的效率。

（2）社区技术突破 在 openEuler 社区编译器和操作系统方向中，两位学生的成果已在华为企业级生产环境中成功应用；而在 openEuler 社区 AI 重要基础模型项目中，由参与学生完成开发欧拉小智问答机器人，已经成功发布到 openEuler 官方网站的测试环境，经过进一步训练和验证，将很有希望发布到正式环境；还有学生为 openEuler eBPF SIG 成功解决了 CO-RE 的部分基础技术问题（BTF 基础设施管理），并在社区中孵化了 btfhub 和 btfhub-archive 两个新的开源项目，参与学生也在后续作为项目的 committer 持续维护和贡献；此外，在 openEuler 社区 gala-gopher 项目中，通过引入 eBPF CO-RE 技术，基本解决所有关键技术问题。

参与 OpenHarmony 社区项目的学生成功完成了三方库 Fuse.js 的移植，成为首个个人三方库发布者。在这项工作中，该学生实现了原库 OpenHarmony 接口的适配、arkXtest 测试框架的移植及示例应用程序的开发。移植后，该库能够提供高效、用户友好的搜索功能，可用于搜索引擎、电子商务网站、数据可视化等各种应用场景，为开发者和用户提供更高效直观的搜索体验，促进更广泛和创新的应用开发，同时也促进了 OpenHarmony 社区的生态发展。

龙蜥社区 Kata 项目是操作系统、虚拟化、云原生，以及 Rust 语言等技术的交叉领域，参与学生完善了 Dragonball 中的 Metric 信息的透出，加入并完善了 Dragonball 对 Trace 的支持，完成了若干 patch 并提交至社区。以这些工作为基础，该学生还完成了一系列小项目的研发。

（3）典型应用牵引 来自 Koordinator、OpenYurt、Tair 社区的数位学生，他们的研发成果已经成功应用到了阿里云的生产环境中；来自 CubeFS 社区的学生，其研发成果已经应用在 OPPO 的生产环境中；来自 Seata 社区的成果亮相了阿里云栖大会；参与 NebulaGraph 社区项目的学生为其社区带来新的可视化实现思路，同时在 GitHub 开源了个人机器学习目标识别项目；来自 Apache StreamPipes 社区的学生，其在面向生产环境的部署和运维中，完善了 Kubernetes 的部署方式，同时构建了指标监控面板，使得 StreamPipes 能够更加方便和稳健地落地到生产环境中；还有学生为泰晓 RISCV-Linux 开源社区初学者学习 RISC-V 嵌入式开发提供了学习参考，为面向更广泛的受众推广做出了贡献；openbiox 社区主要面向生物信息学领域，基于“开源之夏”的成果，参与其中的同学和其导师成功撰写论文并完成投稿。

（4）基础设施完善 以清华大学为例，网络学堂是该校课程教学的唯一平台。TUNA 社区参与“开源之夏”的项目中，Learn Helper 为网络学堂提供了信息整合等一站式服务，底层库 thu-learn-lib 对网络学堂提供了自动的、结构化的信息爬取 API，被校内各种助手和工具类应用依赖，是重要的基础设施。随着学生选择该“开源之夏”项目的开发，Learn Helper 和 thu-learn-lib 已采纳现代前端项目的最佳实践并发布了新版本，帮助清华大学网络学堂更好地实现对学生教学的服务。

（5）高端人才输送 通过 2023 年“开源之夏”的活动，已有至少 40 余名学生开发者在不同社区内晋升为 Committer、核心开发者、Member 及 PMC Member 等。在历届学生贡献者的回顾调研中，已毕业的学生参与者在结项后继续参与社区贡献的人员占比为 50%，其中作为社区维护者身份的人员占比为 29%；发起自己开源项目的人员占比为 31%；特别赞同“开源之夏”的经历对自己项目有帮助的人员占比为 89%；特别赞同“开源之夏”的经历对自己就业有帮助的人员占比高达 86%，他们的就业方向以软件和信息技术类为主。未毕业的学生参与者结项后继续参与社区贡献的人员占比为 61%，其中作为社区维护者身份的人员占比为 30%；发起自己开源项目的人员占比为 39%；特别赞同“开源之夏”的经历对自己项目有帮助的人员占比为 85%；特别赞同“开源之夏”的经历对自己专业学习有帮助的人员占比高达 85%，他们的专业以计算机相关专业为主。从结果可以看出，参与“开源之夏”的经历对学生的学习、就业和技能发展起到了正向激励并得到广泛认可。

总而言之，“点亮计划”将开源设施与社会力量连接在了一起，帮助开发者从解决一个具体的问题开始参与到开源之中，特别是让高校的学生逐步成为社区的贡献者和维护者，共同参与和保障开源项目的可靠供应，未来他们也将成为社区发展的主力军。“点亮计划”旨在培养具备核心技术竞争力的可靠人才，而开源软件供应链的建设离不开人才。因此，需要更多开源社区、高校、科研机构及科技企业加入“点亮计划”中，从而推动项目不断完善，提高供应链的可靠程度，形成供应链发现问题、人才解决问题、成果服务产业的正向循环，助力开源生态稳定、高质量的发展。对于我国信息技术产业而言，提升开源软件供应链水平是一项长期而艰巨的基础性工作。“点亮计划”只是迈出的一小步，后续还可以以更多方式助力开源社区的发展，将“点亮计划”发展成为一个与世界接轨、得到产业认可、具有长期可持续性的开源推进计划。

9.3 本章小结

本章首先对已有的知识图谱可视化技术及可视化查询系统进行了概述，对开源软件供应链管理的可视化方案进行了介绍。然后，重点对开源软件供应链基础设施的典型应用场景及相应的研究成果进行了说明。最后，对“开源软件供应链点亮计划”的发展及成果进行了总结。

参考文献

[1] YANG F Q, MEI H, LI K Q. Software reuse and software component technology [J]. Acta Electronica Sinica, 1999, 27(2): 68-75.

[2] YANG F Q, Software reuse and its correlated techniques [J]. Computer Sicence, 1999, 26(5): 3-6.

[3] CHRISTOPHER M. Logistics and supply chain management [M]. 2nd ed. London: Financial Times, 1998.

[4] SHERMAN M. Growing risks in the software supply chain [R].Software Engineering Institute Carnegie Mellon University, 2019.

[5] HAN J M, WANG W, LI T, et al. Approach of open source software oriented evolving validation [J]. Journal of Frontiers of Computer Science & Technology, 2017, 11(4): 539-555.

[6] 梁冠宇，武延军，吴敬征，等. 面向操作系统可靠性保障的开源软件供应链［J］. 软件学报，2020，31（10）：3056-3073.

[7] REN X, KRICK R, CHEN L Y, et al. An analysis of performance evolution of Linux's core operations [C]//Proceedings of the 27th ACM Symposium on Operating Systems Principles. ACM, 2019: 554-569.

[8] 王怀民，余跃. 软件开发范式的变革［J］. 中国计算机学会通讯，2022，18（2）：29-34.

[9] MA Y X, Constructing supply chains in open source software [C]//Proceedings of the 40th International Conference on Software Engineering: Companion Proceeedings. ACM, 2018: 458-459.

[10] 何熙巽，张玉清，刘奇旭. 软件供应链安全综述［J］. 信息安全学报，2020，5（1）：57-73.

［11］ 纪守领，王琴应，陈安莹，等．开源软件供应链安全研究综述［J］．软件学报，2023，34（3）：1330-1364.

［12］ 高恺，何昊，谢冰，等．开源软件供应链研究综述［J］．软件学报，2024，35（2）：581-603.

［13］ ELLRAM L M, COOPER M C. Supply chain management, partnership, and the shipper - third party relationship [J]. The International Journal of Logistics Management, 1990, 1(2): 1-10.

［14］ SIMCHI-LEVI D, KAMINSKY P, SIMCHI-LEVI E. Designing and managing the supply chain: concepts, strategies, and case studies [M]. 2nd ed. New York: McGraw-Hill, 2002.

［15］ ZSIDISIN G A, A grounded definition of supply risk [J]. Journal of Purchasing and Supply Management, 2003, 9(5): 217-224.

［16］ PRUTEANU A. Mastering emergent behavior in large-scale networks [J]. 2010.

［17］ NIERSTRASZ O, DUCASSE S, GÎRBA T. The story of Moose: an agile reengineering environment [C]//Proceedings of the 10th European Software Engineering Conference held jointly with 13th ACM SIGSOFT International Symposium on Foundations of Software Engineering. ACM, 2005, 1-10.

［18］ HOWISON J, SQUIRE M, CROWSTON K. FLOSSmole: a collaborative repository for FLOSS research data and analyses [J]. International Journal of Information Technology and Web Engineering, 2008, 1(3): 17-26.

［19］ OSSHER J, BAJRACHARYA S, LINSTEAD E, et al. SourcererDB: an aggregated repository of statically analyzed and cross-linked open source Java projects [C]//Proceedings of the 2009 6th IEEE International Working Conference on Mining Software Repositories. IEEE, 2009: 183-186.

［20］ BAJRACHARYA S, OSSHER J, LOPES C. Sourcerer: an infrastructure for large-scale collection and analysis of open-source code [J]. Science of Computer Programming, 2014, 79: 241-259.

［21］ DI COSMO R, ZACCHIROLI S. Software heritage: why and how to preserve software source code [C]//Proceedings of the 14th International Conference on Digital Preservation. Kyoto, Japan, iPRES, 2017: 1-10.

［22］ MA Y X, BOGART C, AMREEN S, et al. World of code: an infrastructure for mining the universe of open source VCS data [C]//Proceedings of the 14th

International Conference on Mining Software Repositories. IEEE, 2019: 143-154.

[23] GOUSIOS G, SPINELLIS D. GHTorrent: GitHub's data from a firehose [C]//Proceedings of the 9th IEEE Working Conference on Mining Software Repositories. IEEE, 2012: 12-21.

[24] SAYYAD S J, MENZIES T J. The PROMISE repository of software engineering databases.[C]//School of Information Technology and Engineering. University of Ottawa, Canada, 2005.

[25] GANAPATHY G, SAGAYARAJ S. To generate the ontology from Java source code [J]. International Journal of Advanced Computer Sciences and Applications, 2011, 2(2): 111-116.

[26] LI W P, WANG J B, LIN Z Q, et al. Software knowledge graph building method for open source project [J]. Journal of Frontiers of Computer Science & Technology, 2017, 11(6): 851-862.

[27] 王飞，刘井平，刘斌，等. 代码知识图谱构建及智能化软件开发方法研究[J]. 软件学报，2020，31（1）: 47-66.

[28] ROSPOCHER M, VAN ERP M, VOSSEN P, et al. Building event-centric knowledge graphs from news [J]. Journal of Web Semantics, 2016, 37-38: 132-151.

[29] HOPCROFT J E, MOTWANI R, ULLMAN J D. Introduction to automata theory, languages, and computation [M]. 3rd ed. Chennai: Person India, 2008.

[30] VAN HAGE W R, MALAISÉ V, SEGERS R, et al. Design and use of the simple event model (SEM) [J]. Journal of Web Semantics, 2011, 2: 128-136.

[31] 吴欣，武健宇，周明辉，等. 开源许可证的选择：挑战和影响因素[J]. 软件学报，2022，33（1）: 1-25.

[32] ABIDI S S A, FAROOQUI M. F. Software dependability classification and categorization [Z]. 2019 6th International Conference on Computing for Sustainable Global Development (INDIACom). 2019: 1124-1128.

[33] ADEWUMI A, MISRA S, OMOREGBE N. Evaluating open source software quality models against ISO 25010[C]//Proceedings of the 2015 IEEE International Conference on Computer and Information Technology. IEEE, 2015.

[34] CHAMPION K, HILL B M. Underproduction: an approach for measuring

risk in open source software [C]//Proceedings of the 2021 IEEE International Conference on Software Analysis, Evolution and Reengineering (SANER). IEEE, 2021.

[35] KENETT R S, FRANCH X, SUSI A, et al. Adoption of free libre open source software (floss): a risk management perspective [C]//Proceedings of the 2014 IEEE 38th Annual Computer Software and Applications Conference. IEEE, 2014: 171-180.

[36] XU S H, GAO Y, FAN L L, et al. LiDetector: license incompatibility detection for open source software [J]. ACM Transactions on Software Engineering and Methodology, 2023, 32(1): 1-28.

[37] PETER B A. An evaluation of open source component licensing compliance [D]. University of Newcastle, 2007.

[38] GREGORY M, FREEH V, TYNAN R. Modeling the free/open source software community: a quantitative investigation [C]//Proceedings of Global Information Technologies: Concepts, Methodologies, Tools, and Applications. IGI Global, 2008: 3296-3298.

[39] XU J, MADEY G. Exploration of the open source software community [J]. North American Association for Computational Social and Organizational Science (NAACSOS), Pittsburgh, PA, USA, 2004.

[40] CHRISTLEY S, MADEY G. Analysis of activity in the open source software development community [C]//Proceedings of the 40th Annual Hawaii International Conference on System Sciences. IEEE, 2007.

[41] 王勇超，罗胜文，杨英宝，等. 知识图谱可视化综述［J］. 计算机辅助设计与图形学学报，2019，31（10）：1666-1676.

[42] 王鑫，傅强，王林，等. 知识图谱可视化查询技术综述［J］. 计算机工程，2020，46（6）：1-11.

[43] 王鑫，邹磊，王朝坤，等. 知识图谱数据管理研究综述［J］. 软件学报，2019，30（7）：2139-2174.

[44] DUDÁŠ M, LOHMANN S, SVÁTEK V, et al. Ontology visualization methods and tools: a survey of the state of the art [J]. The Knowledge Engineering Review, 2018, 33: 1-10.

[45] XU X, LIU C, FENG Q, et al. Neural network-based graph embedding for cross-

platform binary code similarity detection [C]//Proceedings of the 2017 ACM SIGSAC Conference on Computer and Communications Security. Dallas: ACM, 2017: 363-376.

[46] DUAN R, ALRAWI O, RANJITA P K, et al. Towards measuring supply chain attacks on package managers for interpreted languages [C]//Proceedings of the 28th Annual Network and Distributed System Security Symposium. San Diego: NDSS, 2020. DOI:10.48550/arXiv.2002.01139.

[47] MOHANNAD A, CLAY S, HAMID B. Scalable analysis of interaction threats in IoT systems [C]//Proceedings of the 29th ACM SIGSOFT International Symposium on Software Testing and Analysis. ACM, 2020: 272-285.10.1145/3395363.3397347.

[48] JON B, ANGELA S, NADYA B, et al. Cybersecurity supply chain risk management practices for systems and organizations [EB/OL]. NIST. (2022.05.01). https://doi.org/10.6028/NIST.SP.800-161r1.

[49] MURUGIAH S, KAREN S, DONNA D. Secure software development framework (SSDF): Recommendations for mitigating the risk of software vulnerabilities [EB/OL]//NIST. (2022.02.01). https://doi.org/10.6028/NIST.SP.800-218.